Ro Juli 2020

Kerstin Friedrich
Spielregeln für Game Changer

Kerstin Friedrich

Spielregeln für Game Changer

Den Teamgeist entfesseln durch radikale Transparenz und Gamifizierung

GABAL

Externe Links wurden bis zum Zeitpunkt der Drucklegung des Buches geprüft. Auf etwaige Änderungen zu einem späteren Zeitpunkt hat der Verlag keinen Einfluss. Eine Haftung des Verlags ist daher ausgeschlossen.

Bibliografische Information der Deutschen Nationalbibliothek

Die Deutsche Nationalbibliothek verzeichnet diese Publikation in der Deutschen Nationalbibliografie; detaillierte bibliografische Daten sind im Internet über http://dnb.d-nb.de abrufbar.

ISBN 978-3-86936-961-7

Lektorat: Anke Schild, Hamburg
Umschlaggestaltung: Martin Zech Design, Bremen | www.martinzech.de
Titelbild: womue / AdobeStock
Autorenfoto: Simon Heydorn, Hamburg
Satz und Layout: Das Herstellungsbüro, Hamburg | www.buch-herstellungsbuero.de
Druck und Bindung: Salzland Druck, Staßfurt

Wir drucken in Deutschland.

www.gabal-verlag.de
www.facebook.com/Gabalbuecher
www.twitter.com/gabalbuecher
www.instagram.com/gabalbuecher

PEFC/04-31-2251

PEFC zertifiziert
Dieses Produkt stammt aus nachhaltig bewirtschafteten Wäldern und kontrollierten Quellen.

www.pefc.de

Inhalt

Anhang

Vorwort

Fußballweltmeisterschaft 2010. Ghana ist kurz davor, Geschichte zu schreiben: Wenn es gelingt, in der letzten Minute der Verlängerung noch ein Tor gegen Uruguay zu schießen, sind sie als erste afrikanische Mannschaft Afrikas für ein WM-Viertelfinale qualifiziert. Im Strafraum von Uruguay ist die Hölle los. Der Ball kommt im Getümmel irgendwie zu dem Ghanaer Stephen Appiah, der ihn mit dem Knie Richtung Tor bugsiert. Der Torwart ist geschlagen. Doch auf der Torlinie steht Luis Suarez, der berüchtigte »Beißer«. Er wehrt den Ball mit voller Absicht mit beiden Händen ab – Foul. Den folgenden Elfer für Ghana hält der Torwart. Das Elfmeterschießen gewinnt Uruguay. Ghana fährt nach Hause.

Ähnliche Szenen spielen sich Tag für Tag in jedem anderen Mannschaftsspiel ab: Ein Team von hoch motivierten Individuen gibt alles dafür, das Ziel zu erreichen. Auch ohne Anweisungen weiß jeder, was er zu tun hat. Blitzschnell wird reagiert. Ohne großes Trara werden Rollen gewechselt und Aufgaben für andere übernommen. Der Traum eines jeden Vorgesetzten: Wenn doch nur mein Team genauso motiviert und zielstrebig zur Sache ginge! Wenn doch nur jeder seine eigenen Befindlichkeiten für das große Ganze hintanstellen würde! So ist es kein Wunder, dass Bücher und Vorträge von großen Fußballlehrern Hochkonjunktur haben: Wenn wir motivieren lernen wie Klopp, Guardiola und Co., kann es vielleicht auch in meinem Betrieb so laufen wie auf dem Fußballplatz.

Die Wahrheit lautet: Wir können von Trainern gar nichts lernen. Zumindest so lange nicht, bis völlig einfache und offensichtliche Voraussetzungen erfüllt sind, ohne die übrigens auch das motivierteste Fußballteam genauso blind und unmotiviert seine Arbeit tun würde wie 80 Prozent aller Mitarbeiter in Unternehmen weltweit.

Was wir wirklich vom Sport für die Unternehmensführung lernen können, hat absolut nichts mit Motivationsmethoden zu tun. Es ist kinderleicht zu verstehen. Es braucht aber eine ordentliche Portion Mut und viel Konsequenz in der Umsetzung. Auf den nächsten Seiten erfährst du, wie das geht.

Kerstin Friedrich

KAPITEL 1

Systeme ändern statt an Menschen schrauben

Viele Führungskräfte träumen von einer Unternehmenskultur, in der sich alle für den Erfolg des Unternehmens einsetzen und daran auch noch Freude haben. Viele glauben, dass sie dafür nur die »richtigen« Leute brauchen. Die gute Nachricht ist: Diese »Richtigen« sind schon da. Damit sich diese voll entfalten können, muss man aber zunächst das System und die Spielregeln ändern – das Verhalten ändert sich automatisch.

Hallo und danke, dass du dieses Buch aufgeschlagen hast. Du bist hier genau richtig, wenn du das vage oder sichere Gefühl hast, dass sich an eurem Führungssystem und an der Unternehmenskultur dringend etwas ändern muss. Möglicherweise ärgerst du dich über einen oder mehrere der folgenden Punkte:

- Du weißt, dass viel mehr in deinen Leuten steckt, als aktuell zum Tragen kommt – du weißt aber nicht, wie du sie motivieren sollst, dieses Potenzial für das Unternehmen zu aktivieren.
- Du ärgerst dich über Verhaltensweisen, die mit deinen Werten nicht übereinstimmen.
- Trotz Wachstum bleiben die Renditen mehr oder weniger unbefriedigend.
- Du weißt nicht wirklich, wie du künftig die richtigen Leute an Bord bekommen sollst.
- Dein Unternehmen wächst immer weiter, und du fragst dich, wie ihr euch mit einem Minimum an Bürokratie organisieren könnt.
- Du hast den Eindruck, dass sich bei einigen Leuten, die einmal sehr motiviert ihren Job angetreten haben, langsam eine Dienst-nach-Vorschrift-Mentalität breitmacht.
- Du hast die Nase voll davon, die ganze Verantwortung allein zu tragen.

Möglicherweise hast du auch schon über folgende Maßnahmen nachgedacht bzw. sie mit mehr oder weniger Erfolg im Unternehmen umgesetzt:

- Du denkst, dass die Ursache bei dir und deinen Führungsqualitäten liegt; du planst deshalb, Seminare zum Thema Führung und Motivation zu besuchen oder einen Coach zu konsultieren.
- Du überlegst, wie du die Demotivierten geschickt loswirst und wie du künftig nur noch mit den Besten arbeiten kannst.
- Du hast eine Agentur engagiert, die aus deinem Unternehmen eine coole Arbeitgebermarke machen soll.
- Du hast dich mit Systemen wie Holacracy beschäftigt – du fürchtest aber, dass es dann zu viel Palaver auf Kosten der Produktivität gibt.

- Du bist begeistert von Büchern über Agilität und Selbstorganisation, hast aber keine Ahnung, wie du das im eigenen Unternehmen einführen sollst.

Ich habe jetzt eine gute Nachricht für dich: Du kannst ab sofort damit aufhören, an dir und deinen Leuten herumzuschrauben. Stattdessen ist es sinnvoll, dafür zu sorgen, dass alle das große Spiel der Unternehmensführung verstehen und wissen, wie sie es gewinnen können. Anders ausgedrückt: Du musst das System ändern – nicht die Spieler.

Tatsache ist: Praktisch alle Mitarbeiter haben (oder hatten) ein großes Interesse daran, mit ihrer Energie und ihren Talenten zum Erfolg des Unternehmens beizutragen. Wir haben es jedoch geschafft, ihnen dieses Interesse systematisch auszutreiben. Die Art und Weise, wie wir heute unsere Zusammenarbeit organisieren, widerspricht grundlegenden psychischen Bedürfnissen. Zu diesen Bedürfnissen gehören allen voran solche nach Anerkennung, Wertschätzung, Erfolg und Gemeinschaft. Es bedarf nur weniger, aber radikaler Umbaumaßnahmen, um die gemeinsame Arbeit motivierender, erfolgreicher, profitabler und sinnvoller zu machen.

Stell dir vor, du spielst in einer Fußballmannschaft, in der keiner weiß, wie es gerade steht. In der niemand weiß, ob es jetzt sinnvoller ist, eher den Angriff oder die Verteidigung zu stärken, oder ob aktuell eine Änderung des Spielsystems geboten ist. Jeder weiß nur, dass er selbst gerade einen guten Job gemacht hat: einen guten Pass gespielt, einen Torschuss des Gegners pariert oder in letzter Sekunde den gegnerischen Stürmer vom Ball getrennt. Ob und wie sich diese Einzelaktion auf das Spiel der anderen und auf das Gesamtergebnis auswirkt, weiß niemand. Eine vollkommen absurde Vorstellung: Weder würde sich irgendein Spieler dauerhaft für Fußball begeistern, noch würde ein einziger Zuschauer Geld dafür bezahlen, einem müden und planlosen Hin-und-her-Gekicke zuzuschauen.

Wenn in einer Mannschaft die Sehkraft nur bis zum nächsten Mitspieler reicht und wenn niemand weiß, wie es eigentlich steht, ergibt es wenig Sinn, an der Kondition und der Technik der Spieler zu arbeiten. Genauso wenig sinnvoll ist es, einen Motivationstrainer zu engagieren, der den Spielern mit Feuerlauf und Mentaltraining beibringt, über ihre Grenzen zu gehen. Das Einzige, was hilft: Die Spieler müssen sehen können. Sie müssen das gesamte Spiel überblicken, den Spielstand kennen und die Regeln verstehen. Sie müssen auf einen Blick erkennen, welche Folgen das eigene Handeln auf das Ergebnis hat. Dann werden alle das tun, was sie immer tun wollen: ein gutes Spiel abliefern.

Heute agiert in fast allen Unternehmen eine Mannschaft mit Spielern, die schwer sehbehindert sind, die absolut keine Ahnung haben, wie es steht, und die nicht wissen, ob sie gerade dazu beitragen, dass das Team gewinnt oder verliert. So kann beispielsweise eine Vertriebsmitarbeiterin stolz und glücklich sein, dass sie einen großen Auftrag an Land gezogen hat – ob dieser aber das Unternehmen am Ende mehr Geld kostet, als er einbringt, weiß sie nicht. Es fehlt an der wichtigsten Motivationsquelle: dem Wissen um die eigene Wirksamkeit.

Das Potenzial

Praktisch jede Organisation verschenkt ein riesiges Erfolgs- und Ertragspotenzial. Erstens das Potenzial, das durch Demotivation verloren geht. Zweitens das Potenzial an hervorragenden Ideen, das in jedem Mitarbeiter schlummert und für das es keine systematische Förderung gibt.

Angeblich verlieren wir einen dreistelligen Milliardenbetrag in deutschen Unternehmen (Zahlen von 2018) aufgrund mangelnder Motivation der Mitarbeiter.[1] Meine Hypothese lautet: Dieser Mangel an Motivation resultiert nicht aus Unlust an der Arbeit, sondern weil die Menschen nicht erfahren, was ihre Arbeit bewirkt. Anders ausgedrückt: Es fehlt ihnen schlicht und einfach an Erfolgserlebnissen. Wir wissen aber schon lange, dass solche positiven Rückkopplungen das A und O der Motivation bilden: Wir tendieren dazu, Dinge zu tun, die uns gute Gefühle vermitteln, und vermeiden Dinge, die Unlust verursachen und auf lange Sicht nicht zu Erfolgen (= positiven Rückkopplungen) führen. Man schaue sich nur den seit Jahrzehnten boomenden Markt für Browser- und Konsolenspiele an; diese Spiele beziehen ihr Erfolgs- und Suchtpotenzial aus der schlichten Tatsache, dass wir einen unmittelbaren Zusammenhang zwischen Handlung (Aktion) und Wirkung (Reaktion) erleben. Dabei werden auch über lange Zeit die miesesten Misserfolge ausgehalten, wenn am Ende eine große Belohnung winkt – etwa der Aufstieg in ein neues Level, Ruhm und Ehre für eine bessere Ranglistenposition oder andere positive Effekte.

Kaum zu beziffern ist das Potenzial, das in den Köpfen der Mitarbeiter schlummert: Ideen, wie man Produkte und Dienstleistungen und / oder Prozesse verbessert. In den Produktionshallen der Konzerne hat man das Potenzial, das in fehlerhaften Prozessen liegt, im Zuge der KVP-Bewegung (»KVP« steht für »kontinuierlicher Verbesserungsprozess«) zum Großteil schon gehoben. Im Handwerk und in den Büros liegt dieses Potenzial noch weitgehend brach. Bei Innovationen wird praktisch gar nicht versucht, die kollektive Intelligenz anzuzapfen. Innovationen werden bei den Spezialisten in Forschung und Entwicklung verortet; allen anderen traut man nicht wirklich zu, etwas zur Zukunft des Unternehmens beizutragen.

Die meisten Führungskräfte werden sich nicht einmal im Traum vorstellen können, dass ihre Leute sich ebenso begeistert an ihren Arbeitsplatz begeben, wie sie sich am Abend vor ihre Spielekonsole setzen oder im Verein trainieren. Man kann sich aber durchaus die Frage stellen, welche Rahmenbedingungen wir in der Arbeitsumgebung setzen können, damit sich die schleichende Demotivation und Unlust in mehr Freude am Erfolg verwandeln.

Das »Geheimnis« vor unserer Nase

Sehr einfache, nahezu banale Grundvoraussetzungen müssen erfüllt sein, damit ein Fußballmatch sein ganzes Spiel- und Spaßpotenzial entfalten kann. Und davon können wir einiges auf die Arbeitsorganisation übertragen. Wir glauben häufig, dass wir von erfolgreichen Sportteams etwas über Teamgeist oder Siegeswillen lernen können oder dass wir fachliches oder motivationspsychologisches Geheimwissen aus der Trickkiste herausragender Trainer und Führungspersönlichkeiten dafür brauchen. Alles das schadet nicht – aber es löst nicht einmal ansatzweise die Motivationsprobleme in Unternehmen. Die

Lösung dafür ist ausgesprochen banal und sie liegt wie viele sogenannte »Geheimnisse« direkt vor unserer Nase. Sie liegt nicht in Persönlichkeitseigenschaften oder Spezialwissen, sondern in den systemischen Rahmenbedingungen. Noch einmal: Das Herumschrauben an Menschen ist sinnlos. Stattdessen müssen wir an den Systemen arbeiten.

Welche Grundvoraussetzungen müssen nun erfüllt sein? Hier zwei essenzielle Bedingungen: Beim Fußball kennen alle Spieler ihre Rolle und beherrschen sie auch. Heißt: Jeder Mitarbeiter muss für seine Rolle und Aufgaben qualifiziert sein und sie kennen. Das ist die leichteste Übung. Darüber hinaus müssen alle Spieler die Spielregeln kennen. Hier geht das Problem los: Im eigenen Bereich weiß man dank Arbeitsplatzbeschreibung und Flurfunk in der Regel recht gut, was zu tun ist und was nicht. Mit einer entscheidenden Ausnahme: Fast niemand weiß, was er oder sie tun muss, um das Spiel zu gewinnen. Im Fußball ist das relativ einfach. Die kritische Erfolgskennzahl lautet: Wir müssen ein Tor mehr schießen als der Gegner. Steht es in der Nachspielzeit 0:0, wird das Team automatisch anders – nämlich aggressiver – spielen, als wenn es nach 70 Minuten 4:0 vorne liegt. Doch wie sieht diese kritische Erfolgskennzahl im Unternehmen aus? Tatsächlich können selbst Unternehmenslenker diese Frage nicht spontan beantworten. Sie ist auch nicht pauschal zu beantworten, denn je nach Geschäftsmodell, Wertschöpfungsprozess und aktueller Lage des Unternehmens kann sie anders ausfallen.

Die kritische Erfolgskennzahl im Unternehmen ist »eine operationale oder finanzielle Kennzahl, die den zentralen Erfolgstreiber oder eine zentrale Verletzbarkeit repräsentiert«[2]. Sie kann die Leistungsfähigkeit und langfristige Sicherheit des Unternehmens gefährden, wenn sie nicht überwacht und korrigiert wird (mehr dazu im 9. Kapitel über »Scoreboard-Management in der Praxis«). Die Spielregel, dass derjenige siegt, der ein Tor mehr als der Gegner schießt, versetzt eine Fußballmannschaft in Verbindung mit der Kenntnis des Spielstandes in die Lage, selbstorganisiert und spontan sinnvolle Entscheidungen zu treffen.

Doch wie sieht das in Unternehmen aus? Angenommen, die kritische Zahl ist der Cashflow – etwa weil das Unternehmen munter wächst und die Kreditlinie langsam erschöpft ist. Das Team sieht nur, dass neue

Mitarbeiter eingestellt und neue Kunden gewonnen werden. Kein Grund also, sich Sorgen zu machen und das Verhalten zu ändern. Bei den wenigen Eingeweihten sieht das and[illegible] [illegible]aben ordentlich Stress. Da aber niemand üb[illegible] will oder kann, liegt eine [illegible] [illegible]r dem ganzen Syste[illegible] [illegible]nter Beobachtung g[illegible] [illegible]Stadion – und wäre j[illegible] [illegible]n, um ihn zu beeinfl[illegible] [illegible]rtige Appelle das V[illegible] [illegible]tiges würde passiere[illegible] [illegible]nterhalten, was mar[illegible] [illegible]ndern. Sie würden I[illegible] [illegible] uns mehr oder wen[illegible] [illegible]ehen, das uns berüh[illegible] [illegible]e – auch wenn wir [illegible] [illegible]en.

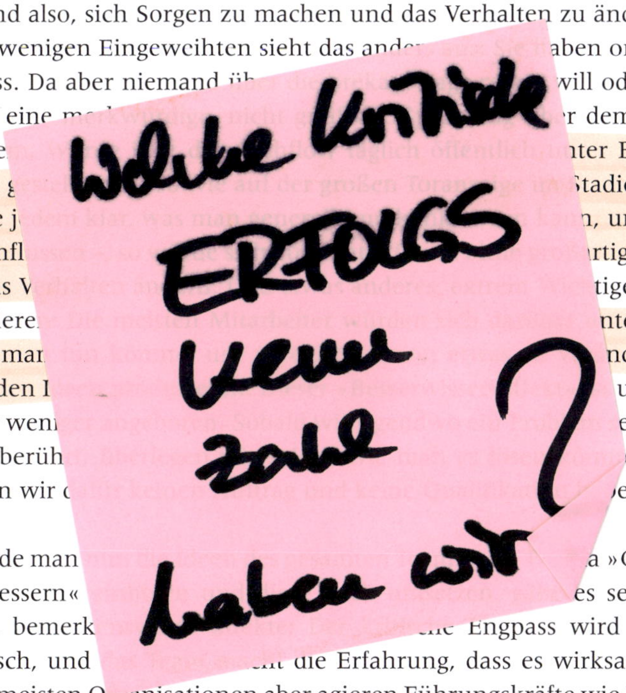

Würde man [illegible] [illegible]a »Cashflow verbessern« [illegible] [illegible]es sehr rasch zwei bemerk[illegible] [illegible] Engpass wird weniger kritisch, und [illegible] die Erfahrung, dass es wirksam ist. In den meisten Organisationen aber agieren Führungskräfte wie Blindenführer: Sie lassen ihre Mitarbeiter über die Folgen ihres Handelns im Dunkeln und wundern sich dann, dass zu wenig Dynamik im Team zu spüren ist.

Alle Spieler müssen wissen, wie das Spiel steht. Anders ausgedrückt: Man braucht Transparenz hinsichtlich der Ergebnisse. Die kritischen Engpässe brauchen Öffentlichkeit und einen Bezug zum täglichen Handeln. Solange die Zahlen als etwas betrachtet werden, das »die da oben« erzeugen, und solange diese Zahlen in einer langweiligen Excel-Tabelle auf einem Server schlafen, können sie weder steuern noch aktivieren. Können wir keinen Bezug zu unserem täglichen Handeln herstellen, bleibt die Steuerungskraft von Kennzahlen aus.[3] Man stelle sich vor, man setzte Sebastian Vettel das Ziel, »möglichst viel Gewinn für Ferrari rauszuholen«. Eine absurde Vorstellung. Das Ziel ist idealerweise an einen hohen »Kundennutzen« gebunden, also in diesem Fall: Formel-1-Rennen zu gewinnen. Je besser das gelingt, desto höher die Chance auf einen ebenso attraktiven Gewinn für Ferrari, das mit jedem Sieg seine Marke pflegt und in der Folge einen Rekordgewinn von fast 70 000 Euro pro verkauftem Fahrzeug einfährt.[4]

Ohne Ergebnis kein Erfolgserlebnis

Allgemeine Lustlosigkeit zieht sich wie eine Seuche durch viele Unternehmen. Nach den allgemein bekannten Gallup-Umfragen gehen nur 15 Prozent aller Menschen täglich motiviert an ihren Arbeitsplatz (Stand 2018). Fragt man nach den Ursachen, bekommt man sehr häufig die Antwort, dass es zu wenig Wertschätzung für gut geleistete Arbeit gebe. Das gilt sowohl für individuelle als auch für Teamleistungen. Das Problem ist umso verbreiteter, je größer das Unternehmen ist. Am Anfang, wenn noch jeder jeden kennt und man direkt miteinander kommuniziert, werden Erfolge und Misserfolge direkt erlebbar. Wird das Unternehmen dann größer, ziehen sich die Spezialisten in ihre eigenen Abteilungen (man könnte auch sagen: Wagenburgen) zurück. Dabei geht der Blick auf das große Ganze und damit auf Ergebnisse und Erfolge verloren. Wir sehen gerade mal den eigenen Beitrag, aber nicht mehr die Leistungen der Kollegen. In Sportsprache ausgedrückt: Wir sehen, dass wir selbst einen guten Pass gespielt oder ein Tor verhindert haben; wie jedoch die anderen spielen und wie der Spielstand aktuell ist, sehen wir nicht mehr. Dort, wo man keine Erfolge sieht, können auch keine gefeiert werden.

Anders ausgedrückt: Gute Leistung ist nicht transparent – genauso wenig wie schlechte. Weil zentrale Rückkopplungsmechanismen fehlen, fehlt es auch an zentralen Motivatoren. Wenn sich niemand für das interessiert, was wir erreicht haben, verfallen viele in einen Dienst-nach-Vorschrift-Modus und wurschteln vor sich hin. Bei Vorgesetzten verfestigt sich so schnell der Eindruck, dass »die Leute« zu wenig Initiative zeigen. Und dann beginnt die endlose Suche nach Motivationsmethoden, besseren Führungskräften, neuen Anreizsystemen und so weiter und so fort. Einen großen Teil (oder all das) kann man sich sparen, wenn eine wichtige systemische Grundvoraussetzung erfüllt wird: Transparenz hinsichtlich Kopplung von Verhalten und Ergebnis.

Ziel des Buches:

In diesem Buch kannst du erfahren, wie du durch einfache Veränderungen der Rahmenbedingungen in deinem Unternehmen

- die natürliche Motivation deines Teams freilegst und in produktive Bahnen lenkst,
- dafür sorgst, dass alle guten Ideen einen Platz finden, auf dem sie gesehen und gehört werden,
- ein Fitnesstracker installiert wird, der allen Beteiligten zu jeder Zeit zeigt, wie gut oder schlecht es dem Unternehmen auf vielen Ebenen geht,
- den Aufwand für Management und Führung drastisch reduzierst,
- die Profitabilität deutlich steigerst,
- ein System installierst, das für jede Menge Anerkennung und Wertschätzung sorgt.

Im nächsten Kapitel erfährst du, wie wir es überhaupt »geschafft« haben, weltweit ein demotivierendes Führungssystem zu etablieren, und warum wir das dringend ändern müssen. Wenn du gleich wissen willst, wie du Transparenz in deinem Unternehmen herstellst, lies direkt Kapitel 4 (»Systeme ändern durch Transparenz und Verbundenheit – die universelle Gewinnerformel«).

KAPITEL 2

Der Weg in die Sackgasse

Wenn man Menschen für bequeme Egoisten hält, muss man Systeme von Anreizen und Sanktionen einsetzen. Deprimierenderweise erzeugen wir aber gerade damit die Haltung, die wir eigentlich bekämpfen wollen. Der Mensch ist in seinem Wesenskern ein Sozialwesen, das auf positive soziale Resonanz angewiesen ist. Wir brauchen weder Druck noch Kontrollen, um gute Arbeit zu leisten; wir wollen von Natur aus erfolgreich sein und als Team gewinnen.

Unsere Art, Unternehmen zu organisieren und zu führen, ist aus einem sehr wichtigen Grund ein Auslaufmodell: Dieses Modell ist von Anfang an nicht dafür konzipiert worden, dass Menschen ihre Talente im Team optimal entfalten, sondern um ein Maximum an Produktivität zu erzeugen. Das war über viele Jahrhunderte auch sinnvoll, musste doch die Versorgung der Menschen mit knappen Gütern gewährleistet werden. Es schien nicht besonders wichtig zu sein, ob dieses Modell auch dazu führte, dass grundlegende Bedürfnisse der arbeitenden Menschen erfüllt wurden. Vielmehr reichte es, dass sie sich mithilfe der (ungeliebten) Arbeit möglichst viele Konsumwünsche erfüllen konnten.

Das Ziel der maximalen Produktivität ist in einigen Landstrichen der Erde – unter anderem in Mitteleuropa – so gut wie erfüllt. Nichts bringt dies besser auf den Punkt als der schöne Satz: »Früher haben wir Hungrige satt gemacht, heute müssen wir Satte hungrig machen.« Es war noch vor wenigen Jahrzehnten kaum vorstellbar, dass alle physischen Bedürfnisse nach Essen und Bekleidung zu derart günstigen Preisen erfüllbar sind. Zumindest in den sogenannten entwickelten Industrienationen sehen wir auf praktisch allen Konsumgütermärkten ein brutales Überangebot. Kaum ein Unternehmen ist heute vor dem internationalen Wettbewerb geschützt. Und um dem zu entkommen, stehen sie unter einem noch nie da gewesenen Innovationsdruck: Entweder müssen sie noch attraktivere Produkte oder Dienstleistungen entwickeln oder sie müssen ihre Prozesse immer mehr optimieren, um im Preiswettbewerb mithalten zu können.

Für diese Innovationen braucht man vor allem eines: fähige und motivierte Mitarbeiter. Und eine Struktur, in der diese Mitarbeiter ihre Ideen optimal im Rahmen marktfähiger Produkte, Dienstleistungen oder Prozesse zum Leben erwecken können. Hier gehen die Probleme weiter: Diese hoch qualifizierten Menschen sind auf dem Arbeitsmarkt schwer zu bekommen, und wenn es sie gibt, stellen sie mittlerweile andere Ansprüche als noch ihre Eltern und Großeltern. Die berühmte Generation Y traut sich heute, neben Gehalt, guten Arbeitsbedingungen und einem lebensfreundlichen Betriebsklima auch nach Sinn in ihrem Tun zu verlangen. Hat man diese innovativen Menschen denn an Bord, so brauchen sie Arbeitsbedingungen, unter denen Kreativität und Innovationskraft blühen können. Spätestens jetzt wird es für viele

Unternehmen eng. Die Organisationen sind nämlich eher darauf angelegt, mit hoher Effizienz Routinetätigkeiten zu erledigen. »Erfinden« und »Produzieren« haben wir seit mehr als 100 Jahren auch wissenschaftlich fein säuberlich voneinander getrennt. Frederick Taylor, der eigentlich angetreten war, um die Arbeitsbedingungen in Fabriken zu verbessern, betrieb die Spezialisierung und Optimierung in der Produktion bis zur Perfektion. Mit seinem Shopfloor-Management legte er den Grundstein für enorme Produktivitätssteigerungen und brachte die amerikanische Industrie zum Blühen. Von nun an durften die Arbeiter mit dem Segen der Wissenschaft ihr Gehirn getrost zu Hause lassen und einfach nur Dienst nach Vorschrift machen.

In Zeiten hoher struktureller Arbeitslosigkeit mussten sich Arbeitgeber keine besonders großen Gedanken machen, wie sie fähige Mitarbeiter anziehen und – noch wichtiger – wie sie diesen dann Arbeitsbedingungen bieten können, unter denen sie gern an ihren Arbeitsplatz gehen, um dort ihr Bestes zu geben. Die Angst vor Arbeitsplatzverlust und die Hoffnung, über mehr Konsum das Glück zu finden, reichten aus, damit Menschen sich anstrengten. Das hat sich mittlerweile geändert. Fragte man vor 20 Jahren, was die Unternehmen zum Wachstum brauchen, lautete die Antwort: mehr zahlungskräftige Kunden. Heute lautet die Antwort: mehr fähige Mitarbeiter, mit denen wir das erschaffen, was zahlungskräftige Kunden anlockt. Die wichtigste Überlebensfrage lautet also nicht mehr: »Mit welcher Strategie schlage ich die Konkurrenz?« – das ist nicht besonders schwierig herauszufinden –, sondern: »Wie bekomme und fördere ich die Mitarbeiter, mit denen ich diese Strategien entwickeln und vor allem auch umsetzen kann?«

Das Finden und Binden der besten Mitarbeiter ist zur wichtigsten unternehmerischen Aufgabe geworden. Denn ohne diese gelingt weder die Strategieentwicklung noch die -umsetzung. Habe ich gute Leute um mich versammelt, lösen sich alle anderen Probleme wesentlich leichter. Denn wenn sich das Team mit all seiner Intelligenz und Erfahrung bedingungslos und voll Freude für die Zukunft des Unternehmens einsetzt, kann ich auch als Unternehmer und Führungskraft meine ganze Kraft entwickeln. Ich muss meine Zeit nicht mehr mit Motivationsversuchen und Kontrollen verbringen. Meine Sorgen um operative Engpässe nehmen ab, weil sich entweder andere darum kümmern oder weil sie gar nicht erst entstehen. Und meine ureigene unternehmerische Aufgabe, nämlich an der Zukunft des Unternehmens zu arbeiten, brauche ich nicht mehr allein zu erledigen, sondern tue das gemeinsam im Team.

Kompliziert versus komplex

Warum brauchen wir heute mehr denn je fähige Mitarbeiter? Weil wir es häufiger als früher mit komplexen Aufgaben und Herausforderungen zu tun haben. Dazu ein kleiner Ausflug in die Systemtheorie: Dort kennt man zwei Arten von Problemen, nämlich komplizierte (»blaue Aufgaben«) und komplexe (»rote Aufgaben«).[5] Komplizierte Systeme laufen immer wieder gleich ab, ihre Teile wirken immer wieder gleich zusammen, sie sind von außen beobachtbar und steuerbar. Sie bergen keinerlei Überraschungen. Ein kompliziertes Problem ist allein durch Wissen zu lösen. Beispiel: Wenn meine Waschmaschine kaputt ist, ist das für mich ein kompliziertes Problem, da ich absolut keine Ahnung habe, wie Waschmaschinen funktionieren (egal, ob von AEG, Bosch, Siemens oder Miele). Für den Miele-Servicetechniker dagegen ist eine kaputte Miele-Waschmaschine kein Problem, sondern eine Banalität: kurze Fehlerdiagnose, Ersatzteil montiert, fertig. Kompliziertheit entsteht also durch einen Mangel an Wissen. Bei blauen Problemen stehen die Fragen »Wie geht es?« und »Wer weiß das?« im Vordergrund. »Blau« sind zum Beispiel alle Maschinen und genau standardisierbaren Prozesse. Mit dem nötigen Wissen werden komplizierte Probleme trivial und damit sofort lösbar und zu entscheiden.

Für das Funktionieren einer Organisation ist es erforderlich, dass für alle blauen Aufgaben und Probleme die richtigen Fachleute verfügbar sind und dass deren Fachwissen ausreichend dokumentiert ist. Dann ist es mehr oder weniger problemlos in der Organisation multiplizierbar. Alle komplizierten Probleme können theoretisch von Algorithmen, Maschinen und Robotern erledigt werden. Hierarchische Führungsstrukturen aus der Zeit der Industrialisierung vertragen sich prima mit blauen Aufgaben, in denen Vorgabe und Kontrolle notwendig sind. Die blaue Welt ist die der Checklisten, Prozessbeschreibungen und ISOs, der Null-Fehler-Toleranz und Perfektionierung.

Komplexe (rote) Systeme hingegen sind prinzipiell unberechenbar. Das Zusammenwirken ihrer Teile ist dynamisch; es folgt keinen festen Regeln. Komplexität ist das Maß an Überraschungen, mit denen man rechnen muss. Typischerweise sind alle Systeme »rot«, in denen unberechenbare Naturkräfte oder der zuweilen unberechenbare Mensch eine Rolle für das Gelingen spielen. Bisher sind einzig Menschen in der Lage, rote Probleme zu lösen, denn diese brauchen Ideen und Kreativität. Rote Probleme kann man nicht der Reihe nach systematisch abarbeiten. Sie brauchen Könner, die sehr schnell experimentieren und schnell die richtigen Schlüsse aus den Ergebnissen ziehen können. Bei roten Problemen steht also die Frage »Wer kann es schaffen?« im Vordergrund. Rote Probleme werden typischerweise in Projekten organisiert. Kommunikation und Kreativität spielen eine außerordentlich wichtige Rolle. Die Entscheidungen werden häufig im Team gefällt. Die notwendigen Ideen entstehen in einer Mischung aus individueller und kollektiver Arbeit. Sie erfordern den Rückzug und die Stille ebenso wie den Austausch und die gegenseitige Anregung. In dem Maße, wie Unternehmen unter Innovationsdruck stehen, steigt der Anteil roter Aufgaben.

Leider werden wir in unserem Schulsystem durch und durch auf die blaue Welt vorbereitet. Es stecken keine wirklichen Überraschungen in den Schulbüchern und Lösungsheften, denn es werden ausschließlich Fragen gestellt, deren Antworten zweifelsfrei feststehen. Auch das Experimentieren und das Fehlermachen werden eher nicht gefördert, vielmehr führen Fehler meist unweigerlich zu schlechten Noten. Das Kooperieren darf man ab und an im Projektunterricht üben. Typischerweise lernt man da, dass es immer einen hoch motivierten, fähigen Idioten gibt, der die Arbeit für den Rest der Gruppe erledigt. Ansonsten wird jede Form intelligenter Kooperation – etwa das Abschreiben – streng geahndet. Nicht gerade die perfekten Voraussetzungen, um später im Berufsleben gemeinsam mit einer Gruppe von Menschen zu experimentieren und (zu Lernzwecken) zu scheitern.

Fazit: Wir brauchen neue Formen der Arbeitsorganisation, weil sich komplexe Aufgaben und schnelles Reagieren schlecht mit hierarchischen Strukturen vertragen.

Das wahre Elend der Managementlehre liegt indes an der Wurzel einer jeden sozialwissenschaftlichen Theorie und Weltanschauung: dem Menschenbild. Im Theoriegebäude der Ökonomie agiert der Mensch (der Homo oeconomicus) als gefühlsamputierte, egozentrische Witzfigur. Der wichtigste Protagonist (der Unternehmer / das Unternehmen) hat zum obersten Daseinszweck das Schaufeln von Gewinnen. Der Antagonist kennt nur einen einzigen Lebenszweck: das Konsumieren von Gütern und Dienstleistungen bis zur Sättigungsgrenze. Diese ist bei einzelnen Gütern schnell erreicht (der Grenznutzen des fünften Biers in Folge ist in aller Regel negativ), in Gänze jedoch sind die Bedürfnisse unendlich. Ob irgendjemand durch das eigene Streben nach Befriedigung zu Schaden kommt, interessiert den Modell-Konsumenten nicht. Auch hat er keinerlei relevante Bedürfnisse nach Dingen, die nicht von Knappheit regiert werden. Luft und Liebe, die Nahrung der Verliebten, kommen im Marktmodell nicht vor.

Das Menschenbild, das der Managementlehre – und auch unserem Bildungssystem (!) – zugrunde liegt, stammt aus der psychologischen Forschung des 19. Jahrhunderts und basiert auf den Theorien der Evolutionspsychologie und der Soziobiologie. Diesen zufolge ist der Mensch so wie jedes andere tierische Wesen in erster Linie auf Selbst- und Arterhalt programmiert. Grob vereinfacht ausgedrückt dienen alle Anstrengungen dazu, möglichst attraktiv für potenzielle Sexualpartner zu werden und dann ordentlich für die Nachkommen zu sorgen. Demnach strengen wir uns nur um der eigenen Vermehrung und des eigenen Vorteils willen an und gehen darüber hinaus den Weg des geringsten Widerstands.

Auf den ersten Blick ein Modell von bestechender Logik. Man braucht sich nur anzuschauen, welchen Aufwand wir betreiben, um in den Unternehmenshierarchien nach oben zu steigen, und wie viel Geld wir für demonstrativen Konsum ausgeben: Guccitasche, Manolo Blahniks, Rolex und Porsche sind demnach nichts anderes als Rangabzeichen im Kampf um die passenden Vermehrungspartner.

Wenn wir glauben, der Mensch sei nur von Eigennutz getrieben, müssen wir zwangsläufig mit Vorgaben und Anreizen arbeiten, um ein gewünschtes Verhalten zu erzeugen. Schauen wir ins Bildungssystem: Wenn wir meinen, dass Kinder nicht von Natur aus Lust auf Lernen und Entwicklung haben, müssen wir die deprimierenden Dressursysteme installieren, die wir an praktisch jeder Schule vorfinden. Die Kinder werden in einen festen Lernplan gepresst, müssen dort den Lernstoff abarbeiten wie Fabrikarbeiter und werden durch ein perfides Angstsystem von Schulnoten und »Sitzenbleiben« dazu »motiviert«, das zu tun, was man von ihnen erwartet. So oder ähnlich geht es dann in den Unternehmen weiter: Stellenbeschreibungen, Zielvorgaben, Kontroll- und Beurteilungssysteme sollen dafür sorgen, dass Menschen das tun, was wir von ihnen erwarten.

Deprimierenderweise erzeugen wir aber gerade damit die Haltung, die wir eigentlich bekämpfen wollen. Denn wenn wir Menschen behandeln wie bequeme Egoisten, brauchen wir uns nicht zu wundern, wenn sie sich genau so verhalten. Dass es in vielen Unternehmen eine Dienst-nach-Vorschrift-Mentalität gibt, ist eine logische Folge der vielen Vorschriften und Misstrauenssysteme. Der Autor Reinhard K. Sprenger hat schon vor 30 Jahren in seinem wegweisenden Buch *Mythos Motivation* offengelegt, dass variable, von der Leistung abhängige Gehälter (wie Umsatzprämien im Verkauf) eine unausgesprochene Misstrauenserklärung sind. Sie sagen schließlich nichts anderes aus als: »Wenn ich dir ein angemessenes Fixgehalt gebe, machst du weniger, als du zu leisten imstande bist.«

Es ist klar, dass wir mit einem negativen, reduktionistischen Menschenbild keine Unternehmensstruktur (und daraus resultierend eine Unternehmenskultur) aufbauen können, die auf gegenseitigem Vertrauen, Transparenz und Selbstorganisation aufbaut.

Wie Menschen wirklich ticken

Mittlerweile wissen wir – insbesondere durch neuere Forschung der Positiven Psychologie und der Neurobiologie – dass wir das Menschenbild der Soziobiologie gehörig erweitern müssen. Natürlich ist der Wunsch, uns fortzupflanzen und für unsere Liebsten zu sorgen, ein riesiger Motivator. Und, ja, für Männer ist es nach wie vor vorteilhaft, auf der sozialen Leiter möglichst weit oben zu stehen, denn das verspricht den Frauen, denen so etwas wichtig ist, ein hohes Maß an Sicherheit und Status. Umgekehrt dreht sich das Leben von vielen Frauen um gutes Aussehen, da auch dies von den männlichen Alphatieren belohnt wird – im Amerikanischen spricht man sehr schön von den sogenannten Trophy Wifes. Aber das ist natürlich nicht alles! Über Fortpflanzung und Sozialstatus hinaus schlummert in jedem Menschen der Wunsch, Teil von etwas Größerem zu sein und das eigene Talent zum Nutzen anderer zu entfalten. Wir wollen Dinge tun, die Sinn ergeben und auf die wir stolz sind. Und wir alle haben den großen Wunsch, Anerkennung und Wertschätzung für gute Leistung zu bekommen. Der Mensch ist ein Sozialwesen durch und durch, das dringend auf positive soziale Resonanz angewiesen ist. Wir brauchen weder Druck noch Kontrollen, um gute Arbeit zu leisten; wir wollen von Natur aus erfolgreich sein und als Team gewinnen. Das tradierte Menschenbild des habgierigen Egoisten gehört auf den Müll der Geschichte, und damit die Systeme von Kommando und Kontrolle, die wir jahrhundertelang gepflegt haben. Alles, was wir tun müssen, ist, das neue Menschenbild annehmen und uns fragen, wie wir Arbeit organisieren müssen, damit dort menschliche Grundbedürfnisse nach Entfaltung, Wirkung, Erfolg, Anerkennung und Wertschätzung erfüllt werden.

Das Unternehmen von gestern wurde um die Frage herum konstruiert, wie wir ein Maximum an Kapitalproduktivität erzeugen. Die Unternehmen von morgen werden um die Frage herum konstruiert, wie Menschen ihr Potenzial bestmöglich im Dienste des Nutzens für andere[6] entfalten können.

Negative Glaubenssätze aufgeben

Dieser Wandel wird umso besser gelingen, je erfolgreicher wir unsere alten, negativen Programmierungen und Erfahrungen durch Überzeugungen ersetzen wie »Alle Menschen im Unternehmen geben ihr Bestes, wenn man ihnen die Gelegenheit dazu gibt und die Voraussetzungen dafür schafft«. Auch wenn du im Moment noch in einer Kultur lebst, in der Misstrauen und Kontrolle an der Tagesordnung sind, halte es zumindest für *möglich*, dass es auch anders gehen kann. Frage dich einmal, woher diese Programmierungen stammen: Meist haben wir sie kritiklos aus Büchern, von Lehrern, Eltern oder Vorgesetzten übernommen. Um es mit Niels Pfläging auszudrücken: Transformationsarbeit bedeutet Arbeit an Glaubenssätzen. Wir werden im weiteren Verlauf dieses Buches immer wieder darauf zurückkommen.

Befreie dich am besten auch gleich von der Vorstellung, dass Erfolg etwas mit Kampf und Krieg zu tun hat. Die gesamte Managersprache wimmelt von Kriegsmetaphorik: »Kampf um Marktanteile«, »Kundenfront«, »Rekrutierung« und Ähnliches. Bewaffnet und trainiert wird der Verkäufer mit Psychomethoden, Einwandbehandlung und Abschlusstechniken. Dahinter steckt der falsch verstandene Darwinismus des »survival of the fittest« und des »struggle for survival«: Im Überlebenskampf siegt der Stärkste und der am besten Bewaffnete. Begleitet wird dieses Missverständnis vom linear-statischen »Kuchendenken«: Der Markt ist wie eine große Torte, von der sich viele Mitbewerber ein möglichst großes Stück abschneiden wollen. Wer sich jetzt am schnellsten und mit den besten Messern bewaffnet in den Kampf stürzt, ergattert das größte Stück. Dass man sich ganz ohne Kampf mit ein bisschen Kreativität und Tatkraft einen eigenen Kuchen backen kann, hat sich noch nicht überall herumgesprochen. So ist es denn kein Wunder, dass normale Menschen »die Wirtschaft« nicht als einen Ort der Erfüllung und der Selbstentfaltung verstehen, sondern als notwendiges Übel. Unternehmen zu führen hat nichts mit Krieg zu tun – dafür sehr viel mit Teamsport und Wettbewerb. Oder um es mit den Worten des genialen US-Unternehmers Jack Stack auszudrücken: Die Managementlehre ist weder eine Kunst noch eine Wissenschaft, sondern ein spielerischer Wettbewerb, bei dem ziemlich viel auf dem Spiel steht.

KAPITEL 3

The Great Game of Business – zwei Praxisbeispiele aus den USA

Wenn sich Mitarbeiter wie Mitunternehmer verhalten sollen, brauchen sie Zugang zu wichtigen Informationen und Verständnis für die Zusammenhänge im Geschäftsmodell. Und sie brauchen so viel Handlungs- und Entscheidungsspielraum wie ein Unternehmer. An zwei Praxisbeispielen erfährst du in diesem Kapitel, wie man alle Mitarbeiter befähigt, unternehmerisch zu denken und zu handeln.

In diesem Buch stelle ich dir eine Methode vor, mit der du spielerisch leicht das tradierte Managementsystem in ein System von Transparenz, Teamgeist, Kreativität und Freude am Ergebnis verwandelst. Sie ändert Kultur und Ergebnisse allein durch die Veränderung der Rahmenbedingungen. Du wirst in deinem Unternehmen die gleichen Qualitäten erzeugen, die im Mannschaftssport selbstverständlich sind und die es überhaupt erst ermöglichen, Freude am Spiel zu haben: Spielverständnis, Transparenz und eine unmittelbare Rückkopplung von eigenem Handeln und dem Gesamtergebnis. Vor allem wirst du dadurch deinem Team zu dem verhelfen, was unser aller Lebenselixier ist: zu Erfolgserlebnissen auf vielen Ebenen. Diese Methode ist aus dem entstanden, was wir über viele Jahre von ungewöhnlichen Unternehmern gelernt und hier in Deutschland mit beherzten Pionieren praktisch erprobt haben. Zwei dieser Unternehmer und ihre Organisationen waren dafür maßgeblich: Jack Stack von SRC und Ari Weinzweig von Zingerman's.

Jack Stack und The Great Game of Business

Jack Stack ist eines der größten und kreativsten Genies der Managementlehre. Er hat – genau wie viele andere großartige Unternehmer und Vordenker – nie eine Business-School von innen gesehen. Stack ist der Erfinder von »The Great Game of Business« (GGOB), einem genial einfachen und erfolgreichen System für Organisationsentwicklung. GGOB wurde in den 80er-Jahren rein aus der Unternehmenspraxis heraus entwickelt. Jack Stack hatte damals mit elf Kollegen im Rahmen eines Management-Buy-outs die Springfield Renewal Company (SRC) von der angeschlagenen Muttergesellschaft International Harvester erworben. SRC war spezialisiert auf die Aufarbeitung von großen Dieselaggregaten.

Vom Start an war das Unternehmen praktisch pleite: SRC hatte neben International Harvester noch einen zweiten Kunden, mit dem es 40 Prozent seines Umsatzes machte. Dieser Kunde war nach dem Buyout abgesprungen, weil er das Unternehmen selbst hatte übernehmen wollen. Stack versammelte alle Mitarbeiter in der Fabrikhalle um sich, schilderte offen die Lage, benannte genau, wie viele Hunderttausend

Dollar das Unternehmen monatlich erwirtschaften müsse, um allein die Zinsen zu bezahlen – und bat alle um gute Ideen, wie man die Lage drehen könnte. Er schenkte also allen Mitarbeitern reinen Wein ein, anders ausgedrückt: Er machte den Spielstand transparent. Viele Unternehmenslenker schrecken davor zurück, ihren Teams in schlechten Zeiten die Wahrheit zu sagen, weil sie fürchten, dass gerade die besten Mitarbeiter das Unternehmen verlassen würden. Sprichwörter wie »Die Ratten verlassen das sinkende Schiff« nähren solche Befürchtungen. Dahinter steckt – wie immer – das alte negative Menschenbild der Managementlehre: Jeder ist sich selbst der Nächste. In Fall von SRC kam es natürlich anders. Kein Mensch verließ das Unternehmen, sondern es ging sofort ein Ruck durch die Belegschaft. Dieses Verhalten ist im Grunde völlig normal; einigermaßen intakte Systeme tendieren immer zum Selbsterhalt. Das heißt, wir versuchen instinktiv zunächst alles, um das System zu retten, wenn wir auch nur einen Funken Vertrauen in die Unternehmensspitze haben.

Stack und seine Kollegen konnten sich vor guten Ideen kaum retten. Doch sehr viele waren unbrauchbar, weil sie den größten Engpass – Cash – nicht lösten. Jack Stack dämmerte es, dass die Mitarbeiter die Spielregeln kennen müssen (sprich: die Finanzsprache sprechen), wenn sie etwas Sinnvolles zum Unternehmenserfolg beitragen können sollen. Genauso ist es im Sport oder bei jeder anderen Art von Spiel: Je besser ich das Spiel beherrsche, desto besser können meine Beiträge zum Erfolg sein. Doch die Begeisterung für BWL-Kurse hielt sich bei seinen Mitarbeitern in Grenzen, die meisten machten eher aus Pflicht denn aus Freude mit. Stack stellte sich die kluge Frage, wann sich Amerikaner freiwillig mit Zahlen beschäftigen. Die Antwort: beim Football und beim Baseball! Regelkunde, Raumgewinn und Passgenauigkeit errechnen, Punkte zählen – alles das lernt man beim Sport mit großer Motivation und Leichtigkeit. Man musste die Unternehmensführung also lediglich so interessant machen wie ein Football-Match, um mehr Begeisterung zu entfachen. Mehr noch, die Mitarbeiter sollten nicht einfach nur gut informierte Fans sein, die zuschauen, welche Ergebnisse das Management produziert, sondern sie sollten aktive Spielgestalter werden.

Das war die Geburtsstunde von The Great Game of Business. GGOB verwandelt die Unternehmensführung in ein großes Spiel, in dem die

Mitarbeiter in großen und kleinen Teams mit dem Ziel »spielen«, bestimmte Kennzahlen zu erreichen: die kritische Zahl, also den zentralen Treiber des Unternehmenserfolges, ebenso wie diverse andere Kennzahlen, die mittelbar mit der kritischen Zahl verbunden sind. Voraussetzung ist, dass ausnahmslos alle Mitarbeiter vom Vorstand bis zur Putzfrau grundlegende Finanzkenntnisse besitzen und dass sie die Vision ebenso wie die Strategie kennen und unterstützen. Wer einmal selbst in Springfield erlebt hat, wie Fließbandarbeiter einem Außenstehenden mit großer Selbstverständlichkeit Konzepte wie den Cashflow oder eine komplexe Kennzahl wie die Lagerumschlagsgeschwindigkeit erklären, wird sich schnell für diesen unglaublichen Ansatz begeistern. Selbstredend sind sämtliche Finanzkennzahlen allgemein bekannt (Open-Book-Management); und selbstredend werden die Mitarbeiter angemessen am gemeinsam erwirtschafteten Gewinn beteiligt. SRC ist mittlerweile von 160 auf mehr als 2000 Mitarbeiter gewachsen und befindet sich komplett in der Hand der Mitarbeiter. Einige Mitarbeiter haben unter dem Dach der Mutter SRC neue Unternehmen gegründet. Hier sieht man, was es wirklich heißt, Mitarbeiter zu Mitunternehmern zu machen.

Als ich das erste Mal von diesem System hörte, war ich erst mal skeptisch: Spielen und Arbeit – das passte irgendwie nicht zu meiner protestantisch-preußischen Arbeitsmoral. Ich hielt das Ganze für ein typisch amerikanisches Motivationsbohei, mit dem man den Leuten das letzte bisschen an Produktivität abpresst. Als ich mich dann endlich aufgerafft hatte, mir in Springfield selbst ein Bild von dieser Methode zu machen, war ich in wenigen Minuten überzeugt. Jack Stack hielt die Eröffnungsansprache. »Wenn ihr nur hier seid, um eine Methode zu erlernen, wie ihr eure Leute besser manipulieren könnt, dann fahrt sofort wieder nach Hause«, erklärte er den 50 Seminarteilnehmern, die aus den ganzen USA angereist waren. »The Great Game of Business funktioniert nur, wenn ihr ernsthaft am Wachstum von Menschen interessiert seid.« Ich war mir sicher, am richtigen Ort zu sein.

Mehrere Tausend Unternehmen in USA haben sich bereits von The Great Game of Business inspirieren lassen und den täglichen Kampf in einen spielerischen Wettbewerb verwandelt – mit überragenden Erfolgen, was Motivation, Selbstorganisation und Finanzen angeht.

Unzählige Unternehmen befinden sich über einen ESOP-Plan[7] in der Hand der Mitarbeiter.

Das coolste Unternehmen in den USA

Eines dieser höchst erfolgreichen Unternehmen, die unter anderem The Great Game of Business in ihren »Methodenbaukasten der Selbstorganisation« integriert haben, befindet sich in der idyllischen Universitätsstadt Ann Arbor in Michigan: die Zingerman's Community of Businesses, kurz ZCOB.[8] In USA ist Zingerman's eine Berühmtheit: Prominente wie Barack Obama oder Oprah Winfrey geben sich dort die Klinke in die Hand. *Inc. Magazine* (in etwa das US-Pendant der deutschen Unternehmerzeitschrift *Impulse*) kürte Zingerman's zur »coolest small company« in den USA. Einer der Gründer, Ari Weinzweig, wurde von *Inc.* in den Kreis der fünf besten Unternehmenslenker gewählt. In allen der mittlerweile 13 Unternehmen, die zur ZCOB gehören, herrscht ein unglaubliches Maß an Selbstorganisation und ein ebenso phänomenales Niveau an Qualität und Kundenservice. Die Strategie, auf die alle Mitarbeiter ausgerichtet sind, steht auf drei Säulen: Great Food – Great Service – Great Finance (großartige Speisen – großartiger Service – großartige Finanzen).

Die schon fast klischeehafte Erfolgsgeschichte von Zingerman's begann 1978: Ari Weinzweig arbeitete nach seinem Abschluss in Geschichte mit dem Spezialgebiet »Russischer Anarchismus« zunächst als Tellerwäscher im Restaurant Maude's, das von Paul Saginaw geleitet wurde. Die beiden entdeckten schnell ihre Liebe zu gutem Essen und waren sich einig, dass Ann Arbor unbedingt ein traditionelles jüdisches Deli brauchte – etwas, womit Ari Weinzweig in Chicago und Paul Saginaw in Detroit aufgewachsen waren. Im November 1981 machten sie ihren Traum wahr, als ein kleines Backsteingebäude in der Kingsley Street frei wurde: Weinzweig bekam ein Darlehen von seiner Großmutter, Saginaw belieh sein Haus mit einer zweiten Hypothek, und die beiden gründeten Zingerman's. Ihr Ziel war es, dort das beste Corned-Beef-Sandwich aller Zeiten anzubieten und herausragende Lebensmittel nach Ann Arbor zu bringen.

Die Rahmenbedingungen waren alles andere als rosig: Ein halbes Dutzend Delis waren in der Stadt zuvor schon gescheitert, das heute trendige Viertel rund um den Wochenmarkt galt damals als düster und gefährlich – und der Darlehenszinssatz lag bei heute unvorstellbaren 18 Prozent. Doch die beiden schafften, was jeder für unmöglich gehalten hatte: Dank ihrer Liebe zu herausragendem Essen und dem gründertypischen 24/7-Einsatz blühte das kleine Geschäft mit seinen Sandwiches und dem kleinen, aber feinen Lebensmittelhandel immer mehr auf. Mittlerweile ist Zingerman's eine der Topadressen für Foodies in den USA. Viele der auswärtigen Gäste haben das Gründerduo schon bestürmt, Zingerman's-Filialen in anderen US-Städten zu eröffnen. Die Antwort ist immer die gleiche: Das Unternehmen habe eine Seele und die könne man nicht klonen. Die meisten auswärtigen Gäste sind überrascht, wie klein das berühmte Geschäft ist. Dazu Weinzweig: »Wir wollten nie zu den Größten zählen, sondern nur zu den Besten.« Statt über Filialen zu expandieren, ist man bei Zingerman's einen anderen Weg gegangen. So wurden auf Initiative talentierter Mitarbeiter in Ann Arbor zwölf weitere spezialisierte Tochterunternehmen gegründet[9], die alle die gleiche Mission verbindet: herausragende Lebensmittel auf hohem ökologischen und handwerklichen Niveau zu produzieren und dabei eine einzigartige Unternehmenskultur zu pflegen.[10]

Vorbildlich ist Zingerman's im Umgang mit Unternehmenswachstum und den dabei zwangsläufig auftretenden Problemen und Engpässen. Ari Weinzweig adaptierte einen ursprünglich auf Abraham Maslow und Ron Lippitt zurückgehenden Ansatz namens Visioning. Demnach wehren sich Menschen vor allem darum vor Veränderungen (und genau das ist das »Problem« bei allen wachsenden Unternehmen), weil sie nicht wissen, für welches höhere Gut sie ihre bewährten Routinen aufgeben und Mehrarbeit in Kauf nehmen sollen. Haben sie jedoch eine klare, lebendige und vor allem attraktive (!) Vorstellung (»Vision«) von ihrer beruflichen Zukunft, verschwinden zum einen die Widerstände und zum anderen entfalten sich Selbstorganisation und Unterstützung für das Ziel. Dies zwingt die Unternehmen natürlich dazu, sinnstiftende und attraktive Strategien zu entwickeln, denn für das Ziel »Maximierung des Shareholder-Values« kommt wahrscheinlich kein normaler Mensch begeistert zur Arbeit. Bei Zingerman's schreiben alle fest angestellten Mitarbeiter – wenn er oder sie es will – eine eigene, persönliche Vision. Und das Unternehmen tut dann alles, um die Person darin zu unterstützen, diese zu erreichen.

Vor einigen Jahren war ich in Ann Arbor, um von Ari Weinzweig die Kunst des Visioning zu erlernen. Ich war damals sehr beeindruckt von einer Küchenkraft aus dem Deli, die in ihrer Vision geschrieben hatte, dass sie Krankenschwester werden möchte. Das Unternehmen hat ihr nicht nur Mut gemacht, diese Vision Realität werden zu lassen, sondern hat ihre Schichtpläne dann so gelegt, dass sie auf die Abendschule gehen konnte. In unserem Workshop erzählte sie, dass sie gerade bei Zingerman's gekündigt hatte und in drei Monaten im Krankenhaus von Ann Arbor ihre erste Stelle als Krankenschwester antreten würde. »Wer ist so bekloppt, gute Mitarbeiter zu ermutigen, das Unternehmen zu verlassen?«, wird sich jetzt manch einer fragen. Ganz einfach: Zingerman's will ein attraktiver Arbeitgeber sein, ein Ort, an dem Menschen ihr volles Potenzial entwickeln können. Das ist etwas ganz anderes, als Menschen im Wortsinne einfach nur »Arbeit zu geben«, damit sie ihren Lebensunterhalt fristen können. Wenn der eine oder andere Mitarbeiter dabei entdeckt, dass seine Leidenschaft nicht darin besteht, großartiges Essen zu erzeugen, um dann etwas anderes zu tun, kann das nur im beiderseitigen Interesse sein: Der betreffende Mitarbeiter findet anderswo ein größeres Glück; und bei Zingerman's ist man sicher, dass diejenigen, die bleiben, mit vollem Herzen dabei sind.

Alle Tochterunternehmen der ZCOB sind entstanden, weil Mitarbeiter die Sehnsucht nach etwas anderem verspürten. Wenn dieses »andere« zu den strategischen Säulen »Great Food – Great Service – Great Finance« passt, dann wird sorgfältig geprüft, ob diese Idee umgesetzt werden kann. Der erste Ableger des Delis ist die 1992 gegründete Bäckerei Bakehouse. Seit der Eröffnung des Delis fuhr jeden Morgen ein Mitarbeiter eine Stunde ins nahe gelegene Detroit (und wieder eine Stunde zurück), um dort bei einem besonders guten Bäcker das Brot für die Sandwiches zu kaufen; das Brot der ortsansässigen Bäcker genügte den Ansprüchen nicht. Frank Carollo, ein Mitarbeiter der ersten Stunde, brachte die Idee auf, eine eigene Bäckerei zu gründen – vor allem, um dann endlich all die köstlichen Backwaren zu produzieren, von denen man glaubte, dass sie die Kunden in Ann Arbor begeistern würden. Nach langem Rechnen und Visionieren fiel dann die Entscheidung, die Bäckerei zu eröffnen. Ganz nach dem Motto »Das Beste oder nichts« ging Carollo (der sich als gelernter Ingenieur das Backen selbst beigebracht hatte und Brot liebte) für ein halbes Jahr nach Frankreich und Deutschland, um dort bei den besten Bäckern zu hospitieren und zu lernen. Nach seiner Rückkehr wurde dann das Bakehouse in einem überraschend langweiligen Gewerbepark am Plaza Drive am Rande von Ann Arbor eröffnet. Hier spielte sich dann das Gleiche ab wie im Deli: Die herausragende Qualität führte zu rasantem Umsatzwachstum. Beliefert werden heute nicht nur die Zingerman's-Unternehmen, sondern Restaurants und Einzelhändler in der gesamten Umgebung. Allein die Verkaufsstelle im Gewerbepark, weit ab von traditioneller Laufkundschaft, macht nahezu 1 Million Dollar Umsatz pro Jahr. »Eigentlich« wollte man dort gar nichts verkaufen. Doch nach und nach klopften immer mehr Angestellte der umliegenden Unternehmen an die Tür, um Brot mitzunehmen. Die Mundpropaganda tat das Ihrige, sodass dann bald ein eigener kleiner Laden in dem Gebäude eröffnet wurde.

Nach dem gleichen Muster wurden nach und nach die übrigen Unternehmen auf Initiative von Mitarbeitern ausgegründet: eine Kaffeerösterei mit Coffeeshop, ein traditionelles amerikanisches Diner (das Roadhouse), eine Molkerei, die Käse und Eiscreme produziert, ein koreanisches Restaurant (Miss Kim) und so weiter. Zingerman's ist eine Brutstätte für Unternehmergeist und Exzellenz, und es zieht die besten und motiviertesten Leute an – genau das, wovon viele kleine und mittelständische Unternehmer träumen.

Ein großer Teil des Zingerman's-Erfolges geht auf Open-Book-Management in spielerischer Form zurück, so wie es ursprünglich bei SRC erfunden wurde. Ausnahmslos alle Mitarbeiter – auch die Aushilfen – bekommen Finanztraining. Jeder versteht das Geschäftsmodell, kennt die Kostenstrukturen und die Gewinnmargen. Alle Mitarbeiter werden, wenn sie es wollen, in die strategische Planung eingebunden und können an der Zukunft des Unternehmens mitwirken. Aus Mitarbeitern sind wirkliche Mitunternehmer geworden. Die dem zugrunde liegende Geisteshaltung kann man natürlich nicht erlernen, man kann sie höchstens in sich entdecken. Allein macht aber auch sie kein Unternehmen erfolgreich. Hinzu kommen Methoden, Prozesse, Prinzipien, die jedermann erlernen kann. Einige davon werden dir in diesem Buch noch begegnen.

KAPITEL 4

Systeme ändern durch Transparenz und Verbundenheit – die universelle Gewinnformel

In fast allen Unternehmen agieren Führungskräfte wie Blindenführer: Ihre Mitarbeiter wissen weder, welche Ziele sie gemeinsam als Team erreichen sollen, noch wissen sie, wie nah sie diesen Zielen gekommen sind. Erfahre hier, welche Rolle Transparenz, Verbundenheit und Vertrauen spielen.

Veränderungen beim Militär

Eines der beeindruckendsten Beispiele dafür, wie Veränderungen von systemischen Rahmenbedingungen zu dramatisch besseren Ergebnissen führen, ist die Geschichte von Stanley McChrystal. Der US-General tat etwas Unvorstellbares: Er schaffte im Kampfeinsatz die hierarchische Befehlskette ab und befähigte seine Eliteeinheiten, die Special-Ops-Truppen, im Irakkrieg eigene Entscheidungen zu treffen. Er tat das aus schierer Not, denn die Gegner, die Al-Qaida-Gruppen, waren flexibel, anpassungsfähig und schnell, weil sie keine Befehle von oben brauchten, keine Meetings abhielten und über IT bestens vernetzt waren. »Es war unmöglich, sie zu schlagen«, erzählt McChrystal in einem Interview in *brand eins* im Januar 2017. »Wenn wir unseren Top-Down-Prozess anwendeten, waren wir immer zu langsam. Wir hatten zwar gute Informationen, aber bis sie durch die Befehlskette gewandert waren, waren sie veraltet und nicht mehr brauchbar. Wir mussten irgendwann die sehr schmerzliche und beängstigende Entscheidung treffen, jeden mit jedem zu vernetzen, um wirklich auf breiter Front die Informationen zu teilen, die sonst der obersten Führungsebene vorbehalten waren. Statt die Infos nach oben und die Befehle nach unten zu schicken, streuten wir Wissen in die Breite. Plötzlich konnten alle Soldaten unter meinem Kommando den vollen Kontext verstehen.«[11] Diese – für militärische Verhältnisse – brutale Änderung der Spielregeln führte unmittelbar zu besseren Ergebnissen; aus durchschnittlich 18 Einsätzen im Monat wurden 300. Die Erfolgsquote stieg: Die Leute an der Front hatten bessere Informationen und konnten bessere Entscheidungen treffen, und sie fühlten mehr Verantwortung, weil es ihre Entscheidungen waren. Die einzelnen Teams verband McChrystal, indem das Wissen in alle Richtungen geteilt wurde. An die Stelle der Hierarchie trat ein Netzwerk, das er auf den Namen »Team von Teams« taufte.

McChrystal musste dafür etwas im Militär Unerhörtes tun: so viele Informationen teilen wie möglich. Erkenntnisse über den Feind unterlagen bis dato strikter Geheimhaltung. Solche Informationen wurden an die Spitze weitergeleitet, analysiert, ausgewertet und mündeten dann in entsprechenden Einsatzbefehlen. In der neuen Struktur wurden diese Informationen mit allen geteilt, und die Spezialeinheiten konnten weitgehend autonom ihre eigenen Schlüsse ziehen und

Einsätze planen. Das Teilen der Informationen führte zu einem »geteilten Bewusstsein«. McChrystal beschreibt auch, wie schwer es ihm fiel, Macht und Kontrolle abzugeben und zu teilen. Es sei zwar schön gewesen, dass er nicht mehr mitten in der Nacht geweckt wurde, um einen tödlichen Einsatzbefehl zu beurteilen und zu genehmigen – aber dafür fehlte auch das Gefühl der Unentbehrlichkeit und Wichtigkeit. Er schreibt über die Unsicherheit und die damit verbundenen Ängste. Der Strategiewechsel sei vergleichbar gewesen mit der Aufgabe, ein Flugzeug in der Luft umzubauen, unter der erschwerten Bedingung, dass niemand Erfahrung damit hatte. Das Einzige, das sie hatten, war eine Blaupause: eine Organisation, die noch beweglicher, vernetzter und schlagkräftiger war als die Zellen von Al-Qaida-Anführer Abu Musab az-Zarqawi. Das bedeutete insofern einen kompletten Paradigmenwechsel, als das US-Militär zuvor ganz nach den Prinzipien, nach denen Frederick Taylor die Industrie organisiert hatte, auf maximale Effizienz getrimmt worden war. Was die Truppen im neuen Paradigma brauchten, waren Resilienz und Flexibilität.

McChrystal empfiehlt sein System von vollkommener Transparenz und Ermächtigung auch allen Unternehmenslenkern. Unter den komplexen und dynamischen Marktbedingungen sei hierarchisches Management zum Scheitern verurteilt, da wenige Menschen an der Spitze unmöglich alle Entscheidungen treffen könnten. Er plädiert selbst angesichts der Informationsskandale rund um Edward Snowden, Chelsea Manning und Wikileaks für vollkommene Transparenz. Die Frage, wann man wisse, wo die Grenze der Informationsfreiheit liege, beantwortet er mit einem lapidaren »Wenn es illegal ist«.

In seinem Buch *Team of Teams* zeigt McChrystal unter anderem am Beispiel der US-Autogiganten General Motors und Ford, warum das Erfolgsmodell »hierarchisches Management« ausgedient hat und welches Erfolgspotenzial in der Kombination von Transparenz und Verbundenheit steckt.

Veränderungen in der Automobilindustrie

Ford gebührt das Verdienst, durch die Fließbandfertigung überhaupt erst den Massenmarkt für Automobile erschaffen zu haben. Durch die gigantischen Produktivitätssteigerungen wurde das Auto plötzlich für breite Schichten erschwinglich und Ford wurde der unangefochtene Marktführer. Das Festhalten an der bewährten Strategie des Einheitsautomobils machte allerdings den Weg frei für GM, das seinen Kunden eine große Auswahl bezüglich Ausstattung und Modellvarianten bot. Doch auch GMs Marktposition wackelte bald. Nach einer ganzen Reihe von Übernahmen drohte das Unternehmen im organisatorischen Chaos zu versinken und wäre beinahe in die Insolvenz gegangen. Das Unternehmen verlor Geld, aber niemand wusste genau, wo und warum. Im Jahr 1923 übernahm dann Alfred P. Sloan das Ruder und verpasste GM eine grundlegend neue Organisationsform. Für die einzelnen GM-Marken (z.B. Chevrolet, Buick, Oldsmobie, Cadillac) schuf er dezentralisierte Unternehmensbereiche (Divisionen) und unterteilte diese in spezialisierte Abteilungen für Design, Technik, Marketing, Produktion, Beschaffung und so fort. Die Spartenorganisation war geboren. Das Prinzip lautete: dezentrale Struktur unter zentraler Kontrolle. Alle Divisionen und deren Silos wurden mit klaren Ergebnisvorgaben geführt und berichteten an die Spitze. In der Folge kam GM wieder auf die Erfolgsspur und gilt als Paradefall für den Erfolg des hierarchischen Systems von Kommando und Kontrolle. Die Spartenorganisation wurde von praktisch allen Großunternehmen und staatlichen Verwaltungen übernommen.

Bei GM ging das über Jahrzehnte gut, der Konzern wurde der weltgrößte Autohersteller und machte als erstes Unternehmen mehr als 1 Milliarde Dollar Jahresgewinn. Doch als in den 80er-Jahren die Konkurrenz durch die japanische Autoindustrie immer größer wurde und der Innovationsdruck stieg, geriet GM ins Schlingern. 2009 musste das Unternehmen in der amerikanischen Finanzkrise Konkurs anmelden.

Durch den sogenannten Zündschloss-Skandal kam das ganze Ausmaß der internen Lähmung ans Licht: 124 Personen starben, weil sich durch eine Fehlkonstruktion des Zündschlosses der Motor abschaltete oder der Airbag nicht auslöste. Es gab eine offizielle Anhörung, in der GM ein verheerendes Organisationsversagen eingestehen musste.

Jahrelang war man nicht in der Lage gewesen, die Ursache zu finden, geschweige denn sie abzustellen. Durch das Silosystem arbeiteten Spezialisten beziehungslos nebeneinander her, im schlimmsten Fall sogar gegeneinander. Durch den Fokus auf Effizienz ging das grundlegende Verständnis für das Auto verloren. Am Ende zahlte GM den Familien der Opfer 900 Millionen Dollar an Entschädigungen und musste 30 Millionen Autos nachbessern.

Unter ähnlichem Druck stand auch Ford. Zur Jahrtausendwende hatte man dort die gleichen Probleme wie bei GM: Designer und Ingenieure hassten sich, Manager und Arbeiter hassten sich, und die gesamte Organisation war in Schuldzuweisungen und internen Grabenkriegen verstrickt. Ein Rekordverlust von 12,6 Milliarden Dollar im Jahr 2006 zeigte überdeutlich, wie es um das Unternehmen bestellt war. Das änderte sich, als im gleichen Jahr Alan Mulally von Boeing zu Ford wechselte. Er galt als Wunderkind: Bei Boeing hatte er unter anderem als leitender Ingenieur und Projektleiter das erfolgreichste Flugzeug aller Zeiten gebaut, die Boeing 777. Seine Philosophie beschrieb er durch die beiden schlichten Worte »working together« (zusammen arbeiten).

Mulally hatte bei Boeing die Zusammenarbeit zwischen vorher isolierten Abteilungen durch totale, systemische Transparenz und bahnbrechende IT-Systeme befördert. Er ließ beispielsweise ein dreidimensionales IT-Modell der 777 anfertigen, anhand dessen jeder sofort sehen konnte, wie die geplanten Komponenten der einen Gruppe die der anderen beeinflussen würden.

Nach dem gleichen System vernetzte Mulally 10 000 Leute bei Ford so, als arbeiteten sie in einem Kleinunternehmen. Ford hatte damals Hunderte von Unterabteilungen, in denen kleine Gruppen unendlich viele Meetings abhielten. Diese ersetzte er durch ein wöchentliches Meeting namens Business Plan Review. Während dieses Meetings gab es eine klare Negativliste: Geheimnistuerei, Smartphones, Witze auf Kosten anderer und Sarkasmus waren verboten. An deren Stelle traten totale Transparenz und Ehrlichkeit. Alles stand unter dem Motto »One Ford«. Auf der Basis gemeinsamer Ziele und Informationen spannte er alle Kräfte zusammen und schuf ein gemeinsames Bewusstsein, wobei er in dieses System auch die Zulieferer einband. Ebenso waren Diskussionen verboten – die Meetings waren nur dazu bestimmt, alle auf den gleichen Stand zu bringen, Erfolge wahrzunehmen und Probleme aufzudecken. Lösungen wurden anderswo gefunden.

Als sich Chrysler und GM in Konkursverfahren befanden, war Ford wieder profitabel und konnte die Krise von 2009 ohne Staatsgelder überstehen. Mulally hatte bewiesen, dass man in den USA mit der Produktion von Autos Geld verdienen konnte. Er galt fortan als erfolgreichster Krisenmanager aller Zeiten und wurde berühmter als Sloan, weil er das genaue Gegenteil gemacht hatte: Er hatte Grenzen aufgelöst, für Transparenz gesorgt und die Entscheidungsmacht vom Zentrum in die Peripherie verlegt.[12] Die Voraussetzung war das, was McChrystal ein gemeinsames Bewusstsein bei dezentralisierter Kontrolle nennt. Sein Fazit: Zusammen zu arbeiten funktioniert immer.

Wie Selbstorganisation funktioniert

Generell gilt: Je mehr Klarheit, Transparenz und Rückkopplung es in einem System gibt, desto weniger Interventionen (zum Beispiel in Form von Leitung und Führung) sind notwendig. Damit Menschen sinnvoll zusammenarbeiten können, brauchen sie eine klare Sicht auf die Dinge. Am wichtigsten sind Zielklarheit und komplette Transparenz über den Spielstand. Alles, was wir tun müssen, ist, ausnahmslos allen Mitarbeitern zu vermitteln, wie das Spiel funktioniert und wie der Spielstand ist – und ihnen dann zu erlauben, über Silogrenzen und Machtbereiche hinweg das Spiel zu spielen und zu gewinnen.

Neben dem Effekt »wirksame Zusammenarbeit« gibt es noch einen weiteren wichtigen Grund, warum wir mehr Transparenz brauchen: Es geht um das bereits im ersten Kapitel erwähnte Thema »Anerkennung und Wertschätzung«. Zur Erinnerung: Wenn nicht sichtbar ist, welchen Beitrag wir zum Unternehmenserfolg leisten, fehlt es auch an Motivation. Statt sich aber nun auf die Suche nach neuen Motivationsmethoden zu machen, braucht man nur eine wichtige systemische Grundvoraussetzung zu erfüllen: Transparenz.

Klarheit — Transparenz — Rückkopplung

Wir können aus der Biologie wunderbar lernen, wie Selbstorganisation funktioniert. Eine Pflanze braucht keinen Manager, um das zu werden, was sie werden soll: Ihre DNA gibt es vor. Ändern sich die Umweltbedingungen, verändert sich über Generationen hinweg auch die in der DNA gespeicherte Erbinformation. Jede Zelle weiß genau, was sie zu tun hat. Neben diesem Bauplan verfügt jedes Lebewesen über ein Informationssystem, mit dem auf äußere Bedrohungen und Engpässe reagiert werden kann. Schneiden wir uns beispielsweise in den Finger, läuft sofort und automatisch eine ganze Reihe von Prozessen ab: Im Gehirn kommt ein Schmerzsignal an, das uns unter anderem nahelegt, das betreffende Körperteil zu schonen. Mit der Blutung werden Bakterien und Keime ausgespült bzw. davon abgehalten, in den Körper einzudringen. Die Blutgerinnung verhindert weiteren Blutverlust und schließt die Wunde. Im Inneren beschäftigen sich die Fresszellen mit Krankheitserregern und abgestorbenen Zellen. Gleichzeitig bilden sich neue Hautzellen. Der gesamte Prozess wird durch eine Vielzahl von Botenstoffen organisiert.

Ähnliche Abläufe existieren auf noch subtileren Ebenen. Auf jede seelische Regung reagiert der Körper sofort. Verspüren wir Angst, bewirkt der Hypothalamus eine Ausschüttung diverser Stresshormone, die den Körper für Kampf oder Flucht aktivieren. So steigen beispielsweise Herzschlag und Blutdruck, der Stoffwechsel wird beschleunigt, Energiereserven werden aktiviert, und alle nicht überlebensnotwendigen Systeme werden auf Sparflamme gesetzt.

Auch wenn sich in der Umgebung etwas verändert, erfolgt sofort eine Anpassungsreaktion. Bei Kälte oder Wärme etwa laufen vielfältige Prozesse ab, die den Körper auf seiner optimalen »Betriebstemperatur« von 37 Grad halten. Letztlich bilden alle unsere Sinne eine Schnittstelle, über die wir mit der Umwelt verbunden sind und durch die wir sowohl Chancen als auch Risiken sehr schnell erkennen, sodass wir entsprechend darauf reagieren können.

Es wäre natürlich außerordentlich vorteilhaft, wenn auch ein Unternehmen über solche Fähigkeiten zur Selbstheilung und Selbstorganisation verfügen würde. Dann könnten mögliche Engpässe, aber auch Chancen sofort erkannt und auf ihre Relevanz geprüft werden. Ohne große Diskussionen würden die passenden Maßnahmen ergriffen. Das gesamte Team würde die Unternehmens-DNA kennen, wüsste also, wo die langfristigen Ziele liegen und was man persönlich und als Team zu ihrer Verwirklichung beitragen kann. Das Unternehmen hätte idealerweise ein Kommunikations- und Informationssystem, das dafür sorgt, dass Chancen und Bedrohungen sehr schnell wahrgenommen werden. Es erschafft im gesamten Team ein gemeinsames Bewusstsein. Wie das geht, erfährst du in den folgenden Kapiteln.

KAPITEL 5

Aufgaben gamifizieren und Teamgeist aktivieren

Typischerweise wissen die meisten Leute in Unternehmen nicht, wie genau sie mit ihrem eigenen Verhalten den Erfolg des Ganzen beeinflussen. Oft glauben sie auch, dass ihre Stimme nicht gehört wird und dass sie allein so gut wie nichts bewirken können. Es gibt auch häufig keine Informationen, die einen Zusammenhang zwischen Leistung und Ergebnis herstellen. Durch Transparenz und Gamifizierung kann man einen Systemrahmen erschaffen, der Motivation freisetzt und Ergebnisse nachhaltig verbessert.

Gleich im ersten Kapitel haben wir erfahren, was Unternehmen wirklich vom Mannschaftssport lernen können. Im Folgenden wird gezeigt, wie man konkret die Grundsätze des Teamsports auf die Unternehmensführung anwendet. Die dahinterstehende Methode nennt sich Scoreboard-Management (SBM).[13]

SBM ist ein machtvolles und motivierendes Kollaborationstool, das die Kreativität und das Engagement des gesamten Teams auf die positive Entwicklung des Unternehmens lenkt. Zugleich ist es ein Fitnesstracker, der jederzeit anzeigt, wo das Unternehmen aktuell in puncto Finanzen, Kundennutzen und Teamgeist steht. So kann das Team sehr schnell auf Chancen und Bedrohungen reagieren.

Indem SBM Erfolg auf vielen Ebenen sichtbar macht, liefert es dem Team Anerkennung und Wertschätzung. Im Fall von Fehlentwicklungen aktiviert es sofort die Bereitschaft zu Gegenmaßnahmen und in der Folge jede Menge gute, sofort umsetzbare Ideen und Maßnahmen. SBM wirkt sofort gegen Bürokratie, Langeweile, Erstarrung und Dienst-nach-Vorschrift-Mentalität. Es bietet eine Plattform für Partizipation und Kreativität über Abteilungs- und Hierarchiegrenzen hinweg.

Ist SBM im Unternehmen etabliert, werden durch die Transparenz aller wichtigen Informationen und die Verbundenheit miteinander automatisch bessere Entscheidungen getroffen. Das Verständnis für die Zusammenhänge zwischen den Abteilungen wächst und alle sprechen die gleiche Sprache. Dazu wird ein unmittelbarer Zusammenhang zwischen den eigenen Anstrengungen und dem Gesamterfolg hergestellt.

SBM wird die gesamte Unternehmenskultur in Richtung Selbstorganisation drehen und alle Mitarbeiter ermächtigen, eigenständig zu entscheiden. Für manche Unternehmen wird das eine grundlegende Kulturrevolution sein. Wir verfolgen hier jedoch nicht den revolutionären, sondern den evolutionären Ansatz: Viele kleine Schritte werden in eine große Veränderung münden.

Zum Einstieg in diese Methode fängst du idealerweise an, eine konkrete Aufgabe im Betrieb wie ein Mannschaftsspiel zu organisieren. Dies geschieht am einfachsten durch eine sogenannte Team-Challenge – man kann sie auch als Teamspiel bezeichnen, wenn man mit dem Begriff »Spielen« keine Probleme hat. Über diese Challenges regen wir viele Lernprozesse an, die auf dem Weg zu Teilhabe, Transparenz und Selbstorganisation wichtig sind:

- Wir lernen, dass wir als Team viel erreichen können, wenn wir uns fokussieren.
- Wir lernen, wie motivierend es ist, wenn wir täglich oder wöchentlich Rückmeldungen zu unserem gemeinsamen Ergebnis bekommen.
- Wir lernen, was es heißt, am Arbeitsplatz gemeinsam zu gewinnen (oder zu verlieren).
- Wir lernen, wie unsere täglichen Entscheidungen und Taten das Gesamtergebnis beeinflussen.
- Wir erfahren etwas über die Talente im Team, wenn wir jenseits der eingefahrenen Routinen und Abteilungshierarchien außergewöhnliche Plattformen für Ideen und Initiativen bieten.
- Es entsteht das, was man »soziale Dichte« nennt: Ein Team rückt zusammen, indem es gemeinsame Erfahrungen macht.
- »Nebenbei« verbessert man durch diese Challenges Prozesse und Produktivität mit teilweise verblüffenden Ergebnissen.

Der Verlauf der ersten Challenge ist sehr wichtig für die eigene Motivation und die des Teams. Darum sollte a) das erste Thema sorgfältig ausgewählt werden und b) der Ablauf genau eingehalten werden.

Bevor wir tiefer in die Theorie einsteigen, zunächst ein paar Praxisbeispiele. Das erste stammt von der Markenagentur Kaapke. Timo Kaapke beschloss im Jahr 2016, seine Agentur über Open-Book-Management und Gamification neu aufzustellen (mehr über seinen Weg in einem ausführlichen Interview in Kapitel 9). Das Team startete in dieses System, indem es erst einmal eine Liste mit all den Punkten erstellte, die einigen oder vielen auf die Nerven gingen. Es ist günstig, mit einem Punkt einzusteigen, der viele negative Emotionen erzeugt, weil hier die Wahrscheinlichkeit hoch ist, dass sich tatsächlich viele für eine Veränderung engagieren. Auf der Liste standen zahlreiche kleine und große Themen – eher harmlose wie »Es stehen zu viele halb leere Flaschen rum« über »Wir verbrauchen viel zu viel Papier« bis zu »Unsere Meetingkultur ist schrecklich«. Das Thema »Meetings« machte schließlich das Rennen, weil es mehr oder weniger allen auf die Nerven ging. Das Ziel war es also, eine Challenge zu konstruieren, welche die Meetingqualität verbessern sollte.

Im nächsten Schritt einer Team-Challenge findet man ein Messsystem. Das macht eine Gruppe, die sich freiwillig dafür meldet, die Challenge aufzusetzen. Meist sind das die Leute, welche die größte Motivation haben, dass sich etwas verändert. So ein Team funktioniert am besten abteilungs- und hierarchieübergreifend.

Um Meetingqualität messen zu können, muss man natürlich zunächst Kriterien definieren, die ein gutes Meeting ausmachen. Die Gruppe formulierte folgende Qualitätsmerkmale: Ein gutes Meeting …

- fängt pünktlich an,
- hört pünktlich auf,
- hat ein klar definiertes Ziel, das zu Beginn angesagt wird,
- bleibt beim Thema,
- verläuft ohne Störungen durch Telefonate oder Ähnliches,
- zeichnet sich durch einen wohlwollenden Umgangston aus,
- ist wertvoll für den Kunden,
- schließt mit klaren To-dos.

Jedes dieser Kriterien bekam nun einen Punkt – jedes Meeting konnte also maximal acht Punkte erreichen. Das Kaapke-Team setzte außerdem Spielregeln auf, die Antworten auf folgende Fragen gaben: Wann gilt ein Treffen als »Meeting«? Wer bestimmt, ob das jeweilige Kriterium erfüllt wurde (alle Teilnehmer)? Wie oft werden die Ergebnisse nachgehalten und die Punkte gezählt (einmal pro Woche)? Wie lange soll das Spiel dauern? Dann brauchte die Challenge noch einen guten Namen: »meet & win« wurde sie getauft.

Das Team beschloss, dass die Challenge sechs Wochen laufen sollte. Da man ungefähr wusste, wie viele Meetings es pro Tag und pro Woche im Durchschnitt gab, konnte man sich realistische Ziele setzen. Dazu wurden unterschiedliche Erfolgsstufen definiert. In der ersten Stufe,

Die Spielregeln zu »meet & win«

die also das Minimalziel darstellte, standen am Ende der sechs Wochen 100 Punkte. In der zweiten Stufe waren es 200 Punkte und in der dritten Stufe – die das ehrgeizigste Ziel repräsentiert – 400 Punkte.

Wichtig ist, dass sich das Team diese Ziele immer selbst setzt! Es geht nicht darum, dass Vorgesetzte dieses System missbrauchen, um ihre eigenen Ideen und Vorstellungen durchzudrücken. Dann kann man mit Sicherheit davon ausgehen, dass das Team schnell durchschaut, dass die Gamifizierung nichts anderes ist als eine Manipulationsmethode. Ausnahmen bilden Challenges, die lebensbedrohliche Situationen abstellen sollen. Wenn das Unternehmen seinen Cashflow um mindestens 20 000 Euro pro Monat verbessern muss, um zu überleben, braucht das Team eine klare Orientierungsgröße für das Mindestziel.

Auf einer Checkliste wurden alle Kriterien festgehalten, die am Ende des Meetings bewertet werden mussten. Diese Checkliste wurde in jedes Meeting mitgenommen und am Ende ausgefüllt. Dabei galt das Einstimmigkeitsprinzip: Wenn nur eine Person fand, dass das Meeting nicht wertvoll für den Kunden war, gab es keinen Punkt.

Die Checkliste zur Bewertung der Meetingqualität

Das Scoreboard

Jede Team-Challenge braucht ein »Scoreboard«, also ein Medium, mit dessen Hilfe man jederzeit sehen kann, wie erfolgreich das Team gerade ist. Bei Kaapke war es eine Plexiglasröhre. Außen an der Röhre wurden die Gewinnstufen und die Prämien markiert: Bei 100 Punkten sollte es Smoothies für alle geben, bei 200 Punkten eine After-Work-Party und bei 400 Punkten einen mobilen Basketballkorb. Während der wöchentlichen Auswertung der Checklisten wurde für jeden Punkt eine grüne Glaskugel eingeworfen. Jede Gewinnstufe wird in diesem System gebührend gefeiert.

Neben dem Scoreboard ist das sogenannte Huddle der Dreh- und Angelpunkt einer Team-Challenge. Ein Huddle ist im American Football eine Versammlung der Spieler vor dem nächsten Spielzug, um die weitere Strategie abzustimmen. Und vergleichbar damit kam das gesamte Team einmal in der Woche für kurze Zeit zusammen, um den Fortschritt der Challenge zu besprechen: Wie viele Punkte haben wir erreicht? Was läuft gut? Woran kann noch gearbeitet werden? Das Huddle ist aber auch dazu da, sich über die gemeinsamen Erfolge zu freuen.

Es ist wohl in den Betrieben sehr verbreitet, dass nur wenige Leute wirklich gern an Meetings teilnehmen. Und in den meisten wird mangels Disziplin eine ungeheure Menge Zeit verschwendet. Wo Regeln aufgestellt werden, werden diese kurze Zeit eingehalten, doch wenig später ist meist wieder alles beim Alten.

Bei Kaapke hingegen passierte das, was praktisch immer passiert, wenn eine Challenge sauber aufgesetzt wird: Das Verhalten änderte sich von einem Tag auf den anderen. Und dabei blieb es – und zwar dadurch, dass …

- weiterhin der Fokus auf dem Thema lag,
- alle Regelverstöße sofort bemerkt wurden,
- alle erleichtert waren, dass die Meetings endlich wesentlich kürzer und effektiver wurden,
- sich durch das regelmäßige Zählen der Punkte im Huddle das gesamte Team als Sieger fühlen konnte.

Das alles geschah ohne das Eingreifen von Vorgesetzten oder Druck von oben. Nach sechs Wochen wurde Bilanz gezogen: Die höchste Gewinnstufe wurde erreicht und die Qualität der Meetings hatte sich deutlich verbessert – was allein schon daran abzulesen war, dass rein rechnerisch Arbeitszeit im Wert von mehr als 10 000 Euro eingespart wurde. Dieser Betrag wurde im Rahmen des Finanztrainings ermittelt, das sich an jede Challenge anschließt. Es gab den einen oder anderen Aha-Effekt, als der Vollkosten-Stundensatz pro Mitarbeiter offengelegt wurde. Damit konnte man leicht ausrechnen, wie viel Zeit und Geld beispielsweise gespart wird, wenn ein Meeting mit sechs Teilnehmern zehn Minuten kürzer ist als bis dato. Und die Information über den rechnerisch eingesparten Betrag von 10 000 Euro machte jedem klar, dass sich schlechte Meetingqualität über das Jahr gerechnet auf einen riesigen Betrag summiert. Allein dieses Wissen schafft ein anderes Bewusstsein und eine Verhaltenssteuerung. Und natürlich hatte sich auch die Stimmung in den Meetings verbessert. Nachdem das offizielle Punktezählen vorbei war, blieben die Checklisten noch lange Zeit Bestandteil der Meetings.

Ein Vertriebsspiel

Hier noch ein Beispiel für eine sehr schöne Team-Challenge. Gespielt wurde sie in der Firma easySoft in Metzingen. EasySoft entwickelt und vertreibt Software, die vornehmlich in HR-Abteilungen von größeren Unternehmen eingesetzt wird und mit deren Hilfe man zum Beispiel den Überblick darüber behält, welche Mitarbeiter welche Weiterbildungen und Zertifizierungen benötigen. EasySoft veranstaltet jedes Jahr eine Anwenderkonferenz, bei der viele Kunden zusammenkommen und sich fachlich austauschen. Als das Unternehmen feststellte, dass sich im Vorjahr nur 90 Teilnehmer angemeldet hatten, wurde das Programm gründlich überarbeitet. Die Teilnehmergewinnung wurde nun als Team-Challenge organisiert: Das Team bestand aus acht »Spielern«, die alle Freude daran hatten, an der Aufgabe mitzuwirken – also auch aus Leuten, die nicht im Vertrieb arbeiteten. Die Kennzahl war denkbar einfach: Das war die Teilnehmerzahl. Gemeinsam setzten sie sich diese konkreten Ziele: mindestens 120 und als Idealziel 180 Teilnehmer – also eine glatte Verdoppelung gegenüber dem Vorjahr. Das Spiel sollte drei Monate laufen. Das Scoreboard war ein schön gestaltetes Whiteboard, auf dem ein kleiner Dauerläufer den Spielstand anzeigte. Es wurde direkt in die Eingangshalle gehängt, sodass das gesamte easySoft-Team (nicht nur die Spieler) verfolgen konnte, was der aktuelle Stand der Dinge war. Jeden Morgen wurde für zehn Minuten gehuddelt: Was läuft gut – was nicht? Gibt es neue Ideen? Was will man bis zum nächsten Tag erreichen? Das Ergebnis war phänomenal: Insgesamt wurde mit 185 Teilnehmern das höchste Ziel noch überschritten. An diesem Punkt musste das Team die Teilnehmerakquise einstellen, weil der Vortragssaal für eine noch größere Gruppe zu klein war. Dazu easySoft-Geschäftsführer Andreas Nau: »Wenn ein Team die Kennzahlen kennt, wenn es weiß, um was es geht, kann man sich nur wundern, wie viel schneller es Ziele erreicht.«

Wenn man so eine Team-Challenge finanziell auswertet, gibt es häufig große Überraschungen. Nehmen wir rein hypothetisch an, es handele sich um eine kostenpflichtige Veranstaltung, bei der jeder Teilnehmer 200 Euro bezahlt hat. Das Vertriebsteam ist wahrscheinlich sehr stolz, einen ordentlichen Betrag zum Betriebsergebnis beigesteuert zu haben. Legt man dann die Kosten für Catering, Raummiete und Technik, Referentenhonorare und Hilfskräfte offen, relativiert sich die Freude.

Scoreboard für ein Vertriebsspiel

Addiert man dann noch alle Arbeitsstunden für Konzeption, Organisation, Marketing und Vertrieb zum Vollkostenstundensatz hinzu, kommt man möglicherweise zu dem Ergebnis, dass die Veranstaltung finanziell mehr gekostet hat, als sie eingespielt hat. Dann kann man die immateriellen Erträge betrachten: Wie hat die Veranstaltung die Kundenzufriedenheit und -bindung verbessert? Welche wertvollen Informationen über Wünsche und Bedürfnisse wurden gewonnen? Wie viele neue Kunden oder Interessenten waren da und welche neuen Projekte haben sich daraus ergeben? Durch solche ganzheitlichen Betrachtungen steigt im ganzen Team das Verständnis für die Erfolgsfaktoren im Geschäftsmodell und die Sensibilität für den Umgang mit der eigenen Arbeitszeit. Mit dem veränderten Bewusstsein verändern sich unmerklich die Identifikation und das Verantwortungsgefühl – aber nur dann, wenn man tatsächlich über die Team-Challenges Plattformen baut, auf denen sich alle Menschen mit ihren Ideen und ihrer Motivation einbringen können.

Die Kultur ändern

Hier noch eine Team-Challenge, bei der es – ebenso wie bei »meet & win« – um eine Verhaltensänderung ging. Gespielt wurde in der schenkYOU GmbH in Witten. Bei schenkYOU handelt es sich um ein schnell wachsendes Start-up in Witten, das eine besonders liebenswerte Mission verfolgt: Es ist spezialisiert auf Freundschafts- und Liebesbekundungen auf Schmuckstücken und Accessoires. Jedes Stück ist ein Unikat, das in der (noch) kleinen Manufaktur von einem zehnköpfigen Kernteam und zahlreichen Aushilfen angefertigt wird. Die schenkYOU-Crew rund um ihren charismatischen Gründer und Chefdesigner Melih Kesmen wendet Scoreboard-Management seit Anfang 2017 an und ist gleich mit einer sehr erfolgreichen Team-Challenge auf die Reise gegangen.

Die erste Team-Challenge dreht sich, wie bereits erläutert, am besten um ein Thema, das viele nervt – dann ist relativ sicher, dass es die Unterstützung vom gesamten Team bekommt. Bei schenkYOU war ein immerwährendes Ärgernis die Ordnung im Betrieb; was mehr oder weniger ein Gründungsphänomen war. Melih startete sein Unternehmen nicht in einer Garage, sondern in einer Dreizimmerwohnung. Schnell platzte dieses Provisorium aus allen Nähten, und an Ordnung war kaum zu denken. Deshalb zog die schenkYOU-Crew 2017 in eine große Produktionshalle um. Das erste Spiel richtete sich auf das Thema »Ordnung im Betrieb«, weil nun die Gelegenheit günstig war, sich gemeinsam auf neue Verhaltensweisen zu konditionieren.

Die Kennzahl war einfach zu finden: Für jeden Tag, an dem ausnahmslos jeder Arbeitsplatz in der Produktion, der Logistik und im Büro tadellos aufgeräumt war, gab es einen Punkt. Bei zehn Punkten innerhalb von 33 Arbeitstagen sollte es ein Eis für alle geben, bei 20 ein Grillfest und bei 30 Punkten einen Betriebsausflug nach Amsterdam.

Jeder Arbeitsplatz wird aufgeräumt

Die Team-Challenge wurde »Frühjahrsputz« getauft. Und wirklich alle Mitarbeiter bei schenkYOU machten mit. Zunächst einmal wurde sichergestellt, dass an jedem Arbeitsplatz auch tatsächlich Ordnung gehalten werden konnte. Dann wurde jeder Arbeitsplatz in perfekt aufgeräumtem Zustand fotografiert. Am Abend kontrollierte jemand, ob die einzelnen Arbeitsplätze so aussahen wie auf dem Foto. Traf das für alle zu, gab es für den Tag einen Punkt. Jedes Spiel braucht bekanntlich ein Scoreboard, also ein Medium, mit dessen Hilfe man jederzeit sehen kann, wie erfolgreich das Team gerade ist und wie das Spiel steht. Das Scoreboard für »Frühjahrsputz« war ein riesiges Brett mit vorgestanzten Elementen. Für jeden erfolgreichen Tag wurde eines der Elemente vom Scoreboard entfernt.

Die Huddles des »Frühjahrsputzes« fanden jeden Morgen statt, indem der Bericht des »Kontrolleurs« verkündet wurde. Du erinnerst dich: »Huddeln« heißt, dass das Team regelmäßig für kurze Zeit zusammenkommt, um den Fortschritt des Spiels zu besprechen. Was läuft gut, woran kann noch gearbeitet werden, was nehmen wir uns bis zum nächsten Treffen vor? Im Falle eines Erfolgs wurde bei schenkYOU dann feierlich ein neues Feld auf dem Scoreboard freigelegt.

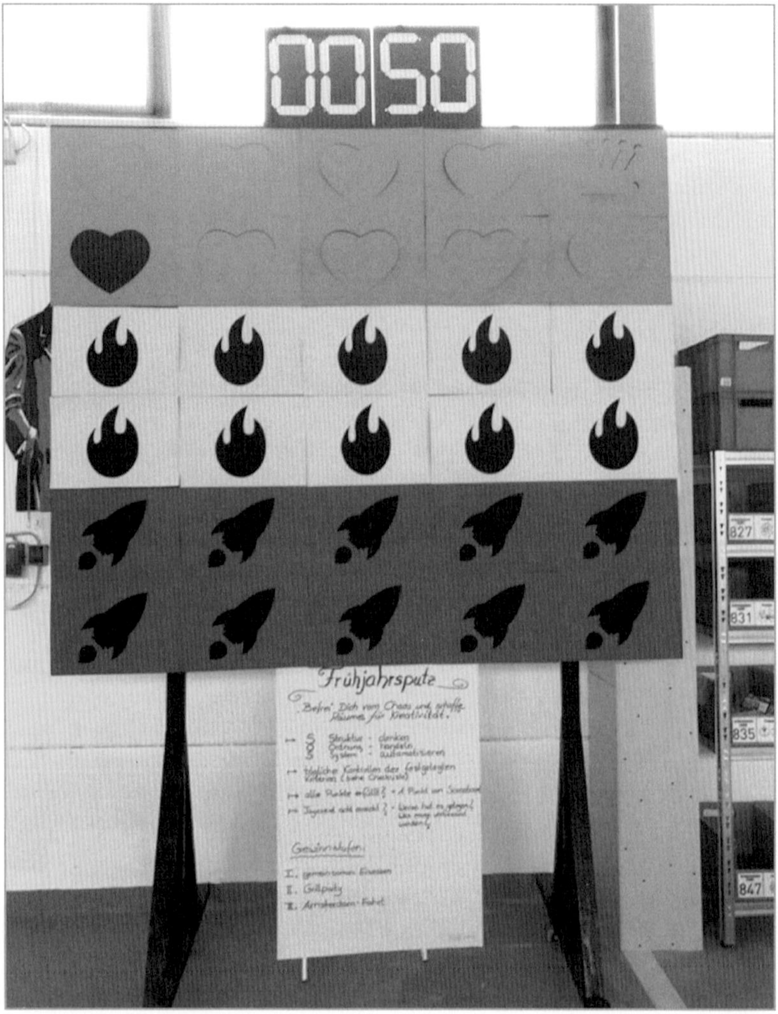

Das Scoreboard für den »Frühjahrsputz«

Bei schenkYOU zeigte sich wieder einmal, dass sich das Verhalten sofort ändert, wenn man den Systemrahmen verändert. Vom ersten Tag an herrschte Ordnung. Das Team leistete sich in den ersten sechs Wochen nur einen Ausrutscher. Normalerweise versucht man, neue Verhaltensweisen über Regeln zu erzeugen, konzentriert sich dann aber nur auf das, was schiefläuft, und nicht auf die erfolgreichen Verhaltensänderungen. Die Energie fokussiert sich auf das Negative. Doch wenn jemand gegen diese Regeln verstößt, gibt es meist keine Konsequenzen, außer einer Ermahnung durch Vorgesetzte. Man fühlt sich dann in eine typische Familienszene versetzt, in der die Eltern ihre Sprösslinge vergeblich über Ermahnungen und Bestrafungen zur Ordnung antreiben. Anders bei schenkYOU: Der Teamgeist in Verbindung mit der positiven Wertschätzung in den Huddles sorgte dafür, dass die neuen Regeln problemlos eingehalten wurden.

Dazu Melih Kesmen: »Die Wirksamkeit der Gamifizierung habe ich völlig unterschätzt. Am Anfang konnte ich nichts damit anfangen: ›Spielen‹ hat aus unserer Konditionierung heraus gar nichts mit Arbeit zu tun. Ich kann nur sagen, es ist magisch, was innerhalb kürzester Zeit an Ordnung und Ergebnis passiert ist. Meine Mitarbeiter oder Mitunternehmer machen jetzt Arbeiten, die sie vorher angekotzt haben, mit einem Lächeln im Gesicht. Nach wenigen Tagen eine Wende um 180 Grad. Du kannst *alles* drehen: Systemlosigkeit in Systemhaftigkeit, Unordnung in Ordnung, Demotivation in Motivation – das ist ein mächtiges Tool. Da ich das Spiel mit den Mitarbeitern gestaltet habe, brauche ich sie gar nicht zu fragen, wie sie es finden: Sie finden es alle geil, weil alle mitmachen und es so ein selbstmotivierendes Ding ist. Gamifizierung ist ein mächtiges Tool, um coole Dinge zu erreichen.«

Wie es der Zufall so wollte, hielt ich wenige Wochen später einen Vortrag bei der Werkleiterkonferenz eines DAX-Konzerns. 160 Werkleiter waren aus der ganzen Welt zusammengekommen, um sich gegenseitig auszutauschen und voneinander zu lernen. Das gastgebende Werk war ein Vorzeigebetrieb für das japanische 5S-System. Der gesamte Betrieb war wie geleckt. Klar sichtbar waren überall Ordnungssysteme installiert. Nirgendwo vagabundierten Abfall, Werkzeuge oder Schrott herum – es war eine wahre Freude. Ich fragte den Werkleiter beim Betriebsrundgang, wie lange es gedauert habe, diesen Standard zu etablieren. »Vier Jahre«, lautete die erschütternde Antwort. Ja, so lange dauert es, bis man jedem einzelnen Regelbrecher immer und immer wieder eins mit der Moralkeule übergezogen hat und ihn zum Funktionieren gebracht hat. Wesentlich schneller geht es, wenn man transparente Regeln aufstellt, den Fortschritt (und Rückschritt) konsequent misst und die Gruppendynamik ihr Wunder wirken lässt.

Und noch eine Langzeitwirkung ging von der ersten Team-Challenge aus: Wenige Wochen nach dem Spielende wurde schenkYOU zum Muttertag von Aufträgen überrollt. Selbst die optimistischsten Prognosen wurden weit übertroffen. Das ganze Team musste über zwei Wochen selbst die Wochenenden durcharbeiten, um pünktlich liefern zu können. Dazu Melih Kesmen: »Das wäre sicher nicht in so guter Stimmung abgelaufen, wenn wir nicht vorher als Team so zusammengewachsen wären.«

Team-Challenges werden immer auf sinnvolle Themen gespielt, deren Ziele man bei klarem Verstand nicht anzweifeln kann. Darum ist es schwierig, sich ihnen zu entziehen.

Kann der Gruppendruck auch dazu führen, dass Mitarbeiter gemobbt werden? Wenn die Spielregeln zuvor sauber definiert wurden, kann man das ausschließen. Das Wort »Spielregeln« bezieht sich hier auch auf das Kommunikationsverhalten. Dazu gehört, dass man stets wohlwollend auf die Regelverletzung schaut, dem entsprechenden Kandidaten die besten Motive unterstellt und zunächst einmal fragt, wo man Unterstützung geben kann. Bei schenkYOU war gleich am zweiten Tag ein Arbeitsplatz nicht aufgeräumt. Freundlich wurde bei dem Kollegen nachgefragt, ob es einen Notfall gegeben habe. Nein, er habe es einfach vergessen. Ob er eine Gedankenstütze brauche, um sich künftig daran zu erinnern? Nein, es sei jetzt alles klar. War es dann auch.

Regeln gelten für alle

Vermutlich laufen in vielen Unternehmen die Versuche, Unternehmenskultur zu verändern, nach einem ähnlichen Schema: Man verständigt sich nach einer mehr oder weniger intensiven Diskussion auf einen neuen Verhaltensstandard. Das kann Ordnung am Arbeitsplatz sein, aber auch Pünktlichkeit, Meetingqualität, Einhalten von Qualitätsstandards und vieles anderes. Das Ganze geht gut, bis der oder die Erste gegen die Absprachen verstößt. In aller Regel gibt es einen Rüffel oder eine freundliche Ermahnung von den Kollegen, die aber zumeist von den Betroffenen abprallen. Irgendwann haben dann die Kollegen aber keine Lust mehr, ständig die Rolle des Oberlehrers zu spielen, und sagen nichts mehr. Ab und zu greifen auch Vorgesetzte ein und pochen auf das Einhalten der Regeln. Solange jemand hinguckt, geschieht das dann auch – doch wenn niemand hinschaut, geht es wie gewohnt weiter im alten Schlendrian. Handelt es sich um Mitarbeiter, die man aus irgendwelchen Gründen für unentbehrlich hält, genießen diese ohnehin Narrenfreiheit und können sich herausnehmen, was sie wollen, weil man Angst hat, sie durch zu viele Einschränkungen zu verprellen und zu demotivieren.

Besonders frustrierend ist das für diejenigen, die sich an die Regeln halten, denn davon nimmt praktisch niemand Notiz, das heißt, sie bekommen null Anerkennung und Wertschätzung. Stattdessen fokussiert sich die Energie zuerst auf die »Unerziehbaren«, bis sich das gesamte System auf dem gleichen Niveau wie zuvor einpendelt. Nur die Kulturgeschichte des Unternehmens ist um eine wichtige Anekdote reicher: Hier ändert sich sowieso nichts.

Warum läuft das in einer Team-Challenge komplett anders? Weil sie auf gnadenloser Transparenz basiert: Es wird sofort klar, wer die Regeln einhält und wer nicht. Die Beurteilung (das »Punktezählen«) basiert auf Gruppenkonsens und erfordert weder Oberlehrerverhalten noch Führungsautorität. Im Grunde sind das Rollen, die keiner wirklich wünscht, da sie die Belegschaft in »Eltern« (= die Erziehungsberechtigten) und »Kinder« (die zu Entwickelnden) spalten. Anders ausgedrückt: An die Stelle von Autorität tritt Gruppendynamik. Diejenigen, die sich an die Regeln halten, fühlen sich sofort bestärkt. Und alle erfreuen sich an reibungslos ablaufenden Prozessen und besseren Arbeitsbedingungen.

Egal, welches Spiel wir spielen, ob Fußball, Darts oder Tennis, die Regeln gelten sowohl für Weltstars als auch für Spieler in einer Freizeitmannschaft. Auf die Unternehmensebene bezogen heißt das: Wenn wir in einer Team-Challenge eine Regel aufgestellt haben, müssen sich alle daran halten, die Oberchefs genauso wie die Aushilfskräfte. Es gibt keine Sonderrechte. In der Praxis trauen sich dann auch Mitarbeiter auf unteren Hierarchieebenen, das Einhalten der Regeln von Vorgesetzten einzufordern.

Wichtig ist in diesem Zusammenhang, dass wir durch positive Verstärkung wesentlich besser und nachhaltiger lernen als durch negative. Das ist aus der pädagogischen Psychologie eindeutig bewiesen. Fast jeder kann das anhand der eigenen Schulzeit nachvollziehen: Was wir unter Druck und unter Androhung von Sanktionen in uns »reingepaukt« haben, war alsbald wieder vergessen. Was wir mit Interesse und positiven Emotionen lernen, bleibt dagegen mit sehr viel höherer Wahrscheinlichkeit im Langzeitgedächtnis. Mit Verhaltenssteuerung läuft es ähnlich. Natürlich ändern Menschen sofort ihr Verhalten, wenn eine Sanktion droht. Doch wehe, es guckt keiner hin und die Bestrafung ist höchst unwahrscheinlich: Dann fällt man sofort ins alte Verhalten zurück. Unter Strafandrohung wird geheuchelt. Sehr viel einfacher ist es mit positiver Verstärkung; dann wird nicht Fehlverhalten bestraft, sondern Wohlverhalten bewusst gesehen und anerkannt. Der Fokus liegt auf dem Positiven, nicht auf dem Negativen. In Teams ist das besonders wichtig: Wenn die Regelverletzer viel Aufmerksamkeit bekommen, während Wohlverhalten als selbstverständlich vorausgesetzt wird, demotiviert das die Engagierten. Die sogenannte schwarze Pädagogik – Verhaltenssteuerung durch Sanktionen – ist allerdings noch tief in unserer Kultur verwurzelt. Unser gesamtes Bildungssystem basiert auf diesem Prinzip.

Natürlich kann man auch Spiele mit Sanktionen konstruieren. Im Januar 2019 konnte man beispielsweise in einem »Best of« der Fußball-Talkshow Doppelpass vom einem Bundesliga-Profi erfahren, wie in seinem Verein den Spielern Disziplin beigebracht wird: durch eine Art Bullshit-Glücksrad. Wer gegen die Regeln verstößt, beispielsweise indem er zu spät zum Training kommt, dreht vor den Augen der Mannschaft an einem Rad, auf dem »uncoole« (man könnte auch sagen: in den Augen eines Teams von Alphatieren »erniedrigende«) Arbeiten markiert sind: Getränkeflaschen schleppen oder entsorgen, Handtücher aufsammeln und so fort. Vor den Augen der Mannschaft dreht dann der Regelbrecher das Rad und muss die per Zufallsprinzip ermittelte Aufgabe übernehmen.

Ja, auch so etwas funktioniert. Mit großer Wahrscheinlichkeit sehr viel besser als die üblichen Geldstrafen, die bei den Großverdienern unter den Profis möglicherweise eher wie ein Ehrenabzeichen getragen werden. Und alle (außer dem Regelverletzer) haben ordentlich Spaß dabei. Wir können dann gespannt sein, wie diese jungen Männer später ihre eigenen Kinder erziehen: wahrscheinlich auch eher am Defizit orientiert und durch Abwertung von Aufgaben und Menschen.

Besser ist es, Erfolge bewusst zu machen und den Fokus darauf zu richten, was funktioniert. Auch im System der Team-Challenges werden Verstöße und Misserfolge transparent gemacht. Sie stehen jedoch nicht im Fokus, sondern sind Lernerfahrungen, die zu Verbesserungen führen.

Elemente der Team-Challenge

Hier ausführlich alle Elemente einer guten Team-Challenge, wie sie im Kontext von The Great Game of Business entwickelt und erprobt worden sind.

Eine ausführlichere Übersicht über die Kategorien der Team-Challenges:

Konkrete, messbare Ziele, insbesondere im Vertrieb

Am einfachsten zu konstruieren sind natürlich Spiele, die auf konkrete und messbare Arbeitsergebnisse zielen. Klassiker sind Vertriebsspiele. Ein gutes Beispiel ist das Spiel von easySoft für die Gewinnung von Tagungsteilnehmern. Im Rahmen der Gamifizierung ist es ausdrücklich erwünscht, dass auch Leute mitspielen, die nicht Teil des normalen Vertriebsteams sind – zumindest, indem sie Ideen beisteuern. Dieses Verfahren ist daher ein sehr guter Katalysator, wenn man das Unternehmen aus einem System starrer Stellenbeschreibungen in ein System von Rollen überführen will.

Ein weiteres Beispiel ist »5 to 1 – that's fun«. Dieses Spiel wurde bei Eller foodPackaging in Villingen-Schwenningen gespielt. Die Eller foodPackaging GmbH ist ein hoch innovatives Unternehmen, das Fast-Food-Verpackungen konzipiert und produziert. Die Eller-Verpackungen haben einen doppelten Nutzen: Der Endkunde genießt seinen Burger oder sein Sandwich ohne Schmierfinger und Geklecker, und der Produzent spart Arbeitskosten durch das intelligente Design der Verpackung. Viele kleinere Unternehmen wie zum Beispiel Bäcker oder Metzger können durch diese Verpackungen ihr Sortiment mit attraktiven Produkten erweitern. →

Bei Eller FoodPackaging wurden jeden Monat sehr viele Muster an Interessenten verschickt. Es wurde aber nicht systematisch nachgehalten, was aus diesen Mustern wurde bzw. ob damit ein Neukunde gewonnen werden konnte. Das Spielthema lautete dementsprechend: Neukunden gewinnen aus Musterversand.

Die Kennzahl war relativ einfach zu ermitteln: die Zahl der gewonnenen Neukunden im Verhältnis zu der Anzahl verschickter Muster über die Spieldauer. Das Spiel bekam den Namen »5 to 1 – that's fun«. Damit war gleichzeitig die höchste Erfolgsstufe definiert: Aus fünf Aussendungen sollte ein Neukunde gewonnen werden. Stufe 1 war so definiert, dass aus zehn Aussendungen ein Kunde gewonnen wird. Gefeiert werden sollte das mit einem Besuch im Eiscafé. In Stufe 2 sollte dieses Verhältnis bei 7 zu 1 liegen und mit einem gemeinsamen Frühstück gefeiert werden. Sollte tatsächlich das Verhältnis von 5 zu 1 erreicht werden, wollte man gemeinsam einen Segeltörn auf dem Bodensee machen.

Das Scoreboard bestand aus einer Wäscheleine und einer Pinnwand. An die Wäscheleine wurden täglich alle Kopien der Aussendungen gehängt. Die Vertriebsmitarbeiter nahmen sich dann die Zettel von der Leine und riefen den Interessenten an. Der Zettel wurde dann in die entsprechende Rubrik an einer Pinnwand geheftet – je nachdem, ob daraus ein Auftrag wurde oder nicht. Gehuddelt wurde täglich im Vertriebsteam, dabei wurden Lernerfahrungen ausgetauscht und Erfolge gefeiert. Besonders die SPIN-Fragetechnik sollte bezogen auf den zentralen Nutzen der Verpackungen (»Die Verpackung macht das Angebot erst möglich«) eingeübt und erprobt werden:

S = Situation erfragen

P = Probleme und Engpässe erfragen

I = Implikationen erfragen (»Wie wichtig ist es, das Problem zu lösen?«)

N = Need-Pay-off (»Wäre es nicht schön, wenn ...«)

Das Ergebnis übertraf die Erwartungen bei Weitem, indem die höchste angestrebte Umwandlungsquote von 5 zu 1 sogar noch übertroffen wurde. Aus drei Anfragen wurde ein Neukunde gewonnen. Zudem wurden zahlreiche wichtige Lerngewinne erzielt: eher einfache wie »Der Empfänger muss namentlich auf der Aussendung stehen, da die Mustermappe sonst irgendwo im Unternehmen strandet« über »Es wird jetzt routinemäßig nachtelefoniert« und »Früher haben wir eine Standardmappe verschickt, jetzt nur noch ein spezielles Muster oder einige wenige« bis zu »Die Bedarfsanalyse ist der spielentscheidende Erfolgsfaktor«. Kommentar von Firmenchef Björn Eller: »Dass wir mit so wenig Aufwand so viel erreicht haben, hat mich umgehauen. Das hätte ich nie erwartet – gemessen daran, was wir normalerweise tun müssen, um eine Veränderung anzuschieben.

Als Nebenwirkung hat sich der Teamspirit wesentlich verbessert, ein neuer Verkaufs- und Nachfassprozess hat sich etabliert, und es gab einen guten Umsatzzuwachs.«

Ideen generieren

Diese Challenges zielen darauf ab, Vorschläge oder Ideen für ein klar definiertes Thema zu generieren. Sie können eine oder zwei Wochen laufen. Gewöhnlich versucht man, Ideen in Meetings zu bekommen. Wir wissen aber schon lange, dass wir am kreativsten sind, wenn wir uns im Entspannungszustand befinden. Wirklich gute Ideen entstehen nicht unter Zeitdruck und auf Kommando, sondern nebenbei im Gespräch und spontan im Kopf von Individuen. Jeder hat sicherlich schon erlebt, dass er oder sie die besten Ideen hatte, wenn man mit irgendetwas beschäftigt war, das keine hundertprozentige geistige Aufmerksamkeit braucht: wenn wir Rasen mähen, unter der viel beschworenen Dusche stehen oder wenn wir – manche Leute können das – aus dem Unterbewusstsein heraus Auto fahren. Ideen brauchen Zeit und Entspannung. Beispiele für solche Spiele von Unternehmen, die bereits SBM betreiben, sind:

- »Die Eiscreme-Agenda« – ein virtuell organisiertes Unternehmen, in dem sich 90 Prozent der Mitarbeiter nur sehr selten persönlich zu Gesicht bekommen, brauchte Vorschläge und Ideen für gemeinsame Unternehmungen.
- »Das Schleiflabyrinth« – ein Edelstahlverarbeiter sammelt Ideen, wie die Produktivität einer Maschine erhöht werden kann. So ein Spiel wird dann mit dem gesamten Team ausgewertet. In jedem Einzelfall wird besprochen, was die Realisierung der Idee kostet und welche positiven Auswirkungen sie auf die Produktivität oder auf Kosteneinsparungen hat. So war beispielsweise schnell zu klären, dass ein Hallenkran zu großen Erleichterungen führen würde, sich aber niemals rentieren könnte. Und natürlich werden alle realisierten Ideen gewürdigt und deren finanzielle Auswirkungen berechnet.
- »Der magische Zaubertopf« – die Infinitas GmbH in Hannover gehört zu den führenden IT-Anbietern im Spezialgebiet CRM. Das Marketingteam des Unternehmens bloggt regelmäßig zu diesem Thema und wollte von allen Mitarbeitern wissen, welche anderen vorbildlichen Blogs sie zum Thema CRM kennen. Ja, man kann so eine Frage auch auf einer Teamsitzung stellen und bekommt sicherlich den einen oder anderen Hinweis oder das Versprechen, man werde sich »mal kümmern«. Misst und visualisiert man die Ergebnisse

→

aber im Rahmen einer Team-Challenge und schaut man regelmäßig auf die Zwischenergebnisse, so wird tatsächlich das gesamte Wissen der Organisation aktiviert.

Verhaltensänderungen

Diese Team-Challenges zielen darauf ab, unliebsame Verhaltensweisen zu ändern und neue Routinen einzuüben. Besonders wirksam sind solche Spiele, um Prozesse zu etablieren, die Fehler, Wartezeiten, die Notwendigkeit von Rücksprachen und ähnliche Ineffizienzen eliminieren, zumal diese häufig zu schlechter Stimmung führen. Beispiele sind die bereits vorgestellten Spiele »meet & win« (eine Team-Challenge, die auf Disziplin in Meetings zielte) und »Frühjahrsputz« (eine Team-Challenge, die auf Ordnung und Sauberkeit im Büro und in der Produktion zielte). Ein anderes Beispiel ist »Where are you« – diese Team-Challenge richtete sich auf Disziplin bei der Führung der Anwesenheitslisten.

Aktuelle Engpässe

Diese Team-Challenges beziehen sich auf kritische Entwicklungsengpässe – zum Beispiel Probleme mit dem Cashflow, der Gewinnung von Neukunden, dem Finden neuer Mitarbeiter oder zu hohe Lagerbestände. Man kann sich darauf verlassen, dass fast jedes Unternehmen zu jeder Zeit einen besonders kritischen Engpass hat: Entweder wächst es zu schnell oder zu langsam oder irgendeine wichtige Ressource steht nicht ausreichend zur Verfügung. Dass alles komplett glattläuft, ist eher die Ausnahme. Beispiele sind »Stundenhotel« (hier ging es um die genaue Stundenbuchung auf einzelne Projekte, um den Umsatz zu erhöhen) oder »Get rich or die tryin'« (ein Spiel, das dazu diente, einen vorhersehbaren Einbruch bei der Auftragsreichweite zu vermeiden).

Einhaltung von Terminen und Meilensteinen

Diese Team-Challenges zielen auf den planmäßigen Abschluss größerer und kleinerer Projekte. Die Gewinnstufen beziehen sich auf die Termineinhaltung der Meilensteine. Ein Beispiel ist die Team-Challenge »Website-Booster«, auf die wir später noch zu sprechen kommen; dabei geht es um die pünktliche Fertigstellung der eigenen Website.

1. Ein Thema finden

Grundsätzlich kann man auf jedes Ziel spielen, das sich irgendwie in einer Kennzahl ausdrücken lässt und dessen Ergebnis man aus eigener Kraft erreichen kann. Am besten sind zum Einstieg Team-Challenges zu Themen, die eine hohe »emotionale Ladung« haben – etwas, was uns nervt, was wir »eigentlich« schon immer einmal erledigen wollten, was ohnehin ansteht, oder etwas, was sich alle mehr oder weniger stark wünschen. Themen können zum Beispiel sein: Ordnung am Arbeitsplatz, mehr Disziplin und Struktur in Meetings und Besprechungen, Abonnenten für Newsletter und Blogs oder Teilnehmer für eine Konferenz gewinnen, Neukunden akquirieren, Reklamationen oder Ausschuss reduzieren, Energieverbrauch senken, Anzahl abrechenbarer Stunden erhöhen, Lagerbestände optimieren, Projektlaufzeiten einhalten und so weiter und so fort. Aus der wissenschaftlichen Psychologie wissen wir, dass praktisch jedes Phänomen irgendwie messbar ist – man braucht manchmal etwas Kreativität und muss sich davon verabschieden, etwas ganz genau erfassen zu können.

Generell kann man bei der Themenfindung diese Kategorien unterscheiden:

- Konkrete, messbare Ziele erreichen, insbesondere im Vertrieb. Beispiele sind Umsatzziele, Umwandlungsquoten, Leads generieren, Anzahl verkaufter Produkte.
- Ideen generieren. Themen können etwa sein: Vorschläge, wie man Arbeitsunterbrechungen reduzieren kann, Ideen für gemeinsame Unternehmungen, Ansatzpunkte für Verbesserungen der Servicequalität. Solche Challenges brauchen kürzere Laufzeiten. Die Zielgröße ist dann die Anzahl von Ideen.
- Verhaltensänderungen. Themen können sein: Pünktlichkeit, Ordnung und Sauberkeit, Genauigkeit und Vollständigkeit von Abläufen. Diese Challenges müssen drei Monate laufen.
- Aktuelle Engpässe. In diese Kategorie fallen alle Challenges, die sich auf einen aktuellen Engpass der Unternehmensentwicklung richten, etwa Cashflow, Leadgenerierung, finanzielle Reichweite, Innovationsideen, Prozentsatz abrechenbarer Stunden.

- Einhaltung von Terminen und Meilensteinen, insbesondere in Projekten. Hier zerlegt man das Projekt in Arbeitspakete, schätzt den Zeitaufwand und setzt drei Ziele. Auf dem Scoreboard kann man dann visualisieren, welchen der drei Zielkorridore man derzeit einhält.

Achtung: Es werden *niemals* Menschen gegeneinander ausgespielt – das erzeugt Gruppen von Gewinnern und Verlierern und es fördert egozentrisches Verhalten. Wir konstruieren immer Challenges, in denen ein Team gegen eine Kennzahl spielt.

Darüber hinaus werden zunächst keine Themen bespielt, die zusätzliche Arbeit für das Team bedeuten. Stattdessen wählt man zum Einstieg Dinge, die ohnehin zur Erledigung anstehen und/oder die das Arbeitsleben deutlich erleichtern. Themen kann man über diese Fragen finden:

- Wo liegen aktuelle Engpässe?
- Was läuft gerade schief im Unternehmen?
- Welche (große) Herausforderung, welches Projekt liegt vor uns?
- Worüber ärgern wir uns?
- Wo gibt es Chancen und Verbesserungsmöglichkeiten?

Findet so viele Themen wie möglich. Ordnet die Themen in die vier Felder der unten stehenden Übersicht ein, die auf die folgenden zwei Fragen abstellen: 1. Wie hoch ist der Aufwand, um das Thema zu bearbeiten? 2. Wie attraktiv ist das zu erwartende Ergebnis? Zu Beginn wählt man ein Thema, bei dem mit verhältnismäßig geringem Aufwand ein attraktives Ergebnis erzielt wird (Quadrant oben rechts). »Attraktiv« kann in diesem Zusammenhang heißen: Es wirkt sich positiv auf die Finanzen, unsere Prozesse und/oder die Stimmung aus. Achtet vor allem auch darauf, ob das Spiel prinzipiell »gewinnbar« ist; dabei darf es keine nicht kontrollierbaren Einflussfaktoren geben. Ein Beispiel: Wenn ihr ein Spiel auf Verkürzung von Projektlaufzeiten spielt, diese aber unter anderem davon abhängig sind, ob und wie der Kunde bestimmte Zwischenergebnisse absegnet oder Informationen liefert, so ist das Spiel aus eigener Kraft nicht zu gewinnen – und ein Misserfolg sorgt dann möglicherweise für gehörigen Frust.

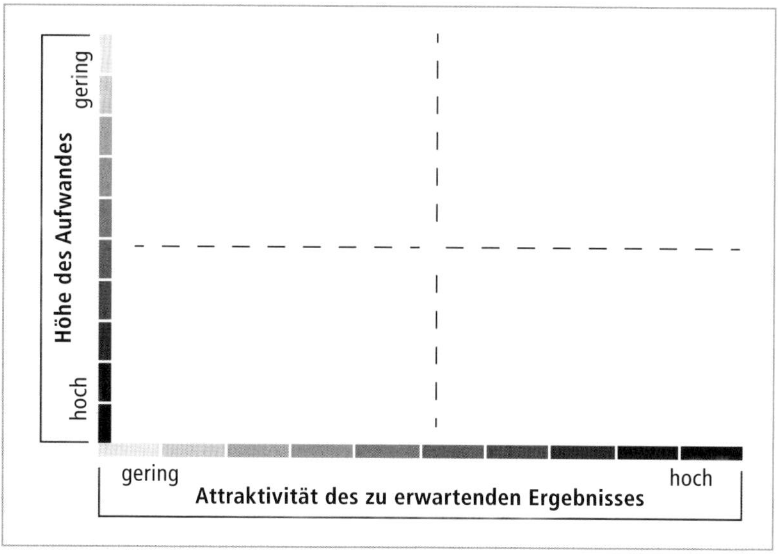

Spielthemen einordnen

Die Spielthemen werden nach Aufwand und Nutzen bewertet. Man beginnt mit dem Themen, die das beste Aufwands-und-Ertrags-Verhältnis haben.

Findet zu den Themen ein messbares Ziel und eine Kennzahl. Einige Ziele lassen sich sehr leicht operationalisieren, zum Beispiel das Ziel »Teilnehmer für unsere Jahreskonferenz gewinnen«. Anders sieht es bei dem Ziel »Verbesserung der Meetingkultur« aus. Wie kann man die Qualität eines Meetings messen? Indem man – siehe oben – erst einmal definiert, was ein gutes Meeting ist, indem man dann den einzelnen Elementen einen Punktwert zuordnet und am Ende eines Meetings darüber abstimmt, welche Kriterien erfüllt sind und welche nicht.

2. Gebt dem Spiel einen guten Namen

Normalerweise haben Projekte oder Ziele eher langweilige Namen, die nur wenige Menschen wirklich motivieren – zum Beispiel »Kosten senken«. Wie es besser geht, zeigen diese Beispiele:

- »Machine Gun« – hier ging es um Maschineneinsätze eines Malerbetriebs auf der Baustelle.
- »Guck mal« – das Spiel zielte auf den Verkauf von Kosmetikdienstleistungen rund um das Auge.
- »5 to 1 that's fun« – in diesem Spiel sollte die Umwandlungsquote von Anfragen in Aufträge auf 5 zu 1 verbessert werden.
- »Stundenhotel« – hier sollten geleistete Stunden täglich ins ERP-System eingepflegt werden.
- »Get rich or die tryin'« – das war ein Spiel zur Umsatzsteigerung.
- »Doktorspielchen« – gesucht wurde hier Verbesserungspotenzial im Unternehmen (Diagnose) sowie im Anschluss Ideen, wie man die Probleme lösen kann (Therapie).

3. Formiert das Team samt Teamcaptain

Mitspieler sind alle, deren Arbeit irgendeinen Einfluss auf das Ergebnis des Spiels hat und die Lust haben teilzunehmen (kein Zwang!). Die Zahl der Mitspieler ist nach oben offen. Das Team, das das Spiel konzipiert, sollte aus drei bis fünf Leuten bestehen. Ideal sind abteilungsübergreifende Teams. Achtung: Es geht hier darum, herauszufinden, welche Mitarbeiter in Resonanz mit dem Thema gehen. Es ist völlig egal, ob sie dafür formelle Qualifikationen haben oder unmittelbar im Arbeitsleben von diesem Thema berührt werden. Es geht gerade darum, das gesamte Potenzial im Team zu aktivieren und das Denken in Stellenbeschreibungen und Abteilungsgrenzen aufzuweichen.

Der Teamcaptain hat vor allem die Aufgabe, die Rollen in der Challenge mit den passenden Leuten zu besetzen und gegenzusteuern, wenn das

Spiel zu scheitern droht. Er oder sie sollte das Vertrauen des Teams besitzen.

Das Spielteam als Ganzes begleitet die Themenfindung, definiert die Kennzahl, das Messsystem und schlägt die Gewinnstufen vor. Zudem müssen Teilnehmer für folgende Rollen bzw. Aufgaben gefunden werden:

- Entwerfen und Bauen des Scoreboards
- Aktualisieren des Scoreboards
- Einberufen und Leiten der Spielbesprechungen (»Huddles«) sowie Ermitteln des Spielstandes
- Zeitwächter im Huddle
- Organisation der Prämien und Feiern der Gewinnstufen
- Festhalten des Spielergebnisses und Dokumentation: Was hat das Spiel an Teamgeist, neuen Prozessen, Kundenzufriedenheit, Erkenntnissen und finanziellen Ergebnissen erzeugt? Beim Ermitteln der finanziellen Auswirkungen kann die Buchhaltung helfen. Im letzten Huddle werden diese Ergebnisse im gesamten Team besprochen.

Unschwer ist zu erkennen, dass es sich hier häufig um sportlich organisierte kontinuierliche Verbesserungsprozesse (KVP) handelt. Umso wichtiger ist es, neu definierte Prozesse dauerhaft zu verankern.

4. Definiert die Ziele und den Erfolg in drei Stufen

Generell gilt für die Erfolgsstufen: Die erste Stufe muss mit geringer Anstrengung erreichbar sein und die höchste Stufe mit großer Anstrengung. Die dritte Stufe darf aber nicht unrealistisch hoch sein. Manchmal verlieren die »Alphatiere« in der Gruppe die Lust, wenn es unmöglich wird, die höchste Stufe zu erreichen. Die Gliederung in drei Stufen hat zwei Vorteile: Zum einen gibt es, wenn es gut läuft, mehrfach Grund zum Feiern. Und zum anderen ist für jede Mentalität ein Ziel dabei; die Selbstbewussten haben ebenso ihr Ziel wie die eher

Vorsichtigen. Das Team definiert natürlich selbst, wie hoch diese Ziele sind. Das Ziel muss leicht zu verstehen und einfach zu messen sein. Es werden immer Erfolge belohnt – nicht Versagen bestraft.

Achtung: Scoreboard-Management ist kein »Management by Objectives« in neuer Verkleidung! Das Führen über Ziele zählt seit den 50er-Jahren zu einem der beliebtesten Folterinstrumente der Managementlehre. Damals fand man heraus, dass Menschen sehr viel produktiver sind, wenn man ihnen klare und messbare Zielvorgaben macht. Weil das überaus gut funktionierte, trat das MbO weltweit einen sagenhaften Siegeszug an: Man musste nur klar sagen, was man von den Untergebenen wollte, und sie machten es. Mittlerweile ist dieses System jedoch weitgehend pervertiert. Zielvorgaben werden – insbesondere im Vertrieb – sehr gern als Druckmittel von oben nach unten missbraucht. Und sie sind ein trauriges Relikt der Misstrauenskultur. Im Scoreboard-Management geht es darum, das natürliche Bedürfnis nach Erfolg und guter Leistung zu aktivieren – ohne dass es dazu Vorgaben »von oben« gibt. Darum bestimmt das Team selbst, wie hoch die Ziele gesteckt werden sollen, die es erreichen will. Erfahrungsgemäß setzen sich Teams sogar sehr viel ehrgeizigere Ziele als die Chefs und Chefinnen.

Die Gewinnprämien für die drei Stufen sollten motivierend und mit einem hohen Erinnerungswert verbunden sein. Es gibt keine finanziellen Belohnungen für das Team. Der finanzielle Gewinn landet im »großen Topf« und wird so verteilt, wie es der Bonusplan vorsieht (mehr dazu in Kapitel 10).

In der dritten Stufe ist ein gemeinschaftlicher Event des Siegerteams als Prämie besonders geeignet. Wenn das schon häufig gemacht wird, gibt es viele andere ungewöhnliche Möglichkeiten: Fensterputzer für zu Hause, Arbeitskleidung, Kinokarten, Autowäsche oder Ähnliches. Auch die Ideen für die Prämien liefert das Team.

5. Bestimmt die Spieldauer

Viele Spiele zielen darauf, Verhalten zu ändern. Solche Spiele sollten rund zwölf Wochen dauern. So lange dauert es mindestens, um dauerhafte Verhaltensänderungen zu bewirken. Eine andere häufige Kategorie von Spielen dient dem Generieren von Ideen, zum Beispiel zur Optimierung der Maschinenproduktivität, für die Gewinnung neuer Mitarbeiter oder für Einsparungen. Solche Spiele brauchen in aller Regel eine Laufzeit von nicht mehr als einer oder zwei Wochen. Andere Spiele haben ein natürliches Ablaufdatum: Wenn man Teilnehmer für eine Konferenz gewinnen will (siehe dazu das Spiel von easySoft, Unterkapitel »Ein Vertriebsspiel«), dann ist das Spiel zu Ende, wenn die Meldefrist endet.

6. Entwerft das Scoreboard

Das Scoreboard (die Anzeigetafel) ist ein extrem wichtiges, unverzichtbares Element einer Team-Challenge, denn es sagt dem Spielerteam und allen anderen Mitarbeitern, ob sie verlieren oder gewinnen. Man stelle sich vor, weder die Spieler noch die Zuschauer in einem Basketballspiel hätten eine Anzeigetafel: Spätestens nach dem zehnten Korb würde niemand mehr wissen, wie es steht – und es würde auf allen Seiten große Konfusion über die richtige Spieltaktik bestehen. Über das Scoreboard kommuniziert das Team untereinander und mit allen anderen Mitarbeitern.

Unter keinen Umständen dürfen die Spielstände in irgendeiner traurigen Exceltabelle versteckt werden, die auf einem Server vor sich hin schlummert. Dort können sie keine Steuerungskraft entwickeln, und dort erfüllen sie nicht ihren Hauptzweck: dem Spielteam Anerkennung und Wertschätzung geben! Wenn im Unternehmen auch das »große Spiel« gespielt werden soll, wird das gesamte Team regelmäßig zusammenkommen, um sich über wichtige Kennzahlen zu informieren. In den Team-Challenges üben wir solche Routinen in kleinen

Teams ein und gewöhnen uns daran, die Geschichten zu teilen, die sich hinter den Zahlen verstecken. »Zahlen erzählen Geschichten über Menschen.«

Damit ein Scoreboard seine wichtige Aufgabe erfüllen kann, sind diese Regeln hilfreich:

- Platziert das Scoreboard an einem Ort, an dem es von möglichst vielen (im Idealfall: allen!) gesehen werden kann. Wenn ihr mit einem regional verstreuten Team an mehreren Standorten spielt, braucht ihr ein reales Scoreboard und – das ist der Optimalfall – in den Niederlassungen Flatscreens, auf denen stets ein Foto des aktuellen Standes zu sehen ist. Noch einmal: Scoreboards, die man nur mit einigem Aufwand zu Gesicht bekommt, verlieren dramatisch an Steuerungskraft. Der Charme eines Scoreboards liegt gerade darin, dass wir jederzeit unkompliziert und ohne Aufwand sehen, wie gut das Team arbeitet.
- Das Scoreboard muss selbsterklärend sein, das heißt, es muss schnell deutlich werden, was gemessen wird, wie hoch die Ziele in den drei Stufen sind und wie der aktuelle Spielstand ist. Neben dem Scoreboard hängen die Spielregeln, die den Mitspielern und den Außenstehenden den Sinn, den Ablauf und die Regeln erklären.
- Das Scoreboard sollte attraktiv und motivierend gestaltet sein. Es gibt mit Sicherheit jemanden im gesamten Team, der oder die Freude an so einer Aufgabe hat. Exceltabellen lösen keine positiven Emotionen aus! Scoreboards können auf Whiteboards oder Pappen gemalt werden, sie können aus Lego oder Playmobil gebaut werden. Man kann durchsichtige Behälter benutzen, die je nach Punktestand gefüllt werden. Der Fantasie sind dort keine Grenzen gesetzt. In jedem Team gibt es jemanden, der entweder handwerklich oder kreativ begabt ist (oder beides) und der diese Aufgabe liebend gern übernimmt.

7. Bestimmt den Huddle-Rhythmus

Ein Huddle (engl. für »Haufen«) bezeichnet im American Football eine sehr kurze Teambesprechung auf dem Feld, in der der nächste Spielzug und die Taktik besprochen werden. Im Scoreboard-Management spielen Huddles eine zentrale Rolle, denn hier erfährt man, wie das Spiel steht, tauscht Geschichten zu den bisher erzielten Ergebnissen aus, gibt sich gegenseitig Tipps und prognostiziert das nächste Zwischenergebnis bis zum nächsten Huddle. Huddles von Teamspielen können fünf bis 15 Minuten dauern. Sie sollten mindestens einmal wöchentlich stattfinden; dort, wo es sinnvoll ist – zum Beispiel in Vertriebsspielen –, sogar täglich. Das gesamte Spielerteam kommt während des Huddles zusammen. Es ist natürlich auch offen für Interessierte. Die Huddles sollten so kurz wie möglich sein und im Stehen stattfinden (ähnlich wie die Daily Stand-ups im Scrum).

Im Huddle werden folgende Themen besprochen:

- Wie ist der Spielstand?
- Welche Ergebnisse haben wir erzielt?
- Warum haben wir das Ergebnis erzielt?
- Was fiel leicht, wo waren Schwierigkeiten?
- Was hatten wir uns vorgenommen?
- Wie lautet die Prognose bis zum nächsten Huddle?
- Welche Unterstützung braucht das Team?

Insbesondere die Lerngewinne müssen schriftlich festgehalten werden und für alle sichtbar dokumentiert werden. Und natürlich wird das Scoreboard fortlaufend aktualisiert.

Wenn sich die Ergebnisse nicht verbessern oder gar verschlechtern, braucht die Gruppe jemanden, der den Teamgeist, die Umsetzungskraft und die Kreativität des Teams auf das Ziel ausrichtet. Wenn sich niemand verantwortlich fühlt und man das schlechte Ergebnis in Opferhaltung zur Kenntnis nimmt, verpufft das Potenzial. Es gibt aber immer Leute im Team, die nicht verlieren wollen. Deren Spirit gilt es zu entdecken und denen muss Raum gegeben werden.

8. Feiert die Ergebnisse

Wenn eine Gewinnstufe erreicht ist, werden die Prämien verteilt, und es wird gebührend gefeiert. Zunächst wird kurz reflektiert, was bisher erreicht wurde, welche Erkenntnisse es gab und welche Auswirkungen das Spiel bisher gehabt hat. Wer mag, kann eine kurze Ansprache halten. Auch wenn die Prämie lächerlich klein ist im Vergleich zum materiellen oder immateriellen Gewinn des Spiels – zum Beispiel ein Smoothie in der ersten Gewinnstufe wie bei »meet & win« –, ist der motivierende Faktor nicht zu unterschätzen. Wir freuen uns in aller Regel nicht über die Prämie an sich, sondern über die Symbolik, die darin liegt. Der Grund ist einfach: Jeder Mensch braucht für sein Wohlergehen aufrichtige Anerkennung und Wertschätzung. Über Anerkennung für gut geleistete Arbeit freuen wir uns besonders stark. Eine wichtige Ursache von Demotivation und innerer Kündigung ist gerade der Mangel an Aufmerksamkeit für gute Leistungen.

Über viele Jahrhunderte dominierte in den Wissenschaften ein eher negatives, materialistisches Menschenbild. Insbesondere die Neurobiologie hat zum Menschenbild interessante neue Ergebnisse zutage gefördert. Beispielhaft sei hier der Freiburger Professor Joachim Bauer genannt, der 80 neurobiologische Studien weltweit auswertete und zu folgendem Ergebnis kam: Wir sind von Natur aus auf soziale Resonanz und Kooperation angelegte Wesen. Kern aller menschlichen Motivation ist es, zwischenmenschliche Anerkennung, Wertschätzung, Zuwendung oder Zuneigung zu finden und zu geben. Das Bemühen des Menschen, als Person gesehen zu werden, steht noch über dem, was als Selbsterhaltungstrieb bezeichnet wird. Bauer zitiert aus einer amerikanische Studie: »Die stärkste und beste Droge für den Menschen ist der andere Mensch.« Wer jemals glücklich verliebt war in seinem Leben oder wer sich schon einmal über das Lob eines Kunden oder Kollegen gefreut hat, kann dies sicherlich sofort bestätigen. Fühlen wir uns angenommen und wertgeschätzt, schüttet der Körper die sogenannten »Glückshormone« wie Oxytocin und Dopamin aus – das Gleiche passiert, wenn wir Drogen wie Kokain oder MDMA, den Kernbestandteil von Ecstasy, konsumieren. Umgekehrt produzieren wir sofort Neuroleptika, sobald wir ausgeschlossen, gemobbt oder kritisiert werden.

Eine dauerhafte Überflutung durch solche Stresshormone macht uns krank.[14]

Kurz: Menschen lernen am leichtesten durch positive Verstärkung. Darum müsst ihr eure Gewinnstufen feiern!

9. Wertet die Spiele aus

Wir werten die Spiele auf drei Ebenen aus: 1. Was hat es für die Motivation und den Teamgeist getan? 2. Welche Lerngewinne wurden erzeugt, welche neuen Prozesse wurden etabliert, welche neuen Verhaltensweisen haben sich gefestigt? 3. Welche finanziellen Ergebnisse wurden erzielt? Letzteres ist ein natürlicher Einstieg ins Finanztraining. In die Rechnung gehen selbstverständlich auch alle Arbeitsstunden für die Konstruktion des Spieles und die Huddles ein.

* * *

Mögliche Fallstricke, die am besten schon im Vorfeld reflektiert werden, sind:

- Unrealistische, unklare oder unerreichbare Ziele. Zur Erinnerung: Die Ziele werden nicht von oben vorgegeben, sondern sie werden vom spielenden Team bestimmt. Wenn die Spielregeln und die Dauer feststehen, schaut man erst einmal, was maximal erreichbar ist. Dann schreibt jeder Teilnehmer verdeckt seinen Wert auf einen Zettel. Das Ergebnis spiegelt dann die ganze Bandbreite von Optimismus und Pessimismus wider. Insbesondere die Menschen, die Wettbewerbe lieben, Freude am Überschreiten von Grenzen und keine Angst vor Niederlagen haben und die mit einem gesunden Selbstwertgefühl ausgestattet sind, werden sich sehr hohe Ziele setzen. Eher vorsichtige Kollegen werden kleinere Ziele vorschlagen. Auf jeden Fall ist die Bandbreite dann groß genug, um das Ziel in drei Stufen zu definieren. Vor zu hohen Zielen nahe am maximal Möglichen sei hier erneut ausdrücklich gewarnt: Stellt sich nämlich schon relativ schnell heraus, dass dieses Ziel nicht zu erreichen ist, geht gerade den ehrgeizigsten Mitspielern die Luft aus. Ganz nach dem Motto: Sieg oder gar nichts. Deren Energie ist aber häufig wichtig für den Erfolg der Team-Challenge.

- Nicht kontrollierbare Faktoren beeinflussen den Erfolg der Team-Challenge. Letztlich wird es in fast jedem Spiel Einflussfaktoren geben, die nicht ganz in der Macht des Spielteams liegen. Spielt man beispielsweise ein Vertriebsspiel, ist das Ergebnis natürlich davon abhängig, wie die umworbenen Kunden auf unsere Angebote reagieren. Doch hier liegt es an uns, zu lernen und die Angebote oder deren Präsentation zu verbessern. Doch es gibt auch Einflussfaktoren, die wir gar nicht beeinflussen können. Dafür ein Beispiel: In einer Agentur wurde auf das Ziel »Die eigene Website relaunchen« gespielt. Dieses Projekt war nämlich Monat für Monat nach hinten verschoben worden, weil Kundenaufträge immer die oberste Priorität hatten. Das Team setzte sich drei Ziele: Die Website sollte spätestens nach zwölf Wochen, im Optimalfall nach sechs Wochen live gehen. Das mittlere Ziel waren neun Wochen. Es wurden klare Projektziele vereinbart, die das Team zügig abarbeitete. Für die höchste Gewinnstufe wurde ein besonders attraktives Ziel vereinbart: eine gemeinsame Bergwanderung auf eine Alpenhütte, wo man – als krönenden Abschluss des Projektes – im Morgengrauen ein Foto für die Webpage schießen wollte. Mitten im Spiel kam es, wie es kommen musste: Ein Kunde erteilte aus dem Nichts heraus einen großen, zeitsensiblen Auftrag, und das Projekt »Relaunch der eigenen Website« musste so weit geschoben werden, dass nur die dritte Stufe erreicht wurde. Das Gute daran: Die Website wurde tatsächlich fertig. Doch nachdem sicher war, dass die ersten beiden Stufen nicht mehr machbar waren, war irgendwie der Spaß daran verloren gegangen. Also: schon vor dem Start alle Unwägbarkeiten mit einbeziehen. Das schult das Denken in komplexen Zusammenhängen.

- Es herrscht keine eindeutige Klarheit, wie das Spiel zu gewinnen ist. Die Spielregeln müssen definiert sein: Wofür gibt es Punkte, wofür nicht?

- Die Regeln sind zu kompliziert. Wenn man eine Viertelstunde braucht, um das Spiel zu erklären, ist etwas schiefgelaufen. Generell gilt: Weniger ist mehr, insbesondere am Anfang. Dies gilt ebenso für Scoreboards, die uns nicht auf den ersten Blick sagen, wo wir stehen. Wenn es nicht selbsterklärend ist und nicht ersichtlich ist, wie es um die Zielerreichung steht, verliert das Scoreboard dramatisch an Steuerungskraft.

- Die Ergebnisse werden nicht nachgehalten, Zwischenstände werden nicht veröffentlicht und Huddles fallen aus. Das erste ausgefallene Huddle markiert häufig den Anfang vom Ende. Es signalisiert dem Spielteam: Was wir hier machen, ist nicht besonders wichtig und beliebig. Damit setzt sich genau die kulturelle Eigenheit fort, welche die Organisation davon abgehalten hat, wirklich gut oder sogar herausragend zu sein. Es werden hundert Dinge angefangen und nicht zu Ende gebracht. Man will Verhalten ändern, aber bei Regelverstößen steuert niemand dagegen. Scoreboard-Management funktioniert nur, wenn sich die Gruppe verpflichtet, die Regeln einzuhalten. Das heißt, dass Huddles immer stattfinden, auch wenn nur zwei Teilnehmer anwesend sind. Selbst wenn sich Ergebnisse nicht verändert haben, ist das ein Treffen wert; dann kann man herausfinden, woran das liegt und was man tun kann, um das zu ändern.

- Ergebnisse verschlechtern sich und niemand steuert dagegen – und dann hat niemand mehr Lust hinzuschauen. Im Rahmen der Gamifizierung geht es immer auch darum, Verhaltensweisen in Richtung Fokussierung und Verbindlichkeit zu ändern. Dabei besteht die Gefahr, dass das ähnlich abläuft wie bei einer Diät. Solange man Gewicht verliert, geht man morgens motiviert auf die Waage und freut sich. Doch wehe, es gibt über mehrere Tage keinen Fortschritt oder sogar einen Rückschritt, dann hat man keine Lust mehr, sich täglich das eigene »Versagen« einzugestehen, verzichtet auf das Wiegen und bricht die Diät wenig später wieder ab. So ist es auch, wenn man beim SBM auf das regelmäßige Messen verzichtet und die Team-Challenge abgebrochen wird: Dann schreibt sich erneut eine Versagensgeschichte ins kollektive Kulturgedächtnis.

- Der Teamcaptain und die Vorgesetzten übernehmen keine Verantwortung, wenn die Stimmung sinkt. Viele Unternehmenslenker, die diese Methode in ihrem Unternehmen einführen, wollen damit die Selbstorganisation und mehr Eigeninitiative fördern, möglicherweise sogar Hierarchiestufen abbauen. Daher vermuten sie, dass man ein Team einfach laufen lassen kann, wenn sich die ersten Erfolge zeigen. Natürlich ist es so, dass das Spielformat unglaubliche Kräfte aktiviert. Das bedeutet aber nicht, dass diese Kräfte automatisch auf ein perfektes Ergebnis hinsteuern. Wenn sich die Ergebnisse nicht so verbessern wie erhofft oder wenn es andere Gründe gibt, aus denen die Motivation im Team sinkt, liegt es am Teamcaptain, das zu thematisieren und die Ursachen abzustellen. Sollte der Spielleiter nicht eingreifen, ist eine Intervention der Vorgesetzten erforderlich. Diese müssen durch ihr Verhalten ein Signal setzen, dass ihnen das Ziel des Spieles und der Prozess wichtig sind. Wohlgemerkt: Weder Spielleiter noch Vorgesetzte müssen Lösungen finden. Sie müssen aber die Priorität und den Rahmen setzen, damit das Team wieder auf die Erfolgsspur kommt.

KAPITEL 6

Fokus auf den größten Engpass

Was müsst ihr im Unternehmen tun, um das Spiel zu gewinnen? Die naheliegende Antwort lautet meist »Gewinn erzielen«, gilt dieser doch fälschlicherweise als der ultimative Gradmesser des Erfolges. Doch der Gewinn ist eine viel zu allgemeine Ergebniskennzahl, aus der die Einzelnen kaum Motivationskraft beziehen können. Gelingt es, den zentralen und konkreten Engpass der Unternehmensentwicklung zu identifizieren und deren Treiber über Team-Challenges zu beeinflussen, wird es für jedermann im Unternehmen spannend, an einer Erfolgsgeschichte teilzuhaben.

Im nächsten Schritt geht es nicht mehr nur um Themen, die alle nerven, sondern um diejenigen, die besonders den Führungskräften auf der Seele liegen: Die Aufmerksamkeit richtet sich jetzt auf die größte Verwundbarkeit oder den größten Engpass des Unternehmens. Die Kennzahl, über den wir diesen Engpass auflösen, nennen wir die Erfolgszahl.

Wir sind mit den »Nervfaktoren« in diese Methode eingestiegen, um dafür zu sorgen, dass Mitarbeiter mit genügend Motivation bei der Sache sind und erst einmal die Gelegenheit bekommen, eigene Themen im Unternehmensalltag erfolgreich zu bearbeiten. Im Weiteren werden vornehmlich Team-Challenges auf die Erfolgszahl des gesamten Unternehmens oder einzelner Bereiche gespielt.

Definition: Was macht die Erfolgszahl aus?

Die Erfolgszahl ist eine operationale oder finanzielle Kennzahl, die den zentralen Erfolgstreiber oder eine zentrale Verletzbarkeit repräsentiert. Es kann die Leistungsfähigkeit und langfristige Sicherheit des Unternehmens gefährden, wenn sie nicht überwacht und korrigiert wird. Die Erfolgszahl hat den größten Einfluss auf das Ergebnis und das Wachstum des Unternehmens. Sie definiert klar, was es heißt zu gewinnen: Sie definiert, was man erreichen will, und sie zeigt die grobe Richtung, wie man dahin kommt. Die Konzentration auf die Erfolgszahl ist ein wichtiger Schritt, um das gesamte Team auf den zentralen Engpass und seine Auswirkungen zu fokussieren und es dafür mitverantwortlich zu machen. Sie ermöglicht es jedem Mitarbeiter auf jeder Ebene des Unternehmens, das große Ganze und das Geschäftsmodell zu verstehen.[15]

Die Erfolgszahl ist in jedem Unternehmen eine andere, je nach Geschäftsmodell, Wertschöpfungsprozess und aktuellen Engpässen. Sie kann sich dementsprechend auch von Jahr zu Jahr (oder noch kurzfristiger) ändern.[16]

Machen wir noch einmal eine Anleihe beim Fußball. Dort lautet die kritische Erfolgszahl normalerweise: ein Tor mehr schießen als der

Gegner. Ein komplexes Mannschaftsspiel kann nur funktionieren, weil alle Spieler dieses Ziel sowie den Spielstand kennen. Ein Team wird je nach Spielstand anders spielen, je nachdem, ob es vorn oder hinten liegt; und der Trainer wird je nach Spielstand andere Spezialisten einwechseln. Manchmal kann man beobachten, dass Spieler ergebnisabhängig auch ihre Rollen komplett verändern können. Beim ersten Spiel der deutschen Nationalmannschaft bei der Fußball-Weltmeisterschaft 2018 gegen Mexiko konnte man beispielsweise sehen, dass Torwart Manuel Neuer in der 88. Minute im Strafraum der Mexikaner auftauchte, um dort die Gegner zu verwirren und die Abwehrspieler zu binden.

Auch im Fußball kann sich die Erfolgszahl ändern. Wenn man sich am Ende der Saison etwa für einen der vorderen Ränge der Tabelle qualifizieren will (oder gegen den Abstieg spielt) und die Konkurrenten alle dicht beieinanderliegen, kann manchmal das Torverhältnis ausschlaggebend sein, sodass die Erfolgsregel vielleicht lautet: drei Tore mehr schießen als der Gegner. Steht man dagegen am Ende der Saison mit 20 Punkten unangefochten an der Spitze, kann man möglicherweise auch mal verlieren. Das Ergebnis ist nicht »kritisch«.

Im Unternehmen wird sich die Erfolgszahl im Zeitablauf immer verändern. Es muss sich permanent den Umweltbedingungen anpassen und wird dabei immer wieder auf neue Engpässe stoßen. Bei angespannter Liquiditätslage ist die Erfolgszahl der Cashflow. Ist die Liquiditätskrise dauerhaft überwunden, ändert sie sich; dann kann es der Prozentsatz abrechenbarer Stunden, die Anzahl der Neukunden oder in sehr kapitalintensiven Branchen die Anlagenauslastung sein. Wenn Umsatz das Problem ist, liegt dort die Erfolgszahl – wobei man genauer untersuchen muss, wo die Ursache des Problems konkret liegt, um diese dann zielgerichtet zu beseitigen. Hat das Unternehmen einen akuten Personalengpass, liegt dort die Erfolgszahl. Die ständige Beobachtung des aktuellen Engpasses ist eine immens wichtige Führungsaufgabe. Sie erfordert ein Verständnis des Geschäftsmodells und des Wissens um die Zusammenhänge in der Tiefe. Je mehr Menschen im Unternehmen sich mit diesen Zusammenhängen beschäftigen, desto größer wird das Spielverständnis. Und natürlich muss jeder im Unternehmen die kritische Erfolgszahl kennen, damit das gesamte Team zielgerichtet agieren kann.

Um im Betriebsalltag die Erfolgszahl beeinflussen zu können, wird zunächst geschaut, was diese Zahl beeinflusst – man spricht hier auch von »Treibern«. Diese Treiber liefern wiederum Themen für die Team-Challenges.

Die Erfolgszahl …

- bewirkt Konzentration,
- schart alle um ein gemeinsames Ziel,
- lehrt das Team, sich zu fokussieren.

»Wenn alles wichtig ist, ist nichts wichtig«, heißt es zu Recht. Wenn man seinen Leuten eine lange Liste von Zielen gibt, können sie keine Prioritäten setzen und verzetteln sich.[17] Dutzende von Leistungskennzahlen kann man nicht gleichzeitig erfüllen. Eine der wichtigsten Aufgaben von Führungskräften besteht darin, mit dem Team die Topprioritäten zu ermitteln und zu kommunizieren. Wer sich auf weniges konzentriert, erreicht mehr und größere Ziele. Diese Konzentration ermöglicht die Erfolgszahl. Um eine Teamleistung zu bekommen, muss man Ziele verfolgen, die nur gemeinsam erreicht werden können. So gewinnt oder verliert das Team zusammen. Individuelle Ziele führen dagegen zu einer Kultur, in der Egoismen belohnt werden.

Je nach Branche, Geschäftsmodell und momentaner Verfassung bzw. aktuellem Engpass verändert sich also die Erfolgszahl. Beispiele sind: Deckungsbeitrag – Nachbesserungen – Umwandlungsquote Interessenten / Kunden – Prozentzahl abrechenbarer Stunden – Kundentreue – Kundenzufriedenheit – Maschinenproduktivität. Die wahre Magie liegt nicht in der Erfolgszahl, sondern in dem Prozess, der dazu führt, diese Zahl zu erreichen und zu toppen. Wenn die Erfolgszahl unter breiter Unterstützung definiert ist und von allen verstanden wird – insbesondere von denen, die dem Geschehen am nächsten sind –, erzeugt dies ein unübertroffenes Ausmaß von Engagement, Beteiligung und Ausrichtung.[18]

Exkurs: Führen über Ziele[19]

Seit ich mich mit dem Thema Strategie beschäftige, verfolgt mich das Thema »Führung«. Allzu oft hatte ich als Beraterin miterlebt, dass wirklich schöne, im Führungskreis erarbeitete und mit Kunden getestete Strategiekonzepte in der Schublade versauerten. Fragte ich nach den Ursachen, bekam ich häufig solche Antworten wie »Wir sind im Moment voll mit dem Tagesgeschäft beschäftigt, sind aber froh, dass wir jetzt einen Plan B haben, den wir dann umsetzen, wenn wir wieder Luft haben«. Anders ausgedrückt: Es tut noch nicht weh genug, um die notwendige Arbeit der Neuausrichtung in Angriff zu nehmen, weil das »Weiter so« noch tragfähig genug ist. Dann stieß ich irgendwann auf den schönen Satz von Peter Drucker: »Culture eats strategy for breakfast« – die Kultur verspeist die Strategie zum Frühstück. »Eigentlich« will die Führung, dass sich das Unternehmen stärker spezialisiert, stärker an Kundenbedürfnissen ausrichtet und / oder diverse Prozess- und Produktinnovationen entwickelt; aber »uneigentlich« bleiben dann viele gut gemeinte Initiativen im Ansatz stecken, weil es auf jeder Ebene an der notwendigen Konsequenz fehlt. Bei Licht betrachtet »frisst« natürlich nicht die Kultur die Strategie, denn diese besitzt kein Eigenleben, sondern die Unentschlossenheit der Führungscrew.

Mir war klar, dass strategischer Erfolg etwas mit Führungsverhalten zu tun hat. Als ich Anfang der 80er-Jahre mein Ökonomiestudium abschloss, hatte ich zwar einiges über Organisationsmodelle gelernt, aber absolut nichts über Menschenführung und Organisationspsychologie. Meine Versuche, die Lücken über das Literaturstudium zu schließen, erwiesen sich schnell als fruchtlos: Ich war erschlagen von den vielen, teilweise miteinander konkurrierenden Ansätzen und wusste nicht, wo ich anfangen und wo ich aufhören sollte. Ich entschloss mich dann im Jahr 2012, dieses Thema noch einmal gründlich und systematisch anzugehen, und studierte Psychologie. Im Modul »Arbeits- und Organisationspsychologie« lernten wir zur Klausur mehr als 20 Führungsmodelle samt den empirischen Befunden auswendig. Wenig erstaunt war ich, dass es auch in den Wissenschaften kein einheitliches Verständnis davon gibt, was Führung überhaupt ist – das erklärte meine Verwirrung, als ich mich dem Thema im ersten Versuch über eine Bücherliste zu nähern versucht hatte.

Interessanterweise steht die Führungsforschung heute ungefähr wieder da, wo sie in den 40er-Jahren angefangen hat: bei der Frage, wie sich Persönlichkeitseigenschaften und Verhalten von Führungskräften auf den Erfolg auswirken. Früher glaubte man an die »Great Man Theories«, also daran, dass Männer mit großartigen angeborenen Eigenschaften die erfolgreichsten Führungskräfte seien. In den 80er-Jahren standen dann die sogenannten kontingenztheoretischen und situativen Ansätze im Mittelpunkt des Interesses. »Situative Führung« heißt: Je nach Situation, in der sich die Organisation befindet (in der Krise, in ruhigem Fahrwasser, in einer Innovationsphase), und der Merkmale der Geführten (zum Beispiel ihr »Reifegrad« und ihre Fachkompetenz) muss sich der Führungsstil ändern. Die gute Führungskraft hat alle Führungsstile zwischen patriarchalisch-autoritär und demokratisch-partizipativ »drauf« und packt sie je nach Situation aus. Besonders beeindruckt hat mich das Modell des »Managerial Grid«, das 81 verschiedene Verhaltensmuster bereithält. Wohl dem, der sich damit in der Praxis zurechtfinden soll ... einmal ganz abgesehen von dem antiquierten Führungsverständnis hinter dieser Methode.

Heute ist man mit der transformationalen Führung mehr oder weniger wieder in den 50er-Jahren gelandet. Diesen Ansätzen zufolge verändert (»transformiert«) die gute Führungskraft die Überzeugungen, die Einstellung und das Verhalten ihrer Anvertrauten durch inspirierende Ziele und Werte sowie vorbildliches, tadelloses Verhalten. Wenn wir heute die umfangreiche Literatur zum Thema »Was man vom Sport fürs Management von Unternehmen lernen kann« betrachten, so zielen alle diese Bücher auf das transformatorische Vermögen von Trainern bzw. Managern. Das liegt auch nahe, sehen wir doch immer wieder, wie totgesagte Teams unter dem richtigen Trainer zu wahren Höhenflügen ansetzen und sogar die hoch bezahlte Konkurrenz um Längen schlagen. Das nährt unsere Vermutung, dass Führungserfolg etwas mit den Fähigkeiten der Führenden zu tun hat, die Einstellung und das Verhalten der Geführten positiv zu beeinflussen. Wäre es nicht schön, mit der richtigen Person an der Spitze unseren Durchschnittsladen in die Champions League zu führen oder zumindest in unserer Liga an die Spitzenposition? Anders als früher glaubt man heute jedoch nicht mehr, dass diese Eigenschaften angeboren, sondern erlernbar sind: Jeder kann eine gute Führungskraft werden, wenn er oder sie es nur will.

Der gesamte Forschungszweig der Arbeits- und Organisationspsychologie »leidet« im Wesentlichen unter zwei Faktoren: Kaum ein Unternehmen stellt sich als Versuchskaninchen bereit, um unter restriktiven, wissenschaftlichen Bedingungen mit Kontrollgruppen unterschiedliche Führungsstile empirisch zu erproben. Daher arbeitet man in diesem Forschungszweig notgedrungen mit dem schwächsten aller Instrumente der Sozialforschung, dem auf Selbstauskunft basierenden Fragebogen. Entsprechend ungenau sind die Ergebnisse. Zum anderen ist Unternehmenserfolg an sich »multifaktoriell«, das heißt, er ist von einer unübersichtlichen Vielzahl von Faktoren abhängig, die sich auch noch untereinander beeinflussen. Erfolg ist unter anderem abhängig von den Strategien und der Innovationskraft der Mitbewerber, von Konjunkturschwankungen, von Änderungen des Geschäfts- und Preismodells, des Kundenverhaltens und so weiter und so fort. In solch äußerst komplexen Systemen herauszufinden, welchen Einfluss nun das Führungsmodell hat, ist sehr schwierig. So ist es kein Wunder, dass viele Führungstheorien oder -modelle entweder gar nicht empirisch bestätigt wurden oder nur von einem Forscherteam.

Dennoch hat sich über die Jahrzehnte ein Führungsmodell in der empirischen Überprüfung als besonders wirksam erwiesen: das Führen über Zielvereinbarungen (kurz »MbO« für »Management by Objectives«). Egal, in welcher Organisationsform oder -größe, egal, in welcher Kultur: Setzt man Menschen konkrete Ziele, so wollen sie diese erreichen. Der Managementguru Peter Drucker etablierte aus dieser Erkenntnis heraus MbO als weltweites Erfolgsmodell. Egal, wo man hinkommt, zumindest die Vertriebsteams werden auch heute noch sehr häufig über klare Zielvereinbarungen geführt.

Doch das einstige Erfolgsmodell hat mittlerweile viel von seiner Strahlkraft verloren. Das liegt daran, dass es eine eigentümliche menschliche Tendenz gibt, erfolgreiche Strategien so lange auf die Spitze zu treiben, bis sie sich ins Gegenteil verkehren und völlig pervertieren. Unvergessen bleibt mir ein Gespräch mit einem Kundenbetreuer meiner Bank, in dem er sich über seine Zielvorgaben aus der Konzernzentrale beklagte: Nachdem die Bank dem Trend zum Allfinanzdienstleister gefolgt war, musste er in einem Quartal eine bestimmte Anzahl von Lebensversicherungen verkaufen, im nächsten dann Bausparverträge. Er war ziemlich frustriert, weil er das Gefühl hatte, Leuten etwas aufschwatzen zu müssen, was sie eigentlich gar nicht haben wollten. So oder ähnlich lief es in vielen Unternehmen: Zielvorgaben wurden irgendwann nur noch dazu benutzt, Menschen zu gängeln und zu kontrollieren und um am Konferenztisch gefasste Pläne mit allen Mitteln Realität werden zu lassen – egal, ob damit Kundenwünsche erfüllt wurden oder nicht. Entsprechend groß ist mittlerweile der innere Widerstand gegen diese »Zielvereinbarungen«, die meist nicht auf Augenhöhe und nicht auf der Basis von Kundenbedürfnissen vereinbart werden, sondern von oben nach unten durchgedrückt werden. Werden diese Ziele dann auch noch individuell variiert, nährt man Egoismus und Ausweichverhalten.

Festzuhalten bleibt, dass die Arbeits- und Organisationspsychologie nach wie vor den Führungserfolg an menschlichem Verhalten festmacht und viel zu wenig die systemischen Rahmenbedingungen auf dem Schirm hat.

Unabhängig davon lieben es Menschen, Ziele zu erreichen, und deren psychologische Steuerungskraft ist immer noch die gleiche. Dafür sorgt unser angeborenes Verlangen nach Anerkennung und Wertschätzung, kombiniert mit unserem Bedürfnis nach sichtbaren Ergebnissen. Einigt sich ein Team auf ein für alle sinnvolles Ziel, entwickelt es sofort eine viel stärkere Dynamik und Effektivität als ohne konkretes Ziel.

Damit Ziele ihre ganze Steuerungs- und Motivationskraft entfalten können, sind diese Voraussetzungen wichtig:

- Es handelt sich um ein Teamziel.
- Das Ziel wird als sinnvoll und wichtig erachtet.
- Das Ziel wird vom Team selbst bestimmt oder zumindest klar bejaht.
- Der Weg zum Ziel wird interessant gestaltet.
- Das Team erlebt sich auch als Team, das heißt, es kommt regelmäßig zusammen und bewertet die Art der Zusammenarbeit und die Ergebnisse.
- Das Ziel hat alle Eigenschaften, die man schon aus dem Management by Objectives kennt: Es ist spezifisch, messbar, attraktiv und beeinflussbar, realistisch und terminiert (»SMART«).

Das für das Unternehmen beste Ziel ist natürlich eines, das auf einen hohen Kundennutzen setzt und in der Folge das Unternehmen stärkt sowie seine gute Entwicklung befördert. Richtet sich die gesamte Organisation darauf aus und versucht jeder, dieses Ziel an seinem Arbeitsplatz zu unterstützen, so ist eine extrem wichtige Voraussetzung für den Erfolg erfüllt.

Die Erfolgszahl ermitteln

Fragt man Unternehmer und Topführungskräfte nach dem wichtigsten Ziel und der dazugehörigen Kennzahl, so bekommt man häufig die Antwort: Gewinn vor Steuern. Kein Wunder: Ohne Gewinn kann kein Unternehmen überleben, es braucht zum Leben den Gewinn wie der Mensch die Luft zum Atmen. Außerdem ist der Gewinn der universelle Indikator dafür, wie gut wir gewirtschaftet haben. Die Managementlehre hält einen möglichst hohen Gewinn für das wichtigste Ziel und die Daseinsberechtigung von Unternehmen. Letzteres ist natürlich Unsinn. Genauso gut könnte man sagen, der Sinn des menschlichen Lebens läge in einer optimalen Atmung, nur weil wir ohne Luft nicht lange zu leben haben. Ebenso wenig kann der Gewinn das Ziel eines Unternehmens sein. Er ist lediglich die allerwichtigste Nebenbedingung. Ziel eines Unternehmens ist es, Kundenprobleme besser zu lösen als die Mitbewerber. Besonders poetisch hat das der Unternehmer und Begründer der Drogeriekette dm, Götz Werner, ausgedrückt: Unternehmen sind dazu da, das Paradies auf Erden zu erschaffen. »Gewinn« als Kennzahl ist das Ergebnis von unendlich vielen Einflussfaktoren und als Steuerungsgröße viel zu unkonkret. Ausnahme: Das Unternehmen steht tatsächlich kurz vor dem Exitus. In diesem Fall würde man aber eher eine Größe wie den Cashflow in den Mittelpunkt stellen.

Man stelle sich als Beispiel einmal vor, der Mannschaft des FC Bayern erzähle man, dass ihr wichtigstes Ziel der Gewinn ihres Arbeitgebers, der FC Bayern München AG, sei. Welche Steuerungskraft mag so ein Ziel wohl ausüben? Die Erfolgszahl des Klubs ist das Gewinnen von Spielen – schlicht und einfach. Je größer der spielerische Erfolg, desto größer der Kundennutzen, die Attraktivität für Fans und gute Spieler, die Einnahmen aus nationalen und internationalen TV-Rechten, aus dem Verkauf von Trikots und anderen Devotionalien – und am Ende die Größe des Gewinns. Sind dafür die notwendigen Voraussetzungen erfüllt, kann die Organisation sich auf die kritischen Erfolgskennzahlen in den anderen Bereichen der Wertschöpfungskette konzentrieren.

Die Erfolgszahl hat idealerweise einen direkten Bezug zum Arbeitsleben. Sie kann sich sowohl auf das gesamte Unternehmen als auch auf einzelne Bereiche beziehen. In vielen Unternehmen wird eine Flut von Kennzahlen ermittelt, deren Steuerungskraft für die gesamte Mannschaft dann entsprechend bis auf null sinkt (falls man sie überhaupt mit »Normalsterblichen« teilt). Dann besteht die Kunst darin, sie auf die Anzahl derjenigen zu kondensieren, die den größten Einfluss auf das Verhalten und auf das Ergebnis haben. Beispiel: Ein Autohaus ist verpflichtet, rund 140 Kennzahlen pro Monat an die Konzernzentrale zu reporten. Operativ reichen vier Kennzahlen: die Anzahl verkaufter Neuwagen, die Anzahl verkaufter Gebrauchtwagen, die durchschnittliche Standzeit pro Gebrauchtwagen sowie die Stundenproduktivität in der Werkstatt.

Je nachdem, wen man im Unternehmen fragt, wird man unterschiedliche Antworten bekommen, was denn nun der kritische Engpass sei, denn jeder hat aus seiner subjektiven Sicht eine andere Perspektive auf den Unternehmenserfolg und die größten Verwundbarkeiten. Günstig ist zunächst die gemeinsame Betrachtung aus vier Perspektiven, so wie es das GGOB-Modell vorsieht: aus der finanziellen Perspektive, der Kundenperspektive, der Managementperspektive und der Mitarbeiterperspektive. Im ersten Schritt bringt ihr also die Leute zusammen, die aufgrund ihres Wissens und Könnens das Geschäftsmodell und die aktuelle Situation aus unterschiedlichen Perspektiven beurteilen können. Jeder gibt dann ein kurzes Statement, was er oder sie für den kritischen Erfolgsfaktor oder die größte Verwundbarkeit des Unternehmens hält. Einigt euch dann auf einen Faktor und die dazugehörige Kennzahl. Definiert eindeutig das Kriterium für die Verbesserung der kritischen Erfolgszahl. Drückt es in Worten und in Zahlen aus; und gebt eine kurze Erklärung, warum gerade diese Kennzahl die kritische ist. Sagt genau, von wo nach wo ihr kommen wollt. Das Ganze kommuniziert ihr dann an euer Team. Die nächsten Schritte werden dann sein, die sogenannten Treiber (= Einflussgrößen) für die kritische Erfolgszahl zu finden. Diese Treiber werden dann über Teamspiele zum

Besseren gedreht. Es ist leicht einsehbar, dass das Unternehmen automatisch sicherer und erfolgreicher wird, wenn viele kleinere Teams es sich zum Ziel setzen, über diverse Treiber die Erfolgszahl zu beeinflussen.

Wenn man Scoreboard-Management im Unternehmen einführt, hat in aller Regel nur die Führungscrew das Wissen und die Übersicht, um den kritischen Engpass im Unternehmen zu definieren. Das sieht später dann ganz anders aus: Haben erst alle Mitarbeiter ein Finanztraining absolviert und ein grundlegendes Verständnis für das Zusammenspiel der Einflussfaktoren im Geschäftsmodell gewonnen und sind sie es gewohnt, regelmäßig die wichtigsten Kennzahlen gemeinsam zu betrachten und zu beeinflussen, so ergeben sich Erkenntnisse zu neuen Engpässen ganz automatisch aus dem täglichen Handeln.

Wenn ihr einen kritischen Engpass definiert habt, schaut genauer hin, wo die Kernursache liegt. Dann findet zu dieser Kernursache eine Kennzahl. Unterzieht sie nun einem Test:

- Ist die Kennzahl wirklich entscheidend für den Erfolg?
- Warum ist sie wichtig für das Unternehmen und seine Mitarbeiter?
- Auf welchen Erkenntnissen und Prioritäten basiert die Auswahl?
- Wie wurde das Team in die Definition der Erfolgszahl eingebunden?
- Unterstützt es das Ziel, das an diese Zahl geknüpft ist?
- Zukunftsperspektive: Was passiert mit dem Unternehmen, wenn der kritische Engpass nicht aufgelöst wird?
- Wer kann direkt oder indirekt die Erfolgszahl beeinflussen?
- Ist die Zielgröße der Erfolgszahl vernünftig und erreichbar?
- Was lernen wir, wenn wir uns auf die kritische Erfolgszahl konzentrieren?

Wie du weißt, unterstützen Menschen das, woran sie selbst beteiligt sind. Breite Beteiligung aus unterschiedlichen Ebenen des Unternehmens verschafft immer schnellere, bessere und wertvollere Ideen.

Die richtigen Treiber: der Grundstoff für Team-Challenges

Wir haben uns in Kapitel 5 bereits kurz mit Ursache-Wirkungs-Zusammenhängen beschäftigt und wollen dieses Thema an dieser Stelle vertiefen. Grundsätzlich können wir zwischen Ergebniskennzahlen (Lagging Indicators) und Leistungskennzahlen (Leading Indicators) unterscheiden. »Lagging« bedeutet: Diese Kennzahl hinkt hinterher, sie ist das Ergebnis von etwas, sie folgt auf eine Ursache. »Leading« hingegen bedeutet: Diese Kennzahl ist tonangebend; sie führt eine Entwicklung an oder sie treibt sie. Sie ist eine Ursache für etwas anderes.

Wenn man ein Unternehmen oder einen Teil davon (wir sprechen hier ganz allgemein von einem System) steuern will, ist es selbstverständlich am sinnvollsten, sich mit den Treibern, also den Leading Indicators, zu beschäftigen. Aus Effizienzgründen ist es weiter sinnvoll, sich mit Kernproblemen zu beschäftigen, statt an Symptomen herumzudoktern. Natürlich sind die Ergebnisindikatoren ebenso interessant, denn sie sagen uns, wie erfolgreich wir in der Vergangenheit gearbeitet haben. Aber wie der Name schon sagt: An Ergebnissen kann man nichts mehr ändern, sie sind Vergangenheit.

Ein Beispiel: Eine Ergebniskennzahl sind »Arbeitsunfälle«. Ein dazu passender Leading Indicator, also eine führende Kennzahl oder ein Treiber, ist der Prozentsatz der Menschen auf Baustellen oder in anderen Gefahrbereichen, die keinen Arbeitshelm tragen. An diesem Beispiel sieht man sehr schön das grundsätzliche Problem mit den Treibern: Sie sind nicht allein für das Ergebnis verantwortlich, und es ist nicht garantiert, dass sich das Ergebnis tatsächlich verbessert, wenn man an ihnen dreht. Für Arbeitsunfälle können auch eine ganze Reihe anderer Ursachen verantwortlich sein; und es können jederzeit neue Ursachen hinzukommen. In jedem Fall ist eine gute Statistik am Anfang der Kennzahlen- bzw. Treiberauswahl ein passender Start: Wenn 50 Prozent der Arbeitsunfälle auf das Fehlen von Helmen zurückzuführen sind, kann es nicht verkehrt sein, erst einmal diesen Treiber ins Auge zu fassen. Wenn aber die Mehrzahl auf Alkoholeinfluss zurückzuführen ist, setzt man besser dort an.

Wenn du mitgedacht hast oder dir schon länger Gedanken zu Ursache-Wirkungs-Zusammenhängen machst, wird dir jetzt Folgendes aufgefallen sein: Je nachdem, wie tief man in die Ursache-Wirkungs-Zusammenhänge hineinschaut, kann ein und derselbe Indikator sowohl führend als auch folgend sein, also sowohl Ursache von einem vorgelagerten Ereignis sein als auch eine Wirkung auf ein folgendes haben. Bleiben wir bei den Arbeitsunfällen: Wie viele Menschen einen Arbeitshelm tragen (jetzt eine Ergebniskennzahl), hängt von diversen Faktoren ab – unter anderem von dem Bewusstsein eines jeden Kollegen, dass es sich um eine überlebenswichtige Maßnahme handelt. Eine passende Initiative könnte dann ein Training oder eine andere bewusstseinsbildende Aktion sein. Das Tragen eines Arbeitshelms kann also sowohl ein führender Indikator (bezogen auf die Zahl der Arbeitsunfälle) als auch eine Ergebniskennzahl sein (bezogen auf das Bewusstsein für die Wichtigkeit des Tragens eines Helms).

Wenn du dich mit Treibern und Ergebniskennzahlen beschäftigst, wirst du dir automatisch der Vernetzungen und Wechselwirkungen eurer Prozesse und Abläufe bewusst. Es mag tröstlich sein, dass wir in komplexen Systemen nie wirklich sicher sein können, ob wir alle führenden Einflussfaktoren erfasst haben und ob wir die richtigen Prioritäten gesetzt haben. Denn das ist definitionsgemäß unmöglich. Ansonsten würde es sich um ein kompliziertes, also ein zunächst einmal schwieriges, aber berechenbares System handeln.

Was wir erreichen wollen, sagt die Erfolgszahl. Sie definiert, was es heißt, zu gewinnen. Wie wir das Ziel erreichen, bestimmen die richtigen Treiber. Sie definieren Aktivitäten, Verhalten und Entscheidungen. Dazu brauchen wir Strategien (»Wie werden wir das Ziel erreichen?«) und Messsysteme (»Wie messen wir den Fortschritt?«).

Kritischer Engpass = Was	Treiber = Wie
Wirkung (Lag Measure)	Ursache (Lead Measure)
Was wollen wir erreichen?	Wie werden wir es erreichen?
Erwünschtes Ergebnis	Aktivität/Handlung
Resultat	Verhalten

Die folgende Tabelle zeigt einige Beispiele:

Kritischer Engpass	Treiber
Gewichtsverlust	Kalorienzufuhr, Sport
Materialkosten senken	Ausschuss verringern
Umsatzwachstum	Aktivierung passiver Bestandskunden
Neukunden	Abonnenten für Newsletter gewinnen
Finanzielle Reichweite	Prozentsatz abrechenbarer Stunden erhöhen

Die meisten Kennzahlen, die man in Unternehmen betrachtet, sind viel zu weit weg vom täglichen Geschehen. Häufig denkt man, der eigene Beitrag sei viel zu unbedeutend, um das gesamte Ergebnis beeinflussen zu können. Durch die Aufzählung aller Treiber wird der direkte Zusammenhang zwischen dem eigenen Arbeitsalltag und dem Gesamtergebnis deutlich. Wenn wir beispielsweise den Umsatz erhöhen wollen, haben wir viele Optionen: aktive Kunden noch mehr aktivieren, neue Kunden gewinnen oder bestehende inaktive Kunden aufwecken. Jede dieser Optionen kann ich mit unterschiedlichen Maßnahmen erreichen: die Kundenzufriedenheit erhöhen, um die Mundpropaganda zu befördern, die Preise senken, die Website mit Content anfüttern, um im Google-Ranking nach oben zu kommen und mehr Klicks auf die Website zu bekommen, und so weiter und so fort. Die Diskussion der Treiber ist eine hervorragende Übung, um die Vernetzungen der Prozesse im Unternehmen aufzuzeigen und den Blick weit über den Tellerrand der eigenen Abteilung hinweg zu schärfen.

Die Treiber erlauben es dem Team, auf Sicht zu fahren, und sie zeigen ihm, wie sie Resultate erzielen können. Typischerweise gibt es viele Treiber, die auf die Erfolgszahl wirken. Also muss man eine Auswahl treffen und bewerten. Der Vergleich von Aufwand und Wirkung ist dabei das beste Auswahlkriterium. Mit den Ergebnissen kann man dann eine Prioritätenliste erstellen und loslegen.

	Priorität	Aufwand	Wirkung
Treiber A Treiber B Treiber C			

Team-Challenges und Erfolgszahl: Beispiele aus der Praxis

Sehr viele Mitarbeiter wissen nicht viel mit betrieblichen Kennzahlen und Finanzinformationen anzufangen. Team-Challenges sorgen dafür, dass sie den Zusammenhang zwischen ihrer täglichen Arbeit und den finanziellen Ergebnissen herstellen können.

Team-Challenges werden in erster Linie gespielt, um eine Verhaltensänderung zu bewirken, klar messbare Ziele zu erreichen oder um Ideen und Messdaten zu generieren. Quasi nebenbei unterstützen sie das Finanztraining, sie verbessern das Teamwork, sie befördern die Ausbreitung einer Gewinnermentalität und sie machen das große Spiel und Scoreboard-Management das ganze Jahr spannend.

Hier nun ein Beispiel für ein gut gemeintes und hochintelligentes, am Ende aber suboptimales Teamspiel auf eine kritische Zahl und seine äußerst geglückte Fortsetzung: Wir befinden uns wieder in der Markenagentur Kaapke. Nachdem das Scoreboard-Management mit der Team-Challenge »Höhere Meetingqualität« sehr vielversprechend gestartet war, stand nun Phase zwei an, in der es um den größten Engpass gehen sollte. Aus Sicht der Geschäftsführung war das die viel zu kleine Umsatzrendite, anders ausgedrückt: der gemessen am Aufwand zu mickrige Gewinn. Ganz nach dem Motto »Lernen geschieht vor allem in der Überforderung« war es Aufgabe des Teams, nach einem kurzen Finanztraining eine Liste von Treibern zu erstellen. Nun weiß jeder, dass so gut wie alles im Unternehmen früher oder später einen Einfluss auf den Gewinn hat. So war es kein Wunder, dass letztlich

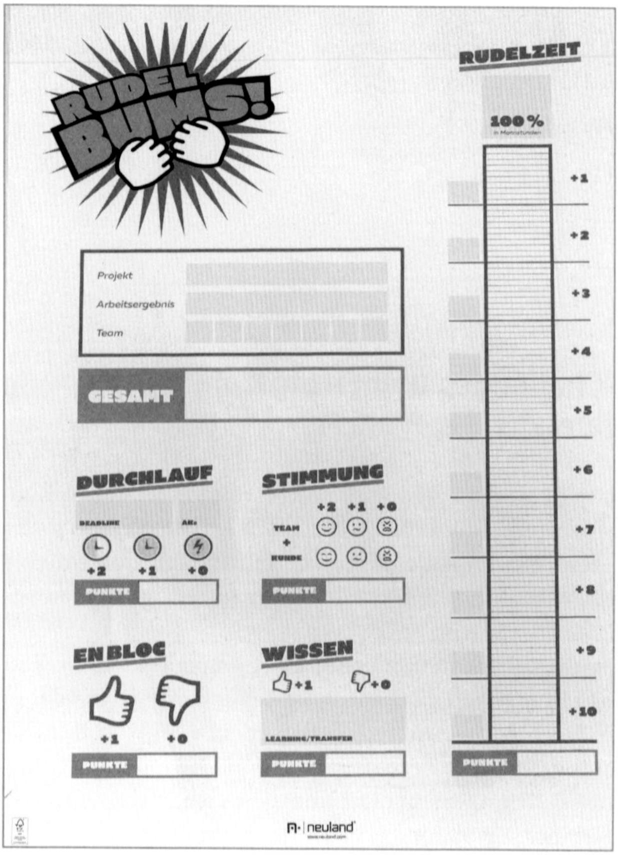

Übersichtsblatt »Rudelbums«

über 50 Treiber auf der Liste standen. Es wurde dann geschaut, welcher dieser Treiber zum einen den größten Einfluss auf das Ergebnis hat, zum anderen, welchen dieser Treiber das Team am wirkungsvollsten selbst beeinflussen kann. Aus der Abstimmung ging dann der Treiber »Effizienz im Kundenprojekt« als Sieger hervor. Je größer die Durchschlagskraft (»der Bums«) des Teams (»des Rudels«), desto größer der Ertrag des Projektes.

Mit großem Elan machte sich ein dreiköpfiges Team an das Spieldesign. Welche Faktoren müssen erfüllt sein, damit ein Projekt erfolgreich ist? Identifiziert wurden fünf Kriterien:

Das Scoreboard

1. Die Rudelzeit: Das ist das Verhältnis der kalkulierten zu den tatsächlich geleisteten Stunden.
2. Der Durchlauf: Hier wird ermittelt, ob die mit dem Kunden vereinbarten Zeitpunkte der Datenübergabe und die Anzahl der Korrekturläufe eingehalten wurden.
3. Die Stimmung: Am Ende bewertet das Team, wie die Stimmung im Team selbst und beim Kunden war.
4. En bloc: Je ungestörter man »am Stück« (en bloc) arbeiten kann, desto effizienter und fehlerfreier wird man arbeiten. Mit diesem Kriterium wird bewertet, ob man in möglichst großen Arbeitsschritten ohne Unterbrechung arbeiten konnte.
5. Der Wissenstransfer: Haben wir etwas Interessantes und Wichtiges in dem Projekt gelernt – und wurde das festgehalten?

Das Spiel sollte einen Monat laufen. Es wurde definiert, wie viele Punkte man in einem Projekt holen kann. Dazu wurden die Gewinnstufen festgelegt: 40, 80 und 150 Punkte. Teilnehmer waren alle Units, gehuddelt wurde wöchentlich. Mit großem Aufwand wurden Punktescheine (»Bumse«) gedruckt und eine Plexiglaskiste gebastelt.

Nach vier Wochen war das Ergebnis ernüchternd: Mit 44 Punkten wurde gerade einmal die erste Erfolgsstufe erreicht. Rein rechnerisch wurden zwar Stunden im Gesamtwert von über 6000 Euro eingespart, doch eine wirkliche Gewinnerstimmung machte sich nicht breit. Das lag vor allem daran, dass die Projekte nicht pünktlich abgeschlossen werden konnten und nur fünf Projekte in die Gesamtrechnung eingingen. Die Ursache lag jedoch nicht im Team, sondern bei den Kunden: Die ließen sich nämlich bei Korrekturläufen und Datenfreigabe so viel Zeit, dass es dort zum einen keine Punkte gab, zum anderen zu wenig Projekte in die Wertung einflossen. Unterm Strich war es einfach ein Spiel, das wegen der Vielzahl der abgebildeten Treiber viel zu komplex war. Der wichtigste Lerngewinn lautete also: vereinfachen!

Es wurde noch einmal geschaut, wo Produktivität und Geld im täglichen Arbeitsablauf verloren gingen. Schließlich landete man beim Thema »Stundenerfassung«. Praktisch jeder Dienstleister im sogenannten Know-how-Business – das sind zum Beispiel Ingenieur- und Planungsbüros, Anwalts- und Wirtschaftsprüfersozietäten oder Werbeagenturen – hat eine besonders wichtige kritische Erfolgszahl: die Produktivstunden. Entscheidend für den finanziellen Erfolg sind die Stunden, in denen das Team wertschöpfende Arbeit für den Kunden leistet, die diesem dann in Rechnung gestellt werden. Dabei ist es besonders in Projekten entscheidend, dass der zuvor kalkulierte Aufwand nicht über-, sondern besser noch unterschritten wird. Insofern ist es natürlich unerlässlich, dass alle geleisteten Stunden sauber erfasst und den jeweiligen Kundenprojekten zugeordnet werden.

Bei Kaapke war die saubere Stundenerfassung von der ersten Stunde an ein Reizthema. Mal klappte es ein paar Tage einwandfrei – insbesondere nach Teammeetings, bei denen alle Besserung gelobten –, doch wenig später war wieder die allgemeine Beliebigkeit an der Tagesordnung. Meistens wurden die Stunden am Freitagmittag nach bestem Wissen und Gewissen nachträglich für die ganze Woche in das ERP-System eingepflegt; und es kam auch ab und an vor, dass Stunden einfach auf die Kostenstelle »Kaapke intern« gebucht wurden, wenn man nicht wirklich wusste, wohin damit. Das hatte auf die Profitabilität natürlich große Auswirkungen, zumal es auch Projekte gab, die nach Aufwand abgerechnet wurden. Wenn dort Stunden fehlten, ging das zu 100 Prozent auf Kosten des Gewinns. Außerdem konnten

Projekte erst abgerechnet werden, wenn alle Stunden erfasst waren. Würde man das taggenau tun, würde das erhebliche Auswirkungen auf die Liquidität haben.

Ein Spielteam setzte sich an das Thema »tägliche Stundenerfassung« und heraus kam das Spiel »Stundenhotel«. Die Kennzahl war denkbar einfach: Jeden Tag konnte jeder Mitarbeiter einen Punkt verdienen, indem er seine Stunden zum Feierabend erfasste. Man konnte dann leicht hochrechnen, wie viele Punkte maximal vom gesamten Team in einer Woche erreicht werden konnten. Die Spielregeln:

- Am Morgen nimmt jeder anwesende Kollege eine Murmel und legt sie in die Ladestation seines Telefons.
- Am Ende des Arbeitstages, wenn das Telefon wieder in die Ladestation gesteckt wird, erinnert die Murmel daran, dass die Stunden im ERP erfasst sein müssen.
- Ist das erledigt, kommt die Murmel in die Plexiglasröhre.
- Wenn nicht, gibt es zwei Möglichkeiten: Entweder geht man noch mal zum Schreibtisch, fährt den Rechner hoch, trägt die Stunden ein und wirft dann die Murmel in die Röhre. Oder man entscheidet sich, diese Arbeit nicht zu machen – etwa weil es einen Notfall gibt und man sofort wegmuss –, und wirft die Murmel in die Blackbox, ein kleines schwarzes Kästchen.

Täglich wird dann ausgewertet, wie viele Murmeln in der Blackbox landen. Eine Woche ohne Murmel in der Blackbox wird mit einem Bonus belohnt. Das Ergebnis: Schon von der zweiten Woche an gab es den Bonus, das heißt, alle Stunden wurden taggenau erfasst. »So was gab es seit Gründung der Agentur nicht ein einziges Mal. Nach nur einer Woche erfassen 100 Prozent der Mitarbeiter 100 Prozent der Stunden. Wahnsinn! 16 Jahre lang haben wir das nicht geschafft. In den Huddles und in den Pausen finden Unterhaltungen statt, wie am besten und am schnellsten Zeiten eingebucht werden«, kommentiert Geschäftsführer Marc Kathmann das Ergebnis. Viel wichtiger war aber im Grunde das mit dem Spiel verbundene Finanztraining. Gemeinsam schaute man sich an, wofür die Arbeitsstunden »verwendet« werden: wie viele tatsächlich produktiv sind, wie viele auf Krankheit und Urlaub entfallen, wie viele auf Fortbildungen und interne Meetings. Das Ergebnis war für viele überraschend, denn allgemein dachte jeder, dass

Das Scoreboard des »Stundenhotels«

ein viel größerer Anteil der täglichen Arbeitszeit wertschöpfend wäre, als dies dann der Fall war. Noch einmal Kathmann: »Das Team wurde über den Produktivstundenreport sehr gut sensibilisiert. Auf einmal sprachen wir in den Pausen darüber, wie der Anteil an Produktivstunden erhöht werden kann.« Es gelang dann tatsächlich, diesen Wert um zehn Prozentpunkte zu erhöhen, was sich pro Monat zu dem stolzen Betrag von mehr als 25 000 Euro addierte.

Das Kanban-Board von Klöppinger Identity

Völlig anders ging die Agentur Klöppinger Identity in Darmstadt an das gleiche Thema heran. Ich zeige hier zwei Spiele zum gleichen Thema aus der gleichen Branche, um zu zeigen, wie viel Kreativität mit Scoreboard-Management freigesetzt wird.

Achtung: Manchmal gerät man in Versuchung, die Spiele anderer Unternehmen einfach »nachzuspielen«. Ich rate davon dringend ab. Gerade die Beschäftigung mit dem Problem, mit dem Ziel des Spieles, mit der geeigneten Kennzahl und dem Scoreboard gehört zu den enorm wichtigen und entscheidenden Lerngewinnen. Die Spiele sind natürlich auch dazu da, um Engpässe aufzulösen und gute Ergebnisse zu erzielen. Fast noch wichtiger sind aber die Bewusstseinsbildung und das Verständnis für die Zusammenhänge im jeweiligen Geschäftsmodell.

Bei Klöppinger war die Problemlage ähnlich wie bei Kaapke: Es ging darum, das Verhältnis der geleisteten Stunden zu denen der abzurechnenden Produktivstunden zu verbessern. So wie in jeder Agentur wurden die Stunden über eine Software erfasst. Am Ende des Projektes wusste man dann, ob und wie profitabel das Projekt war. Im ungünstigen Fall wurden mehr Stunden geleistet, als kalkuliert waren, das

Das Scoreboard – die Röhren zeigen auf einen Blick kalkulierte und tatsächliche Stundenzahl

Das Wochen-Scoreboard

heißt, das Projekt war ein Verlustbringer. Die Software liefert dann zwar eine interessante Information, die aber für das Betriebsergebnis weitgehend wertlos ist, weil man an der Vergangenheit nichts ändern kann. Bei Klöppinger wurde zunächst eine auf den ersten Blick einfache, aber höchst wirkungsvolle Maßnahme eingeführt: Neben das Kanban-Board wurden zwei Röhren installiert. Auf dem Kanban-Board befinden sich alle laufenden Projekte, Jobs und Aufgaben. Auf den Zetteln stehen die konkreten Aufgaben und die dafür kalkulierten Stunden. Nimmt sich jetzt ein Mitarbeiter einen Job vom Board, wirft er in die rechte Röhre für jede kalkulierte Stunde eine entsprechende Anzahl grüner Tischtennisbälle. Nachdem die Aufgabe abgeschlossen ist, wird für jede effektiv gearbeitete Stunde ein orangefarbener Ball in die linke Röhre geworfen. Man sieht nun zu jedem Tageszeitpunkt auf den ersten Blick, ob die Agentur in der Summe im Plus oder im Minus wirtschaftet.

Auf dem Foto sieht man deutlich, dass die Agentur zu diesem Zeitpunkt Geld verliert: Es wurden schon sechs Stunden mehr verbraucht, als man abrechnen kann. Allein diese Information verändert bewusst oder unterbewusst das Verhalten. Auf jeden Fall geht man sorgsamer mit der eigenen Zeit um und eliminiert die typischen Zeitfresser. Doch es geht hier nicht darum, die Kaffeepausen zu verkürzen. Der wahre Sinn liegt in dem, was schon wenige Tage nach der Einführung dieses Messsystems passierte: Die Mitarbeiter sprachen darüber, wie bestimmte Projekte kalkuliert werden und was man sonst noch tun kann, um nachhaltig für ein gutes Verhältnis von Aufwand und Ertrag zu sorgen. Dazu Dirk Klöppinger: »Nach zwei Wochen steckten wir mittendrin in einer sehr spannenden Strategiediskussion.« Genau das ist das ideale Ergebnis: Es werden Zusammenhänge bewusst und in der Folge inhaltliche Diskussionen geführt.

Noch einmal: Wir lösen solche Aufgaben auf spielerische Art nicht, um Menschen zu manipulieren. Wir spielen auch nicht, um die Unternehmensführung zu banalisieren, sondern um sie zu entmystifizieren und um Menschen für Zusammenhänge zu interessieren.

Bei Klöppinger wurde diese besonders kritische Kennzahl unter »Dauerbeobachtung« gestellt. Die Tageswerte wurden auf ein wunderbar aussagekräftiges Wochen-Scoreboard übertragen.

An diesem Beispiel ist wieder ersichtlich, mit welch einfachen Mitteln man die zentralen Erfolgskennzahlen visualisieren und Verhalten steuern kann – etwas, das Exceltabellen nur sehr selten vermögen.

KAPITEL 7

Unternehmertraining für alle

Wenige Menschen können sich vorstellen, dass Leute auf den untersten Ebenen der Hackordnung – etwa Tellerwäscher, Azubis, Fahrer, Servicemitarbeiter – einem Außenstehenden etwas über die aktuelle Cashflow-Situation oder die Gewinnerwartungen für das nächste Quartal erzählen können. Kaum einem dieser Mitarbeiter traut man zu, sich für das Geschäftsmodell und die wichtigsten Kennzahlen zu interessieren, geschweige denn, sie zu verstehen. Wundersame Dinge geschehen, wenn man diese vorgeblichen »Gesetze« ignoriert und das Herrschaftswissen rund um das Geschäftsmodell mit dem ganzen Team teilt.

Zur Einstimmung ein Beispiel vorab: Das Unternehmen Amy's Ice Creams produziert – wie der Name schon sagt – Eiscreme und vertreibt diese unter anderem über 15 eigene Eisdielen in Texas. Fast 70 Prozent der Angestellten sind Saisonkräfte und Teilzeitjobber im Teenageralter. Ausnahmslos alle bekommen regelmäßig Finanztraining. Alle kennen die kritischen Erfolgskennzahlen ihrer Eisdiele und wissen genau, wie sie diese im Arbeitsalltag beeinflussen können. So wie im vorangegangenen Kapitel beschrieben werden diese Kennzahlen in den Eisdielen über Team-Challenges beeinflusst (in den USA hält man sich mit dem Begriff »Mini Game« an die Terminologie von The Great Game of Business). »Bei uns sieht jeder, wie sich das tägliche Handeln auf das Ergebnis auswirkt«, sagt Firmeninhaberin Amy Simmons. »Es ist sonst sehr schwer für einen 16-Jährigen, zu verstehen, welchen Einfluss seine Vier-Stunden-Schicht auf das Ergebnis eines Millionenbudgets hat.«[20]

Die Einführung des Finanztrainings war kein Selbstläufer: »Wir hatten vom ersten Tag an mit Widerständen beim Finanztraining zu kämpfen«, erinnert sich Joe Morris, Produktionsleiter bei Amy's. »Die Leier war bei den Neulingen in jedem Training die gleiche: Geld ist schlecht, Gewinn ist schlecht, Geld ist gleich Gier, oder: Mit Zahlen kann ich sowieso nichts anfangen.« Der eine oder andere ahnt sicher, dass er im eigenen Betrieb ähnliche Kommentare zu hören bekommen wird, wenn er ein Finanztraining ankündigt.

Der Schlüssel für den Erfolg des Finanztrainings lag hier (und überall sonst) im pädagogischen Konzept: Lernen macht Spaß, wenn man erstens den Sinn versteht und wenn man sich zweitens der richtigen Methoden bedient (dazu später mehr). »Durch den Spaß, den wir bei den Spielen haben, lernen unsere Leute, sorgsam mit ihrer Arbeitszeit und den Produkten umzugehen. Und ihnen ist bewusst, welches Finanzwissen sie brauchen, um die Lebensqualität zu leben, die sie sich wünschen«, sagt Amy Simmons. »Wir bringen unseren Leuten bei, dass Geld nicht alles ist, aber dass es uns die Freiheit gibt, die Dinge zu tun, die wir wollen. Wir zeigen ihnen, dass eine Gewinn-und-Verlust-Rechnung nicht viel anders aussieht als ihre Steuererklärung und wie man mit beiden gut klarkommt. Durch das Finanztraining vertrauen sie jetzt auch darauf, eigene Ziele erreichen zu können.« Katy Thompson, Kundenservice-Managerin und Trainerin bei Amy's, fügt hinzu: »Alles drehte sich ab dem Moment, als unsere Leute die Zahlen zu sehen bekamen und begriffen, was sie bedeuten und wie sie sie beeinflussen können.« Neben einer sehr soliden Gewinnsteigerung gab es noch einen weiteren positiven Nebeneffekt: In Austin, wo der Arbeitsmarkt heiß umkämpft ist, hat sich die durchschnittliche Betriebszugehörigkeit mehr als verdoppelt.

Kurz: Wenn man 16-jährige Eisdielenaushilfen für Finanzen begeistern (oder mindestens nachhaltig interessieren) kann, dann klappt das überall.

Die Welt der Finanzsprache

Zur Erinnerung: Wer ein Spiel spielen und gewinnen will, muss die Regeln kennen. Wir sind über die Team-Challenges ins Scoreboard-Management eingestiegen, wie man Fußball spielen lernt: Wir sind aufs Feld gegangen und haben losgelegt. Wir haben etwas gesucht, das getan werden musste, und haben das über Teamspiele gelöst. Wenn wir fest entschlossen sind, es zur Meisterschaft zu bringen, fangen wir an, die Regeln zu lernen. Diese Regeln des Business versteht man nur, wenn man das Geschäftsmodell und die Finanzsprache versteht. Die Finanzsprache ist so etwas wie eine »Weltsprache«; sie gilt dank der konkurrenzlosen globalen Herrschaft der Rechnungslegung überall. Manchmal hat man den Eindruck, die Finanzsprache sei so etwas wie eine Geheimsprache, mit der sich die Welt der Wissenden von der der Unwissenden abgrenzt – in etwa so, wie der Klerus früher die alleinige Deutungshoheit über die in Latein verfassten religiösen Schriften hatte. Wenn alle Mitarbeiter denken und handeln sollen wie Unternehmer, müssen sie die Grundzüge dieser Sprache lernen. Das Ziel ist dabei natürlich nicht, alle zu Oberbuchhaltern auszubilden! Sie sollen aber die Begriffe kennen, die für das Verständnis des Geschäftsmodells und der Erfolgsrechnung wichtig sind. Wenn ihr eure Team-Challenges am Ende hinsichtlich ihrer finanziellen und immateriellen Auswirkungen auswertet, wird schon einiges an Finanzwissen »nebenher« vermittelt. Daneben ist jedoch systematisches Training erforderlich. Für die meisten Leser wird es nun wenig überraschend sein, dass man auch diese Aufgabe spielerisch lösen kann.

Schon in den 90er-Jahren war das Thema »Zahlentransparenz« einer der großen Megatrends. Über das Öffnen der Bücher und das Teilen von Finanzinformationen sollten Mitarbeiter in die Lage versetzt werden, Verständnis für das große Ganze zu entwickeln und intelligentere Entscheidungen zu treffen. Doch auf den großen Durchbruch des Konzeptes Open-Book-Management warten wir noch heute. Woran das liegt, beschrieb Bo Burlingham, der langjährige Chefredakteur von *Inc. Magazine*, bereits im August 1994:

»Es ist unter jüngeren Unternehmen nicht mehr besonders radikal, die Bücher zu öffnen. Als wir auf der Inc.-500-Konferenz fragten, wie viele Unternehmen die Finanzkennzahlen mit ihren Mitarbeitern teilen, hob ungefähr die Hälfte die Hand. Dann fragten wir, in welchen Unternehmen diese Informationen auch von den Mitarbeitern verstanden werden. Nur noch eine Person hob die Hand. All das stützt unsere Überzeugung, dass Führungskräfte zwar einerseits den Glauben an die klassischen Management- und Motivationsmethoden verloren haben, dass sie aber noch nicht herausgefunden haben, wie sie die neuen benutzen sollen.«[21]

Daran scheint sich fast 30 Jahre später noch nicht viel geändert zu haben. 2017 war ich im Rahmen der großen New-Work-Konferenz von XING in einem Workshop. Jemand aus dem Publikum fragte die Spezialisten, ob man denn auch die Bücher öffnen und die Finanzkennzahlen mit allen Mitarbeitern teilen würde. Ich ahnte, was jetzt kommen würde: Ja, das mache man – aber niemand interessiere sich dafür. Kein Wunder. Würde ein chinesisches Wörterbuch auf dem Tisch liegen, würde ich auch nicht hineinschauen (außer in dem unwahrscheinlichen Fall, dass ich einen Liebesbrief aus dem Chinesischen übersetzen wollen würde).

Zu glauben, man müsse nur die Zahlen offenlegen (also den Spielstand veröffentlichen) und sofort würde ein Ruck durchs Unternehmen gehen, ist naiv. Selbst viele Führungskräfte und Unternehmenslenker sind nicht gerade elektrisiert, wenn die Reports aus dem Controlling zu besprechen sind. Viele Unternehmer betreiben eine Art »Finanzmanagement by Kontoauszug«: Solange die Liquidität stimmt, gibt es keinen Grund, sich näher mit Zahlen zu beschäftigen.

Warum Open-Book-Management (OBM) in sehr vielen Unternehmen gescheitert ist, liegt auf der Hand:

- Fehler Nr. 1: Man hat es versäumt, den Mitarbeitern die Finanzsprache beizubringen, bevor man die Bücher öffnete.
- Fehler Nr. 2: Es wird in erster Linie auf Zahlen gestarrt, um Verhalten zu kontrollieren (was niemand wirklich liebt), statt sich darauf zu konzentrieren, die Geschichten hinter den Zahlen zu erzählen. Zahlen erzählen Geschichten über Menschen!
- Fehler Nr. 3: Zahlen werden nicht dazu benutzt, Anerkennung und Wertschätzung zu geben.
- Fehler Nr. 4: Wenn wir Zahlen anschauen, betreiben wir viel zu viel Vergangenheitsbewältigung (»Wie gut waren wir?«), statt uns zu fragen, wie gut wir gemeinsam in den nächsten Wochen oder Monaten sein wollen.

Insgesamt haben wir in unserer Gesellschaft ein eher gebrochenes Verhältnis zu Zahlen. Dies mag teilweise erklären, warum wir uns nicht vorstellen können, dass sich ein Team für Zahlen und Finanzen interessieren könnte. Wer keine Rechtschreibung beherrscht, gilt hierzulande schnell als Idiot – wenn man hingegen das Rechnen hasst, ist das verständlich und normal. Dass Angestellte auf den unteren, ja sogar untersten Hierarchieebenen Begriffe wie Gewinn-und-Verlust-Rechnung (GuV), Cashflow oder Auftragsreichweite lernen können und sich sogar dafür interessieren könnten, ist für viele Chefs unvorstellbar.

Ich erinnere mich noch gut an eine Szene, als ich bei SRC in Springfield ein Seminar zu The Great Game of Business besuchte. Die gut 50 Teilnehmer wurden vier Gruppen zugeordnet. Über zwei Tage traten diese Teams gegeneinander an und konkurrierten um Punkte und Prognosegenauigkeit (bei der Gelegenheit wurde uns auch wieder bewusst, wie schnell sich eine Gruppe in verfeindete Lager teilt, wenn man Menschen gegeneinander ausspielt). Alle Spiele drehten sich um Finanztraining. In einem mussten wir alle Positionen der amerikanischen GuV (Profit and Loss Statement), die auf Moderationskarten geschrieben waren, in die richtige Reihenfolge bringen. In meiner Gruppe trat eine Frau mittleren Alters vor, nahm den Kartenstapel und legte sie in 15 Sekunden in einer Reihe fehlerlos auf den Boden.

Wir hatten das Spiel gewonnen. Bei dieser Frau handelte es sich um eine Fließbandarbeiterin bei SRC. Als Anerkennung dafür, dass sie das gesamte Trainingsprogramm durchlaufen hatte, durfte sie an diesem Seminar teilnehmen, das ansonsten von Unternehmern und Managern aus allen Ecken der USA und Europa besucht wurde. Wir kamen ins Gespräch. Sie berichtete, dass sie und ihr Mann allein 34 000 Dollar Kreditkartenschulden hatten, als sie bei SRC anfing.[22] Durch das Finanztraining und das regelmäßige Besprechen der kritischen Kennzahlen im Team motiviert, nahm sie schnell auch ihre privaten Finanzen unter die Lupe. Sie stellte mit ihrer Familie eine Cashflow-Rechnung auf, die in einen rigorosen Sparplan mündete. Zweimal monatlich wurden gemeinsam mit den Kindern die Familienfinanzen besprochen und eine Prognose für die nächsten Wochen erarbeitet: Welche außerplanmäßigen Zahlungen gab es, welche kostenpflichtigen Schulveranstaltungen standen an, welche Vergnügungen würde man sich gern leisten? Sie erzählte, dass die Familie in zwei Jahren komplett schuldenfrei sein werde. Wer jemals Schulden hatte, kann nachvollziehen, wie viel Freiheit diese Familie zurückgewonnen hat.

Warum alle den Nettogewinn kennen sollten – ein Praxisbericht

Sind Fließbandarbeiter generell zu dumm, um Unternehmensfinanzen zu verstehen? Sind sie zu gleichgültig und uninteressiert? In den USA arbeiten Tausende von Unternehmen nach dem Open-Book-System, und Hunderttausende von »einfachen Arbeitern« und Handlangern können sich dort genauso selbstverständlich über Unternehmensfinanzen unterhalten wie das Management. Man braucht nur zu Zingerman's zu schauen, über das ich bereits im dritten Kapitel erzählte: Dort bekommen auch Aushilfen ein zweistündiges Finanztraining. Ari Weinzweig, einer der Gründer von Zingerman's, erklärt, warum auch die Tellerwäscher verstehen müssen, was operativer Nettogewinn ist, wie er zustande kommt und warum er wichtig für die Unternehmensentwicklung ist:

»Im Jahr 2001 haben wir bei Zingerman's mit Open-Book-Management (OBM) angefangen, das heißt, dass wir routinemäßig die finanziellen Schlüsselgrößen mit allen Mitarbeitern teilen. Das bedeutet auch, dass jeder in unserer Organisation – vom Tellerwäscher über die Buchhalter bis zu den Eigentümern – für das finanzielle Ergebnis verantwortlich ist. Obwohl wir das jetzt seit 20 Jahren machen, stecken wir immer noch in einem Lernprozess, was diesen relativ modernen Ansatz betrifft. Wohl wissend, dass wir noch viel vor uns haben, bin ich überzeugter denn je, dass OBM für uns genau der richtige Weg ist. Ich weiß, dass es nicht normal ist, die Tellerwäscher in irgendetwas einzubeziehen, das mit Buchhaltung zu tun hat. Doch das war die beste Veränderung, die wir jemals eingeführt haben. Hier sind fünf Gründe, warum das eine großartige Idee war:

1. Bessere Ergebnisse

Überall dort, wo wir in unserer Organisation mit offenen Büchern arbeiten, haben wir gute, oft sogar großartige Ergebnisse. Nicht immer so gut, wie wir uns das vorstellen. Die Bücher zu öffnen ist weder die perfekte Maßnahme, noch führt sie allein zur Perfektion. Aber ohne Frage hat OBM dazu geführt, dass wir unsere Leistung überall dort erheblich gesteigert haben, wo wir es effektiv angewendet haben: Umsätze, Margen, Gewinne, Servicequalität, Cashflow, die Qualität unseres Essens, Sauberkeit oder Arbeitssicherheit haben sich deutlich verbessert. Wir haben bald gemerkt, dass sich nicht nur die Finanzkennzahlen verbessert haben, sondern auch unsere Service- und Produktqualität und die Arbeitsmoral.

Wahrscheinlich ist das nichts anderes als gesunder Menschenverstand: Obwohl die Leute an der Spitze sehr gut ausgebildet sind und sich sehr bemühen, sind sie doch unfähig, für jedes Problem eine befriedigende Lösung zu finden. Wir haben die Erfahrung gemacht, dass die Leute an der Front sehr wertvolle Erkenntnisse und Ideen haben. Sie sehen Dinge, die die Leute an der Spitze nicht sehen können – genauso wie wir Dinge sehen, die sie nicht sehen können. Je mehr Menschen wir in die finanziellen Belange des Unternehmens einbeziehen, umso wahrscheinlicher wird es, dass wir den Erfolg haben, den wir wollen. ›Es geht nicht nur darum, zu erfahren, dass wir ein großartiges Jahr gehabt haben; das wissen wir schon. Es macht einfach generell Spaß‹, erzählte mir ein Mitarbeiter, nachdem wir eine Zeit lang OBM betrieben hatten.

2. Es stimmt mit unseren Werten überein

Unsere Leitprinzipien (du würdest wahrscheinlich »Werte« dazu sagen) stammen aus den 90er-Jahren. Fast 70 Mitarbeiter haben damals daran mitgewirkt. Sie »gehören« jedem in unserem Unternehmen; und jeder ist verpflichtet, nach ihnen zu leben. Unsere Prinzipien definieren, worauf wir uns in der täglichen Arbeit miteinander und in unserer Gemeinde verpflichten. Ein Schlüsselelement unserer Prinzipien ist dieses: ›Wir beziehen so viele Menschen wie möglich in die Unternehmensführung ein.‹ Und weiter: ›Dadurch läuft Zingerman's sehr viel effektiver, weil es von jedermanns Fähigkeiten, Kreativität, Erfahrung und Intelligenz profitiert.‹ In unserer Arbeit leben wir dieses Prinzip in jedem Arbeitsbereich. Alle unsere Meetings sind für jedermann offen. Bei Einstellungsgesprächen sind Frontarbeiter dabei. Unsere Personaler kennen sich mit Verkaufsförderung aus. Und unsere Tellerwäscher haben Finanzbildung.

Über OBM habe ich das erste Mal in den 90ern gelesen, als mir das Buch *The Great Game of Business* von Jack Stack und Bo Burlingham in die Hände fiel. Ich halte dieses Buch immer noch für das beste zu dem Thema. Dann las ich Ricardo Semlers *Maverick* und *Open-Book Management* von John Case. Dabei wurde mir schlagartig klar, dass wir bei den meisten unserer Leitprinzipien einen ganz guten Job gemacht, bei den Finanzen aber jämmerlich versagt hatten. Wir hatten ein Bonussystem und Gewinnbeteiligungen, aber wir teilten unsere Finanzinformationen nicht mit unseren Mitarbeitern. Das war zwar gut gemeint, führte aber dazu, dass wir zwischen unseren Leuten und den Finanzen im Weg standen. Wir ließen also unsere Leute im Dunkeln und mussten die Verantwortung für die Finanzen ganz allein schultern. OBM bewirkt genau das Gegenteil. Ein Mitarbeiter drückte es so aus: ›Wenn es mal nicht so gut läuft, überträgt sich der Stress sofort auf alle um uns herum.‹

Um es mal ganz einfach von der moralischen Seite aus zu betrachten: Skandale wie bei Enron oder WorldCom wären in OBM-Unternehmen so gut wie unmöglich gewesen. Denn all diese halbseidenen Schurken, die sich in ihren Büroetagen verstecken, hätten sich kaum vor einer Handvoll gut trainierter Frontmitarbeiter rechtfertigen können. Das Team – vielleicht sogar das Tellerwäscher-Äquivalent im Enron-Universum – hätte einfach zu viele Fragen gestellt. Wenn Topmanager versucht hätten, ihre Schwindeleien wegzureden, hätten rote Lichter geleuchtet. In diesem Sinne glaube ich, dass OBM uns hilft, unsere wichtigsten Werte und Prinzipien zu schützen.

3. Es erzeugt Leistungsbereitschaft

Die Teilnehmer unserer ZingTrain-Seminare fragen uns häufig, wie wir unsere Leute motivieren. Die Antwort lautet stets: Wir motivieren sie nicht – das machen sie selbst. Wir sind nur dafür verantwortlich, ein Umfeld zu schaffen, in dem ihnen das gelingt. Über die Jahre ist es glasklar geworden, dass das nur heißen kann, dass wir Rahmenbedingungen schaffen, unter denen Menschen wahrhaft etwas Positives für sich selbst, ihre Kollegen, die Organisation oder die Gemeinde bewirken können. Mit OBM schaffen wir das. Ganz unabhängig von der Betriebszugehörigkeit, der Position im Organigramm oder dem Gehalt: Wenn du in einem OBM-Unternehmen arbeitest, hast du die Chance, etwas zu bewirken und das Ergebnis täglich zu erleben. Daraus resultiert eine sehr hohe Leistungsbereitschaft. Die Leute sehen, dass sie Teil von etwas Besonderem sind, unabhängig von ihrem Alter, ihrem Titel oder ihrer Berufserfahrung. Die Tellerwäscher werden wirklich mit einbezogen. Es ist ein wunderbarer Anblick, wenn alles gut eingespielt ist. Außerdem ziehen wir durch OBM Leute an, die gern etwas zum Erfolg des Teams beitragen und die lernen wollen, wie das Business funktioniert. Und genau mit solchen Leuten wollen wir arbeiten!

4. Es führt zu besseren Entscheidungen

Das Wesentliche zum Thema Entscheiden lautet: Ohne gute Fakten kannst du keine guten Entscheidungen treffen. Nur sehr wenige Organisationen versorgen ihre Mitarbeiter mit den Informationen, die sie brauchen, um wirklich gute Entscheidungen zu treffen. Meist bekommen sie gerade mal so viel, um einen guten Job zu machen: wie man mit Kunden und Produkten umgeht, wie man auf Beschwerden reagiert oder gute Qualität herstellt.

Qualitativ andere Informationen führen zu einem anderen Stresslevel und dieser führt zu qualitativ anderen Entscheidungen. Die Mitarbeiter an der Front bekommen bei uns häufig Druck von den Gästen wegen unserer hohen Preise. Im schlimmsten Fall pflichten sie den Gästen bei, im weniger schlimmen entschuldigen sie sich dafür. Nichts davon eignet sich für eine vertrauensvolle Stammkundenbeziehung.

Wenn sie alle Informationen haben, die sie brauchen, können sie in solchen Situationen viel eleganter und effektiver reagieren. Ein Mitarbeiter aus der Versandabteilung sagte dazu: ›OBM hat definitiv einen starken Einfluss auf meine tägliche Arbeit. Ich handele anders, weil ich mit anderen Informationen ausgerüstet bin.‹ Eine andere Geschichte aus unserem Cateringteam: Wenn sich früher ein Kunde beschwerte, hat die Mitarbeiterin sofort einen Rabatt angeboten. Seitdem sie die Zahlen kennt und weiß, wie das Geschäft wirklich funktioniert, kennt sie die wahren Kosten von solchen Preisnachlässen. Und sie kann solche Beschwerden jetzt ganz anders glattbügeln: durch eine aufrichtige Entschuldigung, eine Erklärung oder ein kleines Geschenk. Manchmal gibt sie immer noch Preisnachlässe, aber nur noch dann, wenn es wirklich notwendig ist und es keine günstigeren Lösungen gibt.

In einigermaßen ausgelasteten Restaurants glauben die Tellerwäscher, dass dort Millionen verdient werden. Alles, was sie sehen, sind Berge von Geschirr, hohe Preise auf der Speisekarte und relativ geringe Stundenlöhne. In Wahrheit könnte das Restaurant links und rechts Geld verlieren. Aber wenn der Tellerwäscher glaubt, dass das Unternehmen profitabel ist, wird er sich keinerlei Gedanken darüber machen, wie man Kosten einsparen kann. Kennt er aber den Spielstand, wird er sorgfältiger mit allem umgehen und möglicherweise Tausende Dollar übers Jahr einsparen.

5. Es bringt jedem bei – sogar den Tellerwäschern –, wie ein Eigentümer zu denken

In den meisten Unternehmen werden die Leute an der Front andere Entscheidungen in schwierigen Situationen treffen als die Eigentümer – ich glaube, das kann man verallgemeinern. In unserem Unternehmen würde jeder Mitarbeiter ähnliche Entscheidungen treffen wie die Partner. Wie eine Aushilfe einmal sagte: ›Es gibt uns allen das Gefühl, ein Unternehmer zu sein, wenn wir über die Finanzen sprechen.‹ Jeder bei uns hat die entscheidende Fähigkeit, vernünftige Entscheidungen zu treffen, weil wir ihnen die zentralen finanziellen und nichtfinanziellen Kennzahlen und deren Auswirkungen auf den Gewinn beibringen. In einem OBM-Unternehmen kennen die Verkäufer die Kosten dessen, was sie verkaufen. Sie kennen die Gewinnmargen. Ihre Prämien sind daran gekoppelt. Ich bin mir sicher, dass unsere Leute es immer noch hassen, wenn sich die Kunden über unsere Preise beschweren – aber sie sind bestens gerüstet, damit umzugehen. Wie die Eigentümer wissen sie, dass die Kunden jedes Recht haben, die Preise als zu hoch zu empfinden. Sie wissen aber auch, dass unsere Margen relativ dünn sind. Noch ein Zitat von einem neuen Mitarbeiter: ›Jeder hier kennt die Stressoren, nicht nur die Eigentümer.‹ Das bedeutet, dass jeder hier Druck aushalten kann – nicht nur, was die Preise betrifft – und eine serviceorientierte Antwort geben kann. Wir wissen, wie die Finanzen aussehen und dass wir unsere Rechnungen nicht mehr bezahlen können, wenn wir die Preise senken.«[23]

* * *

So weit die Erfahrungen aus dem Unternehmensalltag. Hier in Kurzform noch einmal die wichtigsten Gründe, warum ausnahmslos alle Mitarbeiter das Geschäftsmodell und die Finanzen kennen sollten:

- Alle sprechen die gleiche Sprache.
- Management als »Geheimwissenschaft« wird entmystifiziert.
- Es werden intelligentere Beiträge für Verbesserungen geleistet.
- Es werden automatisch bessere Entscheidungen getroffen, privat wie am Arbeitsplatz.
- Jeder versteht sofort, wie es um das Unternehmen steht – allerdings nur, wenn ein Kommunikationsrhythmus eingehalten wird.
- Das übergeordnete Ziel liegt darin, das Unternehmen unabhängiger, robuster und zukunftsfähiger zu machen sowie das ganze Team angemessen am Erfolg zu beteiligen.

Glaubenssätze und Unternehmenskultur

Wollen wir etwas verändern, müssen wir etwas zurücklassen. Das gilt auch, wenn wir eine neue Form der Organisation schaffen wollen. Denn dann lassen wir alte Regeln, alte Verhaltensweisen, alte Gewohnheiten zurück. Je radikaler wir dabei vorgehen, desto besser. »Radikal« – das klingt nach Aufruhr und Revolution. Das Wort bedeutet aber etwas anderes; es geht auf den lateinischen Begriff »radix«, die Wurzel, zurück. Wenn wir etwas radikal ändern, bedeutet dies: Wir ändern es an der Wurzel, also am Ursprung.

Was ist aber der Ursprung unserer Unternehmenskultur? Die Unternehmenskultur ist nach Gerhard Wohland so etwas wie der »Schatten« der Organisation.[24] Andere beschreiben sie als die Summe aller geschriebenen und ungeschriebenen Gesetze und des daraus folgenden Verhaltens – also mehr oder weniger eine überlieferte Sammlung von Wahrnehmungen, Verhaltensweisen und Geschichten, die täglich fortgeschrieben wird. Eine wichtige Rolle spielt dabei das Verhalten der Führungskräfte. Mitarbeiter beobachten genau, wie sich die tonangebenden Chefs und Chefinnen verhalten: was sie gutheißen, was sie tolerieren und was sie sanktionieren, ob und wie sie reagieren, wenn Absprachen nicht eingehalten werden, ob sie Angst und Schrecken verbreiten, ob sie Vertrauen und Offenheit fördern und welche Werte sie in welcher Konsequenz vorleben. Um als Unternehmenslenker die Kultur an der Wurzel zu verändern, ist es gut, sich zwei Fragen zu stellen:

- Wo liegen die Wurzeln meines oder unseres Verhaltens?
- Was können wir tun, um eingeschliffene Verhaltensweisen zu verändern?

Warum wir uns verhalten, wie wir uns verhalten, hat natürlich eine ganze Reihe von Ursachen. Eine der wichtigsten sind unsere Glaubenssätze, Überzeugungen und Theorien darüber, wie die Welt funktioniert – und die sich daraus ergebenden Werte und Prinzipien.

Was hat das alles mit Finanztraining zu tun? Ganz einfach: Mit Scoreboard-Management kommt es zu einem radikalen Paradigmenwechsel im Unternehmen. Darum ist es wichtig zu schauen, auf welchen mentalen Modellen unsere derzeitige Realität basiert und wie wir sie ändern können.

Wenn wir grundlegende Dinge verändern wollen, ist es sinnvoll, sich zunächst der eigenen förderlichen und hinderlichen Überzeugungen zum Thema bewusst zu werden. Denn um eine grundlegende Veränderung handelt es sich, wenn du SBM in deinem Unternehmen einführen willst: Es stellt nämlich die tradierte Rollenverteilung nach dem Muster »Die da oben denken, die unten handeln« gründlich auf den Kopf. Leute, denen man eigentlich nicht besonders viel zutraut in Fragen der Unternehmensführung, sollen auf einmal Finanzwissen erwerben. Zahlen, die man bisher sorgsam unter dem Deckel gehalten hat, sollen offengelegt werden. Von oben diktierte Ziele sollen abgelöst werden von Zielen, die sich Teams selbst setzen. Mitarbeiter werden nicht mehr wie Kinder behandelt, die man »entwickeln« muss, sondern als das, was sie sind: Erwachsene. Alles in allem wird damit vieles, was wir bewusst oder unbewusst für richtig gehalten haben, auf den Kopf gestellt.

Was sind Überzeugungen? Eine Überzeugung (synonym wird gern das Wort »Glaubenssatz« benutzt) ist eine Gewissheit, bezogen auf einen bestimmten Sachverhalt, also eine innere Haltung, die wir einem Sachverhalt oder einem Ereignis gegenüber einnehmen. Im Grunde sind Überzeugungen so etwas wie Theorien darüber, wie die Welt funktioniert. Jeder Mensch besitzt eine Vorstellung davon, wie die Welt, die Menschen und er selbst funktionieren. Wir sprechen hier auch von »mentalen Modellen«. Diese mentalen Modelle bestimmen unter anderem, was wir für möglich und unmöglich halten. Ein Beispiel: Wenn wir die Erde für eine Scheibe halten, werden wir es tunlichst vermeiden, uns mit unserem Segelboot zu weit vom Ufer zu entfernen – es könnte ja sein, dass wir unversehens dem Rand zu nahe kommen und in den Abgrund stürzen. Glauben wir, dass die Erde rund ist, werden wir uns dagegen unendlich weit weg bewegen, da wir wissen, dass wir entweder auf unbekanntes Land stoßen oder am Ende wieder am Ausgangspunkt ankommen.

Grundsätzlich brauchen wir mentale Modelle, um mit der Komplexität unserer Welt umgehen zu können. Sie geben uns Sicherheit und Orientierung, erleichtern das Leben und beschützen uns vor allzu differenzierter Wahrnehmung, der damit verbundenen geistig-emotionalen Anstrengung sowie vor negativen Handlungsfolgen. Beispielsweise stehen wir morgens beim Bäcker vor einer riesigen Auswahl von Brot- und Brötchensorten. Es gibt Leute, die nehmen einfach das, was ihnen am besten schmeckt. Andere wählen das, was sie für gesund halten. Solche Menschen werden beim Bäcker nicht lange brauchen, um sich zwischen den (bösen) Weizenbrötchen und den (guten) Vollkornbrötchen zu entscheiden. Zuvor haben sie sich davon überzeugen lassen, dass Mehl aus ganzen Körnern gesundheitsförderlicher ist als Mehl aus Körnern ohne Schale und Keimling. Wenn sie glauben (oder zu wissen glauben), dass Vollkornprodukte gesund sind, handeln sie entsprechend. Versucht man nun einem überzeugten Vollkorn-Konsumenten zu erzählen, dass diese Lebensmittel nicht für jeden Menschen wirklich gesund sind, wird man schnell eine Abwehrreaktion ernten. Von nichts trennen wir uns so ungern wie von unseren Überzeugungen und Theorien über die Welt.

Die größte Wirkung auf unser Leben haben Überzeugungen, die wir uns über uns und den Rest der Menschheit gebildet haben. Wenn wir zum Beispiel kollektiven Grusel-Überzeugungen nach dem Muster »Was Hänschen nicht lernt, lernt Hans nimmermehr« Glauben schenken, werden wir kaum auf die Idee kommen, mit über 50 Jahren noch Norwegisch oder Kitesurfen zu lernen. Praktisch jedes Sprichwort ist Ausdruck einer kollektiven Überzeugung, die uns behindert oder befreit – je nachdem.

Viele negative Glaubenssätze haben den Vorteil, dass sie uns gemütlich in unserer Komfortzone belassen und uns vor dem Ausprobieren von Neuem und vor dem Scheitern bewahren. Die wirksamsten Gefängnisse bestehen daher nicht aus Stahl und Beton, sondern aus dem, was wir über uns und die Welt zu wissen glauben.

Ob unsere mentalen Modelle stimmen oder nicht, ist egal – würden wir unser gesamtes Wissen oder Halbwissen permanent überprüfen müssen, kämen wir aus dem Lesen und Diskutieren nicht mehr heraus. Ebenso sieht es aus mit den sogenannten Stereotypen. Sätze nach dem Muster »Frauen sind …«, »Männer sind …« oder »Geflüchtete sind …« gehen immer mit Verallgemeinerungen einher und befreien uns vor der zeitraubenden Verpflichtung, die Welt differenzierter wahrzunehmen.

Mentale Modelle bilden sich zum einen aufgrund eigener Erfahrungen, der sogenannten Referenzerlebnisse. Zum anderen bilden sich mentale Modelle durch bewusst oder unbewusst übernommene Erfahrungen anderer, zum Beispiel aufgrund von Erziehung, durch den Einfluss von Peer-Groups oder durch Medienkonsum.

Referenzerlebnisse werden bewusst oder unterbewusst stets als »Beweis« für die Richtigkeit und Allgemeingültigkeit des eigenen Glaubensmusters herangezogen. Wer einmal von einem Hund gebissen wird, entwickelt die Überzeugung »Alle Hunde sind gefährlich«. Ein oder zwei emotional hoch belastete Kundenkontakte unter Hunderten normalen führen zu der Überzeugung, »die« Kunden seien tendenziell neurotisch, geizig, arrogant usw.

Haben sich Überzeugungen erst einmal verfestigt, werden unsere gesamte Wahrnehmung und unser Lernen von ihnen gesteuert. Wir übernehmen bevorzugt Informationen aus uns genehmen Quellen und blenden aus, was uns nicht gefällt, das heißt: was unseren Theorien oder »Wahrheiten« widerspricht. Die politische Polarisierung in den USA unter Trump ist dafür ein gutes Beispiel: Trump-Fans konsumierten Medien wie den konservativen TV-Sender Fox oder Webdienste wie Breitbart News. Die Trump-Skeptiker lasen bevorzugt die *New York Times* oder die *Washington Post* und schauten den Nachrichtensender CNN. Über Mitteilungsportale wie Twitter oder Facebook ist mittlerweile jeder in der Lage, sich täglich mit Meldungen und Meinungen aus seinen bevorzugten Nachrichtenquellen überspülen zu lassen. Dass sich so die politischen Lager immer weiter polarisierten, ist kein Wunder, zumal Trump selbst mit bestem Beispiel voranging und sich ein eigenes Paralleluniversum an Wahrnehmungen und Überzeugungen gebastelt hatte. »He believes what he believes based on the information he has been provided« (»Er glaubt, was er glaubt, aufgrund von ihm vorliegenden Informationen«), erklärte Sean Spicer, Ex-Pressesprecher von Donald Trump, auf einer Pressekonferenz des Weißen Hauses im Februar 2017 auf die Frage nach der Beweislage für millionenfachen Wahlbetrug durch illegale Immigranten. Diese »vorliegenden Informationen« stammten aus sich selbst verstärkenden Verschwörungstheorien aus Internet-Foren. Man mag das erschreckend finden und darf sich zugleich fragen, aus welchen Quellen das eigene Weltbild stammt.

Sehr viele unserer Werte und Grundwahrheiten über uns und die Welt haben wir übernommen, ohne sie groß zu hinterfragen. Werden wir in Mitteleuropa geboren, nehmen wir mit sehr hoher Wahrscheinlichkeit die Werte und Regeln dieser Kultur an. Werden wir im Mittleren Osten geboren, wird das höchstwahrscheinlich eine von islamischen Werten geprägte Kultur sein. Man könnte auch sagen: Die meisten unserer Weltanschauungen und Überzeugungen beruhen auf Gewohnheit und Gehirnwäsche.

Woher stammen nun unsere Überzeugungen, wenn es um die Unternehmensführung – und damit auch um die Unternehmenskultur – geht? Wie wir führen (und geführt werden wollen), haben wir in mehreren Systemen erlernt. Als Kinder wurden wir von den Eltern (und älteren Geschwistern) »geführt«, in der Schule von den Lehrern, an unserem Arbeitsplatz von den Vorgesetzten. Dabei haben wir uns in Systemen bewegt, die auf Hierarchie, Vorgaben und Kontrollen basieren. Und auf Misstrauen. Wir trauen nicht wirklich der Annahme, dass Kinder ein angeborenes Lernbedürfnis haben. Also müssen wir ein Schulsystem bauen, das auf exakten Lehrplänen und Zwangsinstrumenten wie Hausaufgaben, Klausuren, Noten und Sitzenbleiben basiert. Genauso geht es weiter in den Unternehmen. Bewusst oder unbewusst glauben wir, dass der Mensch sich nur um des eigenen Vorteils willens anstrengt. Also haben wir Unternehmensstrukturen gebaut, die genau wie unsere Schulen auf klaren Vorgaben, Kontrollen und Hierarchien beruhen.[25]

Es gibt Führungskräfte, die glauben, sie könnten die Unternehmenskultur überhaupt nicht ändern. Im Jahr 2018 saß ich mit acht jungen Unternehmern und Unternehmerinnen in Süddeutschland zusammen. Alle hatten entweder gerade die Unternehmensnachfolge angetreten oder sollten dies in Kürze tun. Ihnen war klar, dass sie nur mit einer anderen Unternehmenskultur die drängenden Probleme von morgen würden lösen können – zum Beispiel die Innovationsgeschwindigkeit erhöhen, einen radikal besseren Kundenservice liefern oder erfolgreich um gute Nachwuchskräfte konkurrieren.

Erschreckenderweise fühlte sich die Mehrheit überfordert mit der Aufgabe, die ererbte Kultur zu verändern. Hier besteht dann eine reelle Gefahr einer sich selbst erfüllenden Prophezeiung: Wenn ich nicht daran glaube, die Kultur verändern zu können, besteht eine gewisse Wahrscheinlichkeit, genau das auch zu erleben. Denn wo soll ich die Entschlossenheit und Lernfreude hernehmen, um mich an eine derartige Aufgabe zu wagen? Wenn dazu noch die Überzeugung kommt, es sei allein die Aufgabe der Führung, diesen Wandel zu vollziehen, so sinkt die Chance für eine Veränderung noch weiter.

Fazit: Wir alle sind begrenzt und ermächtigt von dem, was wir über uns selbst und über unsere Welt zu wissen glauben. Ohne Veränderung dieser mentalen Modelle wird die Veränderung im Außen sehr schwer, wenn nicht unmöglich.

Wie kommen wir aber nun zu förderlichen Überzeugungen, was die Veränderbarkeit von Unternehmenskultur angeht? Zunächst einmal ist es immer hilfreich, sich an erfolgreichen Vorbildern zu orientieren. Lesen Sie Bücher, die von Unternehmern geschrieben wurden. Zum Beispiel *Und mittags geh ich heim* von Detlef Lohmann: Er hat ein konventionell geführtes Unternehmen in wenigen Jahren komplett auf eine Kultur von Vertrauen und Selbstorganisation umgestellt. Oder das Buch *Die stille Revolution* von Bodo Janssen über den Kulturwandel in seiner Hotelkette Upstalsboom. Beide Unternehmer beschreiben sehr offen, was sie selbst an ihren Einstellungen und Verhaltensweisen geändert haben, damit dieser Kulturwandel stattfinden konnte.

Um mentale Modell zu verändern, reicht es aber nicht, sich andere »Theorien« anzulesen – sie müssen durch eigenes Erleben gestärkt werden. Das heißt, wir brauchen eigene, kraftvolle Referenzerlebnisse, damit neue mentale Modelle an die Stelle der alten treten können.

Wenn du dich ab und an mit einer negativen Überzeugung erwischen solltest, stelle dir drei einfache Fragen:

1. Was habe ich davon, dass ich das denke? In aller Regel beschützen uns solche Überzeugungen vor Veränderungen und potenziellen Misserfolgen.
2. Woher weiß ich, dass das wahr ist?
3. Könnte das Gegenteil meiner Überzeugung auch wahr sein?

Sobald wir anfangen, die Welt etwas differenzierter zu sehen, also wenn wir aus unserem Schwarz-Weiß-Denken herauskommen, ergeben sich Räume für Veränderung.

Wichtiger als eine Antwort auf die Frage, wie »der Mensch« im Grunde wirklich tickt, ist die Frage, wer und wie wir sein wollen. Der Mensch ist die einzige Spezies, die zur Selbstreflexion fähig ist und die ihr Verhalten grundlegend verändern kann, wenn sie es will. Das Fenster zur Veränderung ist zwar kleiner, als wir manchmal denken, doch es existiert natürlich. Darum lauten die entscheidenden Fragen: Wer und wie will ich sein als Unternehmer oder Führungskraft? Und welche Überzeugungen über mich, meine Mitarbeiter, über meine Unternehmenskultur und die Welt sind förderlich und welche sind hinderlich auf dem Weg in die Veränderung? Haben wir den geistigen Ballast abgeworfen, so sind wir fähig zur Veränderung – und damit hat auch unser Umfeld eine Chance dazu.

Scoreboard-Management, Finanztraining und mentale Modelle

Beim Scoreboard-Management spielen zwei Grundüberzeugungen eine zentrale Rolle: unser Menschenbild und – damit zusammenhängend – unsere Einstellung zu Finanzen und Zahlentransparenz. Sind Menschen prinzipiell dumm, faul und nur am Eigeninteresse interessiert? Diese Frage haben wir bereits beantwortet: Die Antwort lautet »Nein«. Es gibt Menschen, die sich durchaus so verhalten, doch das ist keineswegs ihr festgefügter Wesenskern, sondern eher eine Reaktion auf eine demotivierende Arbeitsumgebung. Menschliches Verhalten ist in hohem Maße kontextabhängig. Jeder weiß aus eigenem Erleben, dass es entscheidend auf das Vorhaben und die damit verbundenen Erwartungen ankommt, ob wir engagiert und motiviert oder desinteressiert und abwehrend reagieren.

Gerade beim Thema Geld und Finanzen gibt es sehr viele destruktive Überzeugungen. Hier eine Auswahl:

- Finanzen sind langweilig und kompliziert.
- Finanzen sind die Aufgabe der Chefs und der Buchhalter.
- Mitarbeiter auf den unteren Hierarchieebenen wollen und können nichts über Finanzen lernen.
- Viel Gewinn (oder Gewinn an sich) ist moralisch schlecht.
- Das letzte Hemd hat keine Taschen.
- Über Geld spricht man nicht.
- Geld allein macht nicht glücklich.

Wenn eine oder mehrere dieser Überzeugungen Teil deines mentalen Modells sind (und/oder wenn du glaubst, dass andere in deiner Organisation so denken), dann halte doch einmal die folgenden Überzeugungen dagegen:

- Jeder Mensch kommt zur Arbeit und möchte dort etwas Ordentliches zum Gesamterfolg beitragen. Das Finanztraining ist dafür eine wertvolle Voraussetzung.
- Finanzen sind interessant oder sogar spannend, wenn man die Geschichten hinter den Zahlen kennt.
- Die große Mehrzahl aller Mitarbeiter möchte mehr Verantwortung tragen und besser informiert werden.
- Wenn wir die Finanzen verstehen, treffen wir bessere Entscheidungen. Diese Entscheidungen machen uns langfristig unabhängig von externen Geldgebern, sie geben uns Handlungsfreiheit und die Möglichkeit, in eine noch erfolgreichere Zukunft zu investieren.
- Gewinn, der mit zufriedenen Kunden erzielt wird, ist gut. Gewinn, der mit hochzufriedenen Kunden erzielt wird und für den kein anderer bezahlen muss (zum Beispiel die Umwelt), ist großartig! Davon kann es im Grunde nicht genug geben.
- Ein dickes Finanzpolster macht uns unabhängig und erweitert unsere Möglichkeiten.

Alles klar? Dann schauen wir uns jetzt an, wie du im Detail beim Finanztraining vorgehen kannst.

Das Wort »Finanztraining« löst bei den meisten Menschen keine Begeisterung aus. Sofort verbinden wir damit das demotivierende und frustrierende Lernen an der Schule: Dort mussten wir uns zu 80 Prozent mit Fragen beschäftigen, die uns nicht einmal ansatzweise interessierten. Zum Lernen an der Schule wurden wir in erster Linie motiviert durch Druck und Angst: vor dem Versagen in Form von schlechten Noten und vor dem »Sitzenbleiben«. Kooperation in Form von Abschreiben war verboten, ebenso die freie Kommunikation mit den Mitschülern. Insgesamt wenig erfreuliche Erlebnisse. Hinter diesem System steht – wie in der Managementlehre – ein eher negatives Menschenbild: Ohne Druck sind Schüler so faul und bequem, dass sie zu wenig lernen und den Anforderungen der Arbeitswelt nicht standhalten.

Neuere Pädagogik hingegen setzt auf diese psychologischen Wahrheiten:

- Jeder Mensch lernt freiwillig und motiviert, wenn er den Sinn begreift und wenn das Lernziel den eigenen Interessen entspricht.
- Lernen und Weiterentwicklung gehören zu den natürlichen Bedürfnissen der Menschen (einfach zu sehen bei kleinen Kindern, die noch nicht in die Schule gehen).
- Lernen »on the job« (also dann, wenn es eine Arbeitsaufgabe erforderlich macht) ist wesentlich effektiver als theoretisches Lernen ohne praktischen Bezug. Denn dann – siehe oben – begreifen wir den Sinn des Lernens.
- Wenn es keinen Bestrafungsdruck gibt und das Lernen mit positiven Emotionen verbunden ist, besteht eine sehr hohe Wahrscheinlichkeit, dass die Lerninhalte im Langzeitgedächtnis abgespeichert werden.
- Wir lernen am wirkungsvollsten, wenn wir anderen Menschen etwas beibringen.

Das bedeutet: Zunächst muss sichergestellt sein, dass alle Mitarbeiter den Sinn des Finanztrainings verstehen und mehr als einen Hauch von Motivation verspüren.

Warum sollen sich Mitarbeiter für Finanztraining interessieren? Ein wesentlicher Grund ist, dass sie es interessant finden, hinter die Kulissen des Unternehmens blicken zu können. Teilweise existieren abenteuerliche Vorstellungen über die Profitabilität – auch hier ist Wissbegier ein starker Motivator. Viele Menschen fühlen sich geehrt, dass man ihnen zutraut, sich mit Dingen zu beschäftigen, die normalerweise der Chefetage vorbehalten sind.

Das Interesse an Finanzen wächst schlagartig, wenn das Team ermuntert wird, eine Wunschliste von Investitionen aufzustellen. In aller Regel sind das Wünsche für eine bessere Ausstattung des Arbeitsplatzes, besseres Werkzeug, bessere Software und so weiter und so fort. Oder man möchte Dinge austauschen, die vielen aufs Gemüt schlagen – etwa neue Sanitär- oder Gemeinschaftsräume. Lässt man das Team dann die Kosten dieser Wunschliste ermitteln, steigt sofort die Motivation, gemeinsam dafür zu sorgen, dass diese Wünsche über höhere Produktivität oder andere gewinnsteigernde Maßnahmen Wirklichkeit werden können. Im gleichen Aufwasch kann man zudem das Konzept der Amortisationszeiten erklären.

Auch das kann ein Motiv sein: Fast alle Menschen haben mittlerweile begriffen, dass die lebenslange Jobgarantie ausgestorben ist und dass es keine automatischen Gehaltserhöhungen mehr gibt. Der Gewinn, aus dem Gehaltserhöhungen finanziert werden können, wird nicht vom Chef erzeugt, sondern von allen gemeinsam, und zwar tagtäglich am Arbeitsplatz.

Für die Finanzbildung sprechen zudem noch diese Gründe:

- Man versteht, wie erfolgreich das Unternehmen wirklich ist, und braucht nicht mehr über die finanzielle Lage zu spekulieren und zu tratschen. Das heißt, der Sinn des Finanztrainings ist das Öffnen der Bücher und das Teilen von Informationen, die vorher »geheim« waren. Diese Transparenz führt zu höherer Gewissheit und Sicherheit.
- Durch das Finanztraining steigt die Qualifikation und das wiederum erhöht die Jobchancen und die Aufstiegsmöglichkeiten. Bei den Open-Book-Pionieren SRC und Zingerman's gab es viele Ausgründungen auf Initiative von Mitarbeitern. SBM kann also auch dazu führen, dass Menschen ihr unternehmerisches Potenzial entdecken und entfalten.
- Man kann mitreden und damit an den emotionalen und an den finanziellen Freuden und Leiden der Unternehmensleistung teilhaben.
- Man kann sich besser an der Erfindung neuer Produkte, Services und Prozesse beteiligen und wird kompetenter.
- Die Ehrfurcht vor den Finanzleuten nimmt ab und das Thema Management wird entmystifiziert.
- Mehr Kompetenz führt zu mehr Freiheit und Verantwortlichkeit am Arbeitsplatz.
- Wer Scoreboard-Management ernst nimmt, beteiligt das Team am gemeinsam erwirtschafteten Gewinn. Die Aussicht auf diese Gewinnbeteiligung ist ein materieller Motivator, sich mit Finanzen zu beschäftigen.

Das Finanztraining führt außerdem zu einer fundamentalen Änderung der alten, künstlich erzeugten Feindschaft zwischen Kapital (Profit) einerseits und Mitarbeitern (Arbeitskosten) andererseits. Es entsteht ein Team, das gemeinsam den Erfolg des Unternehmens steigert.

Kommen wir zum Zeitbedarf: Wie lange dauert es, jemandem die Grundbegriffe der Finanzsprache beizubringen? Weniger lange, als man denken mag – schließlich geht es nicht darum, das gesamte Team zu Buchhaltern auszubilden (wozu man bei der IHK drei Monate braucht). Im Schnitt investieren US-Unternehmen, die Open-Book-Management oder The Great Game of Business einführen, rund acht Stunden in das Vermitteln der Businesssprache, verteilt über einen Zeitraum von mehreren Wochen oder Monaten. Es gibt in dieser Spanne relativ hohe Abweichungen: Bei Zingerman's gibt es, wie bereits erwähnt, ein zweistündiges Finanztraining für jeden neuen Mitarbeiter, auch für Aushilfen. Die Vertiefung geschieht dort in den wöchentlichen Huddles des Scoreboard-Managements, wenn die Kennzahlen besprochen werden (mehr dazu im nächsten Kapitel). Bei SRC, dem Erfinder von The Great Game of Business und Pionier in Sachen Open-Book-Management, ist das Finanztraining siebenstufig und dauert insgesamt mehrere Tage, verteilt über zwei Jahre. Bei SRC ist der Anspruch der Geschäftsleitung bezüglich der Finanzbildung des Teams allerdings auch sehr hoch: Dort können auch die Reinigungskräfte eine komplizierte Kennzahl wie die Lagerumschlagsgeschwindigkeit erklären.

Erfolgreiche Team-Challenges sind der beste Einstieg ins Finanztraining, denn sie geben Antwort auf die für alle interessante Frage: Was hat unsere Challenge »gebracht«, wie erfolgreich waren wir? Dabei sind die immateriellen Erträge mindestens genauso wichtig, manchmal sogar wesentlich wichtiger als die materiellen. Denn das Team hat gelernt, dass es gemeinsam auch schwierige Aufgaben meistern kann, wenn es sich konzentriert und die Ergebnisse regelmäßig nachhält. Nach jeder Challenge wird darum auf mehreren Ebenen Bilanz gezogen:

- Was hat die Challenge an finanziellem Ertrag gebracht?
- Was waren unsere wichtigsten Lerngewinne (= geistige Erträge)? Hat sich ein neuer Prozess etabliert? Haben wir neue Talente bei

uns oder anderen entdeckt? Wie wollen wir künftig das erreichte Niveau halten?
- Was hat die Team-Challenge für Teamspirit und Motivation getan (= emotionale Erträge)?

Jede Team-Challenge muss früher oder später eine Auswirkung auf das Ergebnis haben, auch wenn nicht direkt auf eine Finanzkennzahl gespielt wird. Ist das Ergebnis der Challenge beispielsweise mit höherer Kundenzufriedenheit verbunden, kann man eine Trainingseinheit zum Thema »Was ist ein Kunde wert?« machen. Ist die Challenge indirekt mit höherer Arbeitsproduktivität verbunden, kann man dazu eine Trainingseinheit machen. Auf jeden Fall muss es eine Trainingseinheit zum Thema »Kosten der Arbeitsstunde« geben, denn dieses Wissen braucht man bei jeder Auswertung. Dabei werden die Kosten der tatsächlich geleisteten produktiven Arbeitsstunden berechnet, das heißt die Anzahl der bezahlten Arbeitsstunden zuzüglich aller Arbeitgeberbeiträge und sonstigen Vergünstigungen abzüglich Krankheit, Urlaub, Feiertage, Fortbildungen und interne Informationsveranstaltungen. Rechnet man auch noch die sogenannten »Overheads« mit ein – das sind Raumkosten, IT, Büromaterial und sonstige Kosten –, landet man bei den Vollkosten pro Arbeitsstunde.[26]

Formate für das Finanztraining

Rein theoretisch kann das Finanztraining ausschließlich über die Auswertung von Teamspielen geschehen, denn zwangsläufig begegnet man dort im Laufe der Zeit dem ganzen Universum von Finanzbegriffen und kritischen Kennzahlen. Im Sinne der Durchdringung und der Zeitersparnis geht jedoch an formellem Training irgendwann kein Weg vorbei.

1 Dazu braucht es natürlich einen Plan. Zunächst muss das Geschäftsmodell erklärt werden: Wie verdienen wir Geld – und wie verlieren wir es? Welche Bedingungen müssen erfüllt sein, damit wir topzufriedene Kunden bekommen? Wie gewinnen und verlieren wir Kunden und welche Auswirkungen hat das in unserem Geschäftsmodell? Bei dieser Gelegenheit werden Begriffe wie fixe und variable Kosten, Ge- wichtige Begriffe

meinkosten, Deckungsbeitrag und Break-even erklärt. Weiter braucht ihr eine Übersicht aller Begriffe und Kennzahlen, die im jeweiligen Geschäftsmodell wichtig sind. Eine Bank wird beispielsweise andere Erfolgskennzahlen haben als ein Handwerksbetrieb oder ein Einzelhändler. Finanzbegriffe, die unabhängig vom Geschäftsmodell jeder kennen sollte, sind zum Beispiel: Bilanz, Cashflow, Gewinn-und-Verlust-Rechnung, Abschreibungen, Rückstellungen, Netto- bzw. Bruttoumsatz, unterschiedliche Gewinndefinitionen, Unterschied zwischen Aufwand und Kosten bzw. Umsatz und Ertrag.

Alle diese Definitionen und Erklärungen gehören in ein Wörterbuch, das für alle zugänglich sein muss (das Wörterbuch ersetzt aber natürlich kein Finanztraining!). Da für ein und denselben Begriff sehr unterschiedliche Definitionen existieren, braucht es ein Dokument, in dem festgelegt ist, was man in diesem Unternehmen damit meint. Am besten in einer Sprache, die jeder versteht. Verständlichkeit geht vor buchhalterischer oder steuerrechtlicher Akkuratesse. Gerade diese macht die Begriffe so unverständlich und abschreckend. In den Worten von Ron Maurer, Finanzchef bei Zingerman's: »Buchhaltung ist einfach – wir machen es leider künstlich schwierig, indem wir eine große Begriffsverwirrung schaffen.«

Zuerst wird das Finanztraining für alle in typischer Seminarform in Kleingruppen unterrichtet, am besten in kurzen Einheiten von 15 bis 20 Minuten. Man kann es natürlich auch über Online-Tutorials machen[27]; aber das Lernen in der Gruppe macht mehr Spaß (was wiederum den Lernerfolg erhöht), als wenn man allein vor dem Bildschirm sitzt. In Unternehmen mit geringer Fluktuation kann es ein Mentoring-Programm geben, bei dem erfahrene Mitarbeiter das Finanzwissen an die Neuen weitergeben. Da man beim Lehren bekanntlich selbst am meisten lernt, sind solche Mentoringprogramme eine prima Gelegenheit, das Wissen im Team zu vertiefen.

Das Finanztraining benötigt ein eigenes Scoreboard. Dazu werden zuvor die Lernziele und Lerneinheiten definiert. Dann wird in einer Matrix erfasst, welcher Mitarbeiter welches Wissen bereits erworben hat und wer schon in der Lage ist, andere zu unterrichten.

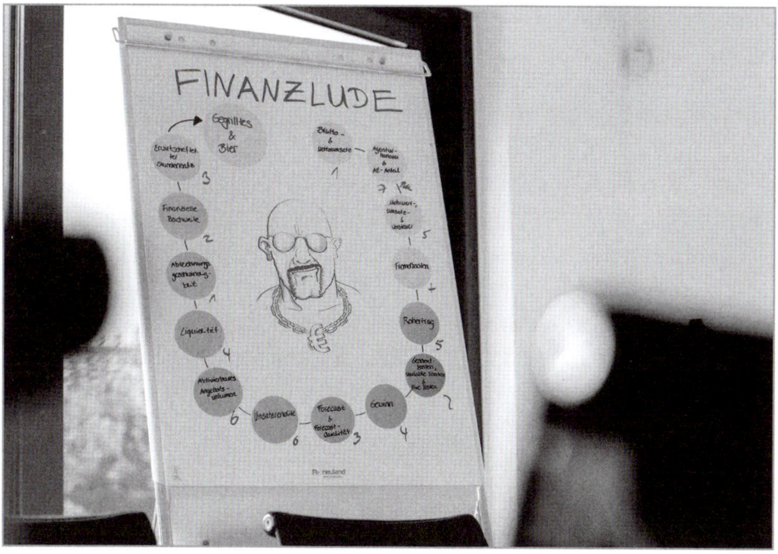

Kennzahlenübersicht und Scoreboard für das Finanztraining bei Kaapke

Hier noch ein Beispiel von Kaapke: Das erste Finanztraining hatte ein gelernter Betriebswirt geleitet. Danach beschloss die Gruppe, dass es mehr Spaß machen würde, wenn auch die Kreativen ihre Ideen mit einfließen lassen würden. Damit war das Spiel »Finanzlude« geboren. Insgesamt wurden 14 Begriffe ausgewählt, darunter allgemein wichtige wie Brutto- und Nettoumsatz oder Umsatzsteuer und agenturspezifische wie Agenturhonorar und AE-Anteil oder aktivierbares Angebotsvolumen. Kleine Teams aus zwei bis drei Leuten suchten sich die Begriffe aus, die sie den anderen erklären wollten. Dann wurde es wild: Einige Teams erstellten Erklärfilme, andere machten klassische Präsentationen, wieder andere komponierten Songs. Das hat natürlich mit dem, was wir typischerweise unter »Finanztraining« verstehen, ziemlich wenig zu tun. Eine effektivere Form des Lernens ist aber kaum vorstellbar. Man braucht keinen Finanzexperten, um das Konzept der Abschreibung zu erklären. Heißt: Auch Laien können den Job übernehmen. Man muss ihnen manchmal ein wenig Mut machen und es ihnen zutrauen.

Euer Finanztraining könnt ihr beispielsweise so organisieren und unterstützen:

- Bei jedem großen Huddle wird eine Finanzkennzahl erklärt. Man beginnt mit der Erfolgszahl und den KPIs, die nach und nach auf das große Scoreboard kommen (mehr dazu im folgenden Kapitel).
- Es findet sich (wie immer freiwillig!) ein Finanztrainingsteam. Darin sind alle Mitarbeiter vertreten, die Freude daran haben, anderen etwas beizubringen. Am Anfang werden das typischerweise die Führungskräfte oder Mitarbeiter aus dem Rechnungswesen machen. Diese dürfen aber keinesfalls in die Buchhaltersprache verfallen. Später kann das im Grunde jeder übernehmen (siehe oben das Beispiel Kaapke).
- Eine pädagogisch hochwirksame Lösung sieht so aus: Alle zu definierenden und zu lernenden Finanzbegriffe kommen auf kleine Zettel in einen Topf. Es sollten so viele Zettel wie Mitarbeiter sein, das heißt: Begriffe werden mehrmals aufgeschrieben, sodass sich Teams bilden können. Jeder Mitarbeiter zieht einen Zettel mit einem Finanzbegriff und ist dafür verantwortlich, den anderen diesen Begriff zu erklären. Alternativ können alle Begriffe auf ein Flipchart geschrieben werden, und kleine Teams wählen die Begriffe, die sie den anderen erklären und vorstellen wollen.
- Es gibt wöchentlich oder monatlich eine kurze (!) Lerneinheit für alle.
- Die Definitionen für wichtige Kennzahlen kommen auf große Schilder und werden in den Arbeitsräumen aufgehängt.
- Es gibt eine Übersicht über das gesamte Curriculum: Welche Finanzbegriffe muss jeder Mitarbeiter kennen und welche KPIs sind zentral in unserem Geschäftsmodell?

Lernen lebt – abgesehen von der Motivation – vor allem von Wiederholungen! Finanzbegriffe müssen immer und immer wieder erklärt werden, bis sie sich in unser Bewusstsein eingegraben haben. Und: Jeder Mensch lernt freiwillig und motiviert, wenn er den Sinn begreift und wenn das Lernziel den eigenen Interessen entspricht.

Erfahrungen aus den USA zeigen, dass es bis zu drei Jahre dauert, bis die gesamte Organisation die Finanzsprache spricht und ausnahmslos alle Mitarbeiter bessere Entscheidungen treffen. Der Lernzyklus verläuft typischerweise so:

- bis zu 6 Monate für die Bewusstseinsbildung
- bis zu 12 Monate zur Veröffentlichung der Zahlen und der ersten Gehversuche im Finanztraining
- bis zu 36 Monate für die Verankerung im gesamten Unternehmen

Auf einem Treffen der GGOB-Community sprach ich mit einer Unternehmerin, deren Betrieb mehrfach ausgezeichnet worden ist. Dort hatte man acht (!) Jahre gebraucht, bis das System voll etabliert war – ganz einfach, weil man zu halbherzig an die Sache herangegangen war und sie zwischendurch jahrelang hat schleifen lassen. Es gibt auch Unternehmen, die es schon innerhalb eines Jahres geschafft haben, das gesamte Team einzubinden. Es kommt wie immer darauf an, wie konsequent man die Sache angeht.

Bei Amy's Ice Creams (siehe den Anfang dieses Kapitels) hat man das Finanztraining über die Jahre nahezu perfektioniert. Es wurden eigens zwei studierte Theaterwissenschaftler eingestellt, um es dramaturgisch spannend zu gestalten. Hier ist deren 7-Schritte-Programm zur Finanzbildung:

Schritt 1: Bestimme den Bedarf

Für jeden Bereich (Finanzen, Kunden- und Mitarbeiterzufriedenheit, Marketing) werden die kritischen Erfolgsfaktoren definiert. Diese bilden die Basis des Finanztrainings, damit alle verstehen, auf welchen Erfolgsfaktoren das Geschäftsmodell basiert.

Schritt 2: Analysiere das Team

In diesem Schritt geht es um vier Aspekte: Erfahrung, Know-how, Kultur und Methodenwahl. Zunächst zur Erfahrung: Wie vertraut sind die Mitarbeiter schon mit dem Geschäftsmodell? Eine Faustregel lautet: 25 Prozent kennen es gut, 50 Prozent mittelmäßig, 25 Prozent gar nicht. Wenn sich das Training an den unteren 25 Prozent orientiert, versteht es jeder. Danach geht es um das Know-how: Was wird bisher getan, um das Team zu trainieren und zu schulen? Gibt es dort etwas

→

zu verbessern? Dann zur Kultur: Wenn die Strategie bestimmt, wohin ein Unternehmen gehen will, bestimmt die Kultur, ob und wie schnell es dorthin kommt. Mach dir Gedanken darüber, wie deine Kultur auf das Vorhaben »Finanztraining« reagieren wird und was nötig ist, um das zu verbessern. Schließlich kommen wir zur Motivation: Bei Amy's glaubt man, dass Motivation sich aus Sinn, Selbstbestimmung und Können speist. Fragen, die man sich in diesem Zusammenhang stellen sollte, sind diese:

- Wissen die Leute, wozu das Finanztraining da ist?
- Waren vorangegangene Trainingserfahrungen positiv?
- Glauben alle (also Management und Team), dass das vermittelte Wissen wichtig ist?
- Hat jemand nach dem Training gefragt?
- Welche Haltung besteht gegenüber dem Thema »Coaching«?

Schritt 3: Mach einen Entwurf

Durch das Finanztraining sollen alle die Zahlen verstehen, mit denen wir die wirtschaftliche Performance des Unternehmens messen. Diese Informationen werden im Rahmen der sogenannten Huddles geteilt (mehr dazu im nächsten Kapitel) – und sie bestimmen die Inhalte des Finanztrainings.

Schritt 4: Wähle die richtigen Methoden

Wissen lässt sich mit einer ganzen Reihe von Methoden vermitteln: mit Apps, Audiobüchern, Spielen (zum Beispiel Kahoot), klassischem Frontalunterricht, über Rollenspiele, Ted-Talks, Videos, Diskussionen, Cartoons, Podcasts und viele andere.

Schritt 5: Bring Freude und Spaß ins Training

Wenn den Verantwortlichen die Ideen ausgehen, ist es immer eine gute Idee, das Team zu befragen, wie es interessanter werden könnte.

Schritt 6: Führe das Training durch

Und wenn du es durchgeführt hast, frag die Beteiligten:

- Was hast du gelernt?
- Welcher Teil des Trainings war unverständlich oder verwirrend?
- Was war am interessantesten?
- Was wirst du aufgrund des Trainings in Zukunft anders machen?
- Hat der Trainer die Gruppe gut gefördert?
- Kannst du anwenden, was du gelernt hast?

- Gab es einen guten Kontakt untereinander und zum Trainer?
- Wie kann der Kurs verbessert werden?

Schritt 7: Bewerte das Training selbst

Nach dem Feedback der Gruppe frage dich, was du beim nächsten Training anders machen willst.

Übungen zum Thema Finanzen

Unsere Überzeugungen zum Thema Geld

Wie oben bereits ausführlich dargelegt, ist es für eine erfolgreiche Transformation wichtig, sich die kollektiven Überzeugungen zum Thema Geld und Finanzen bewusst zu machen. Dazu eine einfache Übung.

- **Lernziel:** Die Teilnehmer sollen sich ihrer eigenen (meist negativen) Haltung zum Thema Finanzen bewusst werden und in die Lage versetzt werden, diese gegebenenfalls zu verändern.
- **Hilfsmittel:** ein Flipchart oder Moderationskarten mit Pinnwand oder große Post-its, die man an eine Wand kleben kann, sowie dicke Filzstifte.
- **Teilnehmer:** alle, die im Unternehmen bereits an Teamspielen teilgenommen haben, und alle Interessierten.
- **Ablauf:** Jeder Teilnehmer wird gebeten, Überzeugungen, Sprichwörter oder Zitate zum Thema Geld und Finanzen auf die Karten oder die Post-its zu schreiben.

Danach sucht der Moderator eine besonders kraftvolle negative Überzeugung aus und stellt den Teilnehmern folgende Fragen:

- Von wem habe ich diese Überzeugung übernommen?
  (Hier werden meist Eltern und andere Vorbilder oder auch die Medien genannt.)
- Was habe ich davon, wenn ich das glaube?
- Was kostet es mich, wenn ich daran glaube?

Wir verfügen über einen unendlichen Schatz solcher und ähnlicher Überzeugungen, um uns das Leben leichter zu machen. Sehr häufig beschützen uns diese Glaubenssätze davor, uns genauer mit etwas auseinandersetzen oder unangenehme Erfahrungen machen zu müssen.

Nehmen wir zum Beispiel das Sprichwort »Das letzte Hemd hat keine Taschen«. Was habe ich davon, wenn ich daran glaube und entsprechend handele? Ich kann mein Geld für Urlaub und alle möglichen Konsumgüter ausgeben, ohne mir über die Zukunft Gedanken zu machen und ohne sparen zu müssen (was ja meist Verzicht bedeutet). Generell sind Überzeugungen dazu da, uns vor unangenehmen Dingen zu beschützen und uns in unserer Komfortzone zu belassen. Schauen wir uns nun die Kosten der Überzeugung »Das letzte Hemd hat keine Taschen« an: Wenn ich zu wenig spare und zu wenig für die Vermögensbildung tue, werde ich in Notlagen abhängig von Banken, muss im schlimmsten Fall persönlichen Konkurs anmelden, kann mir keine großen Wünsche erfüllen und bin später von Altersarmut bedroht.

Ein anderes Beispiel: »Finanzen sind langweilig.« Der Vorteil dieser Überzeugung: Ich brauche mich nicht damit zu beschäftigen. Die Kosten: Ich bleibe finanziell unmündig, kann in der Firma nicht mitreden und lasse andere über mein Schicksal entscheiden. Wenn ich meine: »Der Hausmeister ist zu beschränkt, um sich für Finanzen zu interessieren und etwas darüber zu lernen«, habe ich den Vorteil der Bequemlichkeit, ihm nichts beibringen zu müssen und an meinem eigenen fabelhaften Überlegenheitsgefühl festhalten zu können. Das aber ist verbunden mit den Kosten: »Der Hausmeister (und mit ihm sehr viele andere Kollegen) behält seine großartigen Verbesserungsideen weiter für sich selbst, und er hat auch künftig keinen Anlass, auf Verschwendung hinzuweisen.«

Der *Abschluss* solcher Trainingseinheiten: In Variante 1 sagt jeder Teilnehmer, was er persönlich aus der Lernsequenz mitgenommen hat. Variante 2 besteht aus einem Ein-Wort-Feedback, bei dem jeder Teilnehmer mit einem Wort sagt, was er über die Sequenz denkt.

Übung zum Thema »Gewinn«

- **Lernziel:** Die Teilnehmer lernen, warum Gewinn gut ist und wofür er verwendet wird.
- **Hilfsmittel:** Flipchart oder Moderationskarten / Pinnwand oder große Post-its, die man an eine Wand kleben kann, dicke Filzstifte.
- **Teilnehmer:** alle, die im Unternehmen bereits an Team-Challenges teilgenommenen haben, und alle Interessierten.
- **Ablauf:** Der Moderator schreibt eine einfache Definition für operativen Gewinn auf ein Flipchart. Dann stellt er die Frage: »Was unterscheidet guten Gewinn von schlechtem Gewinn?« Die Teilnehmer haben nun fünf bis zehn Minuten Zeit, um sich in Zweierteams Gedanken zu dem Thema zu machen und anschließend ihre Ergebnisse in der Runde bekannt zu geben.

Antworten können sein: Schlechte Gewinne sind alle diejenigen, die auf Kosten des Kundennutzens und /oder der Umwelt erzielt werden (zum Beispiel durch minderwertige Produkte, falsche Versprechungen, Ausnutzen der Machtposition). Sammelt konkrete Beispiele: schlechte Urlaubshotels, überhöhte Gebühren fürs Parken am Flughafen, WLAN-Gebühren im Ausland, Billigfleisch, das auf Kosten der Tiere und der Umwelt erzeugt wird, usw. Gute Gewinne sind alle diejenigen, denen ein hoher Kundennutzen gegenübersteht, und zwar bei geringstmöglicher Umweltbelastung.

Anschließend stellt der Moderator eine weitere Frage: »Was geschieht mit dem Gewinn in unserem Unternehmen?« Die Standardantwort lautet erfahrungsgemäß: Den steckt sich der Chef in die Tasche.

Der Moderator bittet die Teilnehmer, mit einem neuen Gesprächspartner fünf Minuten lang zu überlegen, wozu Gewinn noch verwendet wird (außer in der Tasche des Chefs bzw. der Chefin zu landen). Dann werden die Ergebnisse auf dem Flipchart zusammengetragen.

Antworten können lauten: Gewinn muss versteuert werden und trägt dazu bei, dass unser Staat funktioniert; Kredite werden getilgt; es erfolgen Investitionen in bessere Maschinen oder Arbeitsbedingungen; es wird in neue Produkte und Dienstleistungen investiert; Weiterbildungen werden daraus finanziert; die Sicherheitsrücklage (wie lange soll das Unternehmen in einer Krise überlebensfähig sein?) wird aufgestockt; es gibt Ausschüttungen an Anteilseigner und Mitarbeiter. Bei dieser Gelegenheit kann man die Investitionswunschliste abfragen. Erfahrungsgemäß überschlagen sich die Teilnehmer bei dieser Frage mit guten Ideen.

Übung »Gewinnschätzung«

- **Hilfsmittel:** Als Vorbereitung braucht man eine Deckungsbeitrags- oder Vollkostenrechnung für einen typischen Auftrag bzw. ein typisches Projekt sowie Spielgeld, Post-its und Stifte.
- **Ablauf:** Je nach Teilnehmerzahl werden drei Gruppen oder mehr gebildet. Jede Gruppe bekommt Spielgeld in Höhe der Auftragssumme. Es soll dann geschätzt werden, wie viel Gewinn übrig bleibt, das heißt, es wird überlegt, welche Arten von Kosten abgezogen werden müssen und wie hoch diese sind. Dazu wird für jede Kostenart ein Haufen mit Geldscheinen gebildet und ein Post-it mit Kostenart und dem geschätzten Betrag darangeheftet. Diejenige Gruppe gewinnt, die die beste Schätzung abgegeben hat. Am Ende wird natürlich die Rechnung offengelegt und die einzelnen Positionen werden erklärt. Begriffe wie fixe und variable Kosten oder Deckungsbeitrag können erklärt werden. Wichtig: Nehmt Geldscheine! Es ist ein komplett anderer Ablauf, als wenn Leute Zahlenkolonnen auf Papier notieren.

Übung »Bilanz«

Besonders gut sind Trainingseinheiten, in denen das Team auch etwas für die privaten Finanzen lernt. Dazu eignet sich auch das Konzept der Bilanz, denn es lässt sich sehr einfach auf die private Situation übertragen. Die Bilanz ist eine Momentaufnahme vom Vermögen des Unternehmens. Sie zeigt uns, was wir an einem bestimmten Stichtag haben, was wir anderen schulden und was wir wirklich besitzen.

- **Ablauf:** Jeder Teilnehmer erstellt eine zweispaltige Tabelle und schreibt links auf die Aktivseite alle seine privaten Vermögensgegenstände zum aktuellen Zeitwert (Immobilie, Cash, Geldanlagen, Auto, Schmuck, Einrichtungsgegenstände, Rückkaufswerte von Lebensversicherungen, verliehenes Geld ...), auf die Passivseite die Kreditverpflichtungen, Überziehungskredite, Kreditkartenschulden. Die Differenz aus Aktiva und Passiva ergibt das Nettovermögen.

Danach schätzen die Teilnehmer in einem zweiten Schritt die Bilanzposten für das Unternehmen. Hier kann man Begriffe wie Anlage- und Umlaufvermögen, Fremd- und Eigenkapital erklären. Am Ende schaut man sich die Bilanz des Vorjahres an.

Für Fortgeschrittene kann man darüber hinaus erklären, wie man über Bewertungen, Sonderabschreibungen und Rückstellungen die Bilanz verändern oder manipulieren kann. Zum Unterhaltungswert tragen Geschichten über große Finanzskandale bei.

Übung »Cashflow«

- **Einleitung:** Zunächst wird der Begriff des Cashflows erklärt und allen bewusst gemacht, dass das Überleben des Unternehmens von seiner Zahlungsfähigkeit abhängt.
- **Ablauf:** Jeder Teilnehmer erstellt dann einen Cashflow-Jahresplan für seine privaten Finanzen, also eine komplette Übersicht aller festen Zahlungsverpflichtungen (Kreditverpflichtungen, Versicherungen, Miete, Automobilkosten ...) und Einnahmen (Nettogehalt, Kindergeld, Unterhalt ...). Aus dem Überschuss werden Budgets für die variablen Kosten sowie gegebenenfalls für größere Anschaffungen und Ersparnis aufgestellt. In diesem Zusammenhang kann man auch das Konzept der Abschreibung erklären.

Danach sammeln die Teilnehmer zahlungswirksame Kosten- und Einnahmearten für das Unternehmen. Ein Überblick über die Fixkosten, die variablen Kosten und die Einnahmequellen wird erarbeitet. Der Unterschied zwischen Aufwand und Kosten wird erklärt. Im Anschluss wird ein typischer Cashflow auf Monatsbasis vorgestellt.

Umgang mit Verweigerern

Und was macht man mit denen, die nicht mitmachen? Das ist eine Frage, die sich nicht nur beim Thema Finanztraining und Scoreboard-Management stellt, sondern auch bei vielen anderen Gelegenheiten. Hier sei noch einmal darauf hingewiesen, dass Verhalten in hohem Maße kontextabhängig ist. Aus diesem Grund arbeiten wir zunächst an den Rahmenbedingungen und bauen darauf, dass sich dadurch automatisch Verhaltensänderungen einstellen.

Insbesondere in Konzernen schiebt man die Wettbewerbsprobleme und das innovationsfeindliche Klima gern auf die »veränderungsresistente« Belegschaft. Mit diesem Mythos hat Gary Hamel, Professor an der London School of Economics und international gefragter Strategieguru, gründlich aufgeräumt. 1990 läuteten Hamel und C.K. Prahalad mit ihrem Aufsatz »The Core Competence of the Corporation« die Totenglocke des Diversifikationszeitalters. In den Folgejahren hat Hamel sich hauptsächlich mit Innovationsmanagement beschäftigt und ist zu diesem Ergebnis gelangt: Um die dringenden strategischen Probleme zu lösen, muss zuerst das Thema Unternehmenskultur angegangen werden – und zwar radikal. Denn nur so kann der Innovationsgeist gedeihen, den Unternehmen brauchen, um im globalen Wettbewerb zu bestehen. Einer der größten Irrtümer unter Managern und Beratern liegt laut Hamel darin, dass sie Menschen für wenig veränderungsbereit und für widerstandsfähig gegen jede Art von Innovation hielten. Das sei grundlegend falsch; Menschen seien sehr wohl veränderungsbereit. Statistisch gesehen habe praktisch jeder US-Amerikaner im erwerbsfähigen Alter in den letzten drei Jahren eine Veränderung durchlebt: Er sei in eine andere Stadt gezogen, habe den Job und/oder den Lebenspartner gewechselt, freiwillig an einer Fortbildung teilgenommen, ein neues Hobby oder einen neuen Urlaubsort ausprobiert oder er sei – der ultimative Beweis der Flexibilität – von Windows auf iOS gewechselt. Weiter schlummere in der großen Mehrheit der Menschen der Wunsch, sich kreativ auszudrücken. Dies zeigt sich, so Hamel, beispielsweise an den in die Hunderttausende gehenden Beiträgen auf den Fanfiction-Portalen, der Schwemme von Videos auf YouTube sowie an den unzähligen Beiträgen auf Facebook, Instagram oder Flickr. An die Million geht die Anzahl der Projekte, die auf Crowdfunding-Plattformen wie Kickstarter.com eingestellt wurden. Hamels Fazit: Menschen ändern sich sehr wohl – Organisationen tendenziell nicht.

Die Motivationspsychologie lehrt uns allerdings, dass es durchaus individuelle Unterschiede in der Veränderungsbereitschaft und Experimentierfreude gibt. In jedem Menschen schlummert ein grundlegender Konflikt zwischen zwei Bedürfnissen: dem nach Sicherheit und dem nach Stimulanz. Hans-Georg Häusel spricht von »limbischen Instruktionen«. Evolutionär gesehen hat uns die eine vor zu großen Risiken beschützt, während uns die andere zu Entdeckern, Forschern und Innovatoren gemacht hat. Jeder Mensch hat ein individuell ausgeprägtes Bedürfnis nach Stimulanz und Sicherheit. Es gibt wahre Stimulanzjunkies, die sich auf alles Neue stürzen und sehr schnell gelangweilt sind. Doch auch die haben natürlich ein Sicherheitsbedürfnis: Bungee-Jumping ja – aber bevorzugt, wenn der Veranstalter ein TÜV-Siegel hat. Und dann gibt es die eher Sicherheitsorientierten, die sich im Vertrauten wohlfühlen und weniger Freude daran haben, ständig nach einem neuen Kick zu suchen. Auch diese probieren gern Neues aus, sie gehen allerdings nicht gern Risiken dabei ein. Beide Neigungen – die zu Stimulanz und die nach Sicherheit – sind in ihrer Ausprägung mehr oder weniger angeboren. Sie können natürlich verändert werden, wenn man es tatsächlich will; gegen den eigenen Willen sind sie von außen nicht beeinflussbar. Tendenziell steigt das Sicherheitsbedürfnis und sinkt die Stimulanzinstruktion im Alter.[28] Das ist der Grund, warum bei den TV-Sendern in erster Linie die Einschaltquoten der 20- bis 50-Jährigen zählen: Die Werber wissen, dass diese Altersgruppe am ehesten bereit ist, neue Konsumgüter auszuprobieren.

Noch eine dritte Instruktion ist uns evolutionär in die Wiege gelegt: das Streben nach Macht und Dominanz. Menschen mit ausgeprägtem Dominanzbedürfnis sind sofort motiviert, wenn im Gegenzug etwas winkt, das den eigenen Status als Nr. 1 untermauert. Es ist leicht ersichtlich, dass eine Kombination aus Stimulanz und Dominanz eine ideale Kombination ist, um ein Unternehmen zu gründen und nach vorn zu bringen – Steve Jobs, Jeff Bezos und Elon Musk lassen grüßen. Klar ist auch, dass jedes Unternehmen eine »Erdung« durch die Beständigen und Sicherheitsorientierten braucht, um kontinuierlich eine exzellente Wertschöpfung zu betreiben. Im Unternehmen braucht man also – je nach Aufgabe und Rolle – alle Grundmotive. Klar ist auch, was beide Gruppen an der jeweils anderen bemängeln: Die Stimulanzorientierten können nicht begreifen, wie man so wenig Interesse an Veränderung haben kann, und stempeln die andere Gruppe (überspitzt ausgedrückt) als Zauderer und Verweigerer ab. Die Sicherheitsorientierten betrachten die Stimulanzorientierten dagegen als ewig Unzufriedene und Störer der Betriebsruhe.

Wenn du eine soziale Innovation wie das Scoreboard-Management einführst, wird es also automatisch eine Gruppe von Menschen geben, die sich bereitwillig darauf stürzt, und eine andere, die erst einmal Abstand hält und sich anschaut, was da wirklich auf sie zukommt. Aus der Gruppe derjenigen mit ausgeprägtem Dominanz- und Stimulanz-Bedürfnis werden die größten Fans für die Team-Challenges kommen; und denen werden sich typischerweise die Sicherheitsorientierten später anschließen. Letztere haben dann den langen Atem, den man braucht, um organisatorische Veränderungen tatsächlich zu verankern.

Dass also nicht alle gleich begeistert »Hurra« schreien, wenn SBM und Finanztraining eingeführt werden, ist vollkommen normal. Wenn das System rund sechs Monate in Erprobung ist und es dann immer noch Einzelne gibt, die das Ganze boykottieren, ohne wirklich daran teilgehabt zu haben, sind die folgenden zwei Maßnahmen sinnvoll:

Zunächst sollte man in Einzelgesprächen herausfinden, wo die Widerstände liegen. Möglicherweise lernst du, dass du den Sinn von Scoreboard-Management und die Ziele, die du damit anstrebst, noch nicht wirklich gut im Unternehmen kommuniziert hast. In diesem Gespräch solltest du der Person erzählen, warum es dir wichtig ist, dass ausgerechnet sie mitmacht. Konzentriere dich nicht darauf, die Widerstände aufzulösen (die meisten Menschen halten gern an ihren Überzeugungen fest), sondern darauf, dem anderen Wertschätzung zu geben. Zum Beispiel so: »Ich weiß, dass du viele gute Ideen hast, was hier besser laufen kann. Es ist wichtig, dass alle die finanziellen Zusammenhänge begreifen, damit wir diese Ideen auch in die Praxis umsetzen können.« Oder so: »Ich freue mich, wenn auch du am Finanztraining teilnimmst. Du weißt, dass es in unserer Branche immer schwieriger wird, und wir brauchen den Sachverstand von jedem im Team – ganz besonders deinen!« Aber vermeide dabei Heuchelei, die einzig und allein der Manipulation dieser Person gilt. Kommuniziere nur aufrichtig und ehrlich (eigentlich eine Selbstverständlichkeit).

Ist das Einzelgespräch erfolglos, ignoriere den bzw. die Verweigerer und konzentriere dich auf diejenigen, die mitmachen. Aber verbiete den Verweigerern, andere mit ihrer negativen Einstellung anzustecken. Halte die Tür offen und signalisiere, dass das Engagement dieser Person nach wie vor erwünscht ist. Gib denen, die mitmachen, Anerkennung und Wertschätzung.

Zu diesem Thema sagt Ari Weinzweig: »Wer sich verweigert und davon abgesehen einen guten Job macht, bleibt natürlich. Wer sich jedoch allen Bestrebungen, das Unternehmen besser zu machen, verweigert und dazu noch einen schlechten Job macht, kann besser in einem anderen Unternehmen arbeiten.«[29]

Generell lautet die Devise: Freiwilligkeit zählt! Niemand wird gezwungen, bei den Huddles und dem Finanztraining mitzumachen. Ansonsten erntet man nur miese Laune und Heuchelei.

Es gibt aber auch Unternehmer, die sich auf den Standpunkt stellen, dass Scoreboard-Management als Informations- und Kollaborationsplattform das wichtigste Nervenzentrum des Unternehmens ist. Und wer sich dem dauerhaft entziehe, sende damit ein klares Signal, dass ihm nur die eigene Arbeit, aber nicht die Gruppe wichtig sei. Und für solche Menschen sei auf Dauer kein Platz im Unternehmen. Wie gesagt: Ansichtssache.

KAPITEL 8

Scoreboard-Management – der Fitnesstracker fürs Unternehmen

Wenn alle Mitarbeiter die Businesssprache sprechen und wissen, wie die Wertschöpfung funktioniert, ist es so weit: Die wichtigsten finanziellen und nichtfinanziellen Kennzahlen werden regelmäßig im Team besprochen und prognostiziert. Alle wissen, was sie zum Erfolg des Ganzen beigetragen haben und bei welchen Themen wer Unterstützung braucht. Es herrscht komplette Spielübersicht. Doch ist komplette Transparenz wirklich eine so gute Idee? Die Antwort gibt es in diesem Kapitel.

Wenn du die Inhalte der vorangegangenen Kapitel mit deinem Team umgesetzt hast, könnt ihr jetzt auf diese Erfahrungen und Fähigkeiten zurückgreifen:

- Ihr habt durch die Team-Challenges die Erfahrung gemacht, dass man große und kleine Ziele erreichen kann, wenn man sich als Team darauf fokussiert.
- Das Erzielen von Ergebnissen macht Spaß und hebt die Motivation.
- Jeder weiß jetzt, was aktuell der größte Engpass ist und über welche Kennzahl man diesen abteilungsübergreifend beeinflussen kann.
- Jeder verfügt über solides Grundwissen zum Geschäftsmodell und kennt die Bedeutung der wichtigsten Leistungskennzahlen.

Damit kommen wir zum Kern des Scoreboard-Managements: Das gesamte Team trifft sich regelmäßig, um sich über den »Spielstand« im Unternehmen zu informieren. Wir sprechen hier vom großen Huddle (im Gegensatz zu den »kleinen« Huddles der Team-Challenges). Nach und nach werden alle wichtigen Leistungskennzahlen des gesamten Unternehmens und einzelner Bereiche offengelegt. Im Huddle erfährt jeder, wie es aktuell um den Erfolg des gesamten Systems steht, was voraussichtlich bis zum nächsten Treffen passieren wird und was es an (mehr oder weniger) spannenden Informationen gibt.

Wenn das gesamte Unternehmen »huddelt«, sind sehr wichtige Ziele des SBM erreicht:

- Alle Teammitglieder wissen in Echtzeit, ob es dem Unternehmen gut oder schlecht geht.
- Es kann sehr schnell auf positive und negative Veränderungen reagiert werden.
- Automatisch werden alle bessere Entscheidungen treffen.
- Die Aufmerksamkeit wird auf die wichtigsten Engpässe und Ziele gerichtet.
- Das Verständnis für die Zusammenhänge zwischen den Abteilungen wächst.
- Alle sprechen die gleiche Sprache.

- Es wird ein unmittelbarer Zusammenhang zwischen den eigenen Anstrengungen und dem Gesamterfolg hergestellt.
- Allen wird zugetraut, das Gleiche zu wissen und zu verstehen wie die Topführungskräfte.
- Das Unternehmen wird zunehmend stärker und sicherer.

Noch eine Anmerkung für alle, die sich für eine Abschaffung der Steuerung über Kennzahlen starkmachen: Diese Abneigung resultiert häufig daraus, dass wir Zahlen seit Jahrzehnten dazu missbrauchen, um den Mitarbeitern immer wieder höhere Lasten in Form von Zielvereinbarungen aufzubürden. Ganz generell hängt dem Messen von Leistungen leicht der Ruch von Kontrolle und Misstrauen an. Das eine ist aber völlig unabhängig vom anderen. Wenn überhaupt keine Leistung gemessen wird, bekommt man keinerlei Rückmeldung darüber, was man bewirkt und geleistet hat. Das ist für normale Menschen überaus frustrierend. Damit kommen wir zum nächsten Punkt:

Erfolge brauchen Anerkennung und Wertschätzung. Fällt beim Fußball ein Tor, freuen sich der Schütze, die Mannschaft, der Trainer und die Fans. Das setzt voraus, dass alle merken, wenn ein Tor fällt. Siehe oben: Kritische Kennzahlen brauchen Öffentlichkeit. Werden sie regelmäßig im Team zur Kenntnis genommen und gefeiert, wird das System unabhängiger vom individuellen Lob der Führungskräfte. Jetzt lobt das Ergebnis.

Alle Spieler müssen wissen, was die anderen gerade machen – sie brauchen Spielübersicht. Sind die Laufwege und Spielzüge gut eingeübt, können die Spieler spontan und ohne Anweisung vom Trainer ihre Entscheidungen zum Wohle des Ganzen treffen. In den klassischen hierarchischen Abteilungsstrukturen haben wir keinen blassen Dunst, was die anderen gerade tun. Da wir nicht sehen, wie andere gerade »spielen«, können wir auch unser Verhalten nicht anpassen. Folgerichtig arbeiten alle mehr oder weniger desorientiert vor sich hin. Wie es besser geht, zeigen beispielsweise Silke Hermann und Niels Pfläging in ihren hervorragenden Büchern zur Organisationsphysik.

Wenn die oben beschriebenen Voraussetzungen im Systemrahmen nicht gegeben sind (Kenntnis der Regeln, der kritischen Erfolgszahl, des Spielstandes und der Aktionen der Mitspieler sowie Existenz positiver Rückkopplungen), so können der beste Trainer, das beste Training, die besten Einzelspieler, das beste Unterstützerteam nichts bewirken.

Die »Energiekrise«, die sich wie eine Seuche durch deutsche Unternehmen zieht, resultiert aus mangelnder Wertschätzung für die geleistete gute Arbeit. Das gilt sowohl für individuelle als auch für Teamleistungen. Wenn wir Bedingungen schaffen, in denen der Zusammenhang zwischen Teamleistung und Wirkung transparent wird, werden wir einen großen Energieschub im Unternehmen auslösen. Und diesen Energieschub bekommst du durch Scoreboard-Management.

Das Scoreboard und die Kennzahlen

Das große Scoreboard hat die gleiche Funktion wie das im Teamspiel: Es soll allen Beteiligten den Spielstand anzeigen – nur dass es hier nicht mehr um ein einzelnes, zeitlich begrenztes Vorhaben geht, sondern um das »große Spiel«, also die für den Gesamterfolg des Unternehmens kritischen Kennzahlen. Während bei Teamspielen der Fantasie bei der Gestaltung der Scoreboards keine Grenzen gesetzt sind, wird das große Scoreboard in erster Linie von Zahlenreihen geprägt. Da jetzt aber das gesamte Team die Zahlensprache spricht, ist das ganz und gar nicht langweilig und öde, sondern informativ und – je nach Entwicklung – manchmal auch sehr spannend.

Beschafft euch am besten ein Whiteboard und platziert es an einem gut zugänglichen Ort im Unternehmen. Der Raum sollte möglichst groß sein, damit so viele Teammitglieder mitmachen können wie möglich. Auf der vertikalen Achse werden die Kennzahlen, auf der horizontalen die Messpunkte eingetragen (Messpunkt = Stichtag, für den ihr die Kennzahl ermittelt, also Woche 1, 2, 3 oder Januar, Februar, März …). Wie viele Spalten ihr braucht, hängt davon ab, ob ihr wöchentlich oder monatlich huddelt. Und das ist wiederum von eurem Geschäftsmodell abhängig. Normalerweise huddelt man monatlich, da typischerweise viele Finanzkennzahlen monatlich erhoben werden. Wenn ihr stark schwankende Umsätze habt – beispielsweise im Einzelhandel oder in der Gastronomie – oder wenn ihr sehr schnell auf Veränderungen reagieren müsst, kann es auch sinnvoll sein, wöchentlich zu huddeln.

Jeder Messpunkt bekommt drei Spalten: Plandaten aus der Jahresprognose, eine aktualisierte Prognose vom letzten Huddle und natürlich das aktuelle Ergebnis.

Die Linien kann man mit schmalen Klebestreifen ziehen; wenn man sie aufmalt, verwischen sie schnell. Definiert auch, wie weit euer Prognosezeitraum sein soll. Ob ihr sechs, neun oder zwölf Monate in die Zukunft schaut, ist euch und eurem Geschäftsmodell überlassen. Ihr bestimmt für jeden eurer KPIs, wie dieser sich in den nächsten Monaten voraussichtlich entwickeln soll. Diese Zielwerte werden permanent revidiert und aufgrund neuer Informationen und Daten aktualisiert.[30]

In vielen größeren Unternehmen, die SBM einsetzen, hängen große Flatscreens an der Wand, auf denen Fotos von Scoreboards mit Kennzahlen für das gesamte Unternehmen oder einzelne Bereiche und Abteilungen sowie Scoreboards von aktuellen Teamspielen in einer Endlosschleife laufen.

Eine zentrale Rolle spielt die Frage, welche Kennzahlen auf das Scoreboard kommen. SBM soll spannend oder zumindest interessant für das gesamte Team sein. Dabei gilt: Je näher die Kennzahlen an der Arbeitswelt dran sind, desto besser. Im Idealfall erzählen sie, was die einzelnen Bereiche und Teams zum Gesamtergebnis beigetragen haben und was sie bis zum nächsten Treffen beizutragen gedenken.

Für das System als Ganzes sind natürlich die kritische Erfolgszahl und gegebenenfalls deren wichtigste Treiber zentral.[31] Daneben soll das Scoreboard die wichtigsten Vitalwerte repräsentieren, denn das Scoreboard soll wie eine Art Fitnesstracker funktionieren.

Bei der Frage, ob eher Treiber oder eher Ergebniskennzahlen aufs Scoreboard sollen, lautet die Antwort wie in vielen Fällen: sowohl als auch. Kleinteilige Treiber eignen sich natürlich eher für Team-Challenges, ansonsten beschäftigt man sich mit einem Wust von Kennzahlen, die niemand mehr überblickt. Generell gilt: Wenn man sich mit Treibern beschäftigt, geht einem die Arbeit niemals aus, und es ist für eine permanente Verbesserung der Abläufe gesorgt. Wenn aber die dazu passende Ergebniskennzahl fehlt, weiß man nicht, was alle diese Aktivitäten bewirkt haben. Insofern gehören beide immer zusammen.

Damit sind wir beim ersten Grundsatz: Fangt bei der Einführung von SBM immer mit wenigen Kennzahlen an! Es soll am Anfang immer einfach zu verstehen und übersichtlich sein. Der zweite Grundsatz lautet: Nehmt Kennzahlen, die möglichst nah dran am Arbeitsgeschehen sind. Diese sind praktisch immer leicht nachvollziehbar.

Beispiele für geeignete Kennzahlen sind: Umsätze je nach Kategorie im Einzelhandel, Standzeiten von Gebrauchtwagen im Gebrauchtwagenhandel, Prozentzahl abrechenbarer Stunden in Unternehmen, die das Know-how ihrer Mitarbeiter verkaufen, Durchlaufzeiten in der Produktion. Schaut immer, ob es sich um eine kritische Erfolgszahl handelt. Wenn alle Abteilungen »ihre« kritische Erfolgszahl beisteuern, bildet sich ein besseres Verständnis für die großen Zusammenhänge im Unternehmen. So kann etwa die Buchhaltung die Außenstände oder die durchschnittliche Dauer beisteuern, innerhalb deren die Kunden ihre Rechnungen bezahlen (die Debitorenlaufzeit), die Produktion und Logistik den Anteil fehlerfrei und termingerecht gelieferter Aufträge, der Vertrieb die Anzahl und den Wert frisch eingetüteter Aufträge oder neu gewonnener Kunden, die Kulturabteilung die Anzahl von Initiativbewerbungen und so weiter. Das setzt voraus, dass sich jede Abteilung Gedanken darüber macht, was gemessen an den aktuellen Engpässen des Unternehmens der wichtigste Beitrag der Abteilung ist.

Es gibt Kennzahlen, die immer wichtig sind. Dazu zählt der Net Promoter Score (NPS). Das ist eine sehr einfach zu ermittelnde Kennzahl, die mit großer Zuverlässigkeit die Kundenzufriedenheit und ihre Veränderung im Zeitablauf misst. Wenn du SBM in deinem Unternehmen einführst, ist es theoretisch möglich, dass das Team so viel hinsichtlich größerer Profitabilität optimiert, dass dabei der Kundennutzen unter die Räder kommt. Der NPS richtet den Fokus der gesamten Organisation auf die allerwichtigste Kennzahl: den Kundennutzen.

Im Gegensatz zu langen und ermüdenden Fragebögen wird hier nur eine einzige Frage gestellt, nämlich die nach der Empfehlungsbereitschaft. Diese Frage lautet: Wie wahrscheinlich ist es auf einer Skala von 10 (ganz sicher) bis 0 (mit Sicherheit nicht), dass Sie unser Unternehmen einem Freund oder Kollegen weiterempfehlen? Sie ist das effektivste Maß für die Qualität der Kundenbeziehung, da sie sowohl die emotionalen als auch die rationalen Einflussfaktoren berücksichtigt: Wenn der Kunde eine 10 gibt, so glaubt er, dass sein Freund eine einwandfreie Leistung bekommt und dass er gut behandelt wird.

Wenn man nun mehrere Kunden befragt, kann man die Rückläufer in drei Gruppen einordnen:

- Alle, die einen Wert zwischen 9 und 10 angekreuzt haben, zählen zu den Promotoren.
- Wer einen Wert von 7 oder 8 angekreuzt hat, zählt zu den passiv Zufriedenen.
- Wer einen Wert von 6 bis 0 ankreuzt, zählt zu den Kritikern.

Der NPS ergibt sich, indem man von dem Prozentwert der Promotoren den Prozentwert der Kritiker abzieht. Die passiv Zufriedenen gehen nicht in die Rechnung ein, sie werden ignoriert. Hat man also 60 Prozent Promotoren, 30 passiv Zufriedene und 10 Kritiker, liegt der NPS bei 50 (60 minus 10).

Alle Befragten, die keine 10 gegeben (also 9 bis 0 angekreuzt) haben, bekommen noch eine Zusatzfrage: »Was hätten wir tun müssen für eine 10?« Hier bekommen wir sehr wertvolle und präzise Hinweise zu unserem Verbesserungspotenzial.

Die Promotoren (Note 10 und 9) haben die mit Abstand höchsten Folgekaufraten. 80 Prozent der Weiterempfehlungen stammen aus dieser Gruppe. Die passiv Zufriedenen (Note 8 und 7) bleiben eher aus Trägheit denn aus Überzeugung beim Unternehmen. Die Kritiker (Note 6 bis 0) sind für über 80 Prozent der negativen Mundpropaganda verantwortlich; sie schädigen den Ruf des Unternehmens, schrecken neue Kunden ab und demotivieren die Mitarbeiter.

Der »Erfinder« des Net Promoter Score, der Amerikaner Fred Reichheld[32], hat in vielen empirischen Studien nachgewiesen, dass der NPS in direktem Zusammenhang mit der Entwicklung des Gewinns, der Kundenloyalität und schließlich auch der Zufriedenheit der Mitarbeiter steht (wir arbeiten lieber für glückliche Kunden als für Nörgler und Meckerer).

In dem schon oft zitierten Unternehmen Zingerman's heißt der NPS »Zingerman's Experience Indicator«, abgekürzt ZXI. Er wird in abgewandelter Form auch für die Messung der Teamenergie verwendet: Zu Beginn einer Schicht geben die Mitarbeiter auf einer Skala von 1 bis 10 an, mit welcher Ausstrahlung und Energie sie heute den Tag bestreiten wollen. Daraus errechnet sich dann der sogenannte Individual Zingerman's Experience Indicator, kurz iZXi. Verschlechtert sich dieser, fragt man sich, wo die Ursachen liegen und was die Organisation dazu beitragen kann, dies zu ändern.

Eine weitere wichtige Kennzahl, die immer aufs Board gehört, ist der Cashflow. Geht dem Unternehmen die Liquidität aus, steht es möglicherweise schlecht um die Überlebensfähigkeit, insbesondere wenn die Gesellschafter nicht mit einer Finanzspritze bereitstehen.

Je nach Geschäftsmodell kann es auch sinnvoll sein, Kennzahlen aufzunehmen, die man nicht beeinflussen kann, die aber einen großen Einfluss auf das künftige Ergebnis haben können. Dazu zählen beispielsweise die Spotpreise für Kaffee, wenn ihr im Kaffeegeschäft zu Hause seid, oder die Wetterprognose, wenn ihr eine Eisdiele betreibt.

Kommunikation über Huddles

Jede Gruppe braucht eine Begegnungs- und Kommunikationsplattform, auf der sie sich als Gruppe findet und definiert. Im Sport ist diese Plattform das Training bzw. die Mannschaftsbesprechung, in der Familie ist das typischerweise das gemeinsame Abendessen oder es sind – im erweiterten Kreis – Ereignisse wie Geburtstagsfeiern oder Weihnachten. Ohne diese Plattform entsteht keine gemeinsame, lebendige Identität, sei sie positiv oder negativ. Stattdessen sind solche Gruppen dann nur Ansammlungen von Individuen und Kleingrüppchen.

In Unternehmen verhält es sich ähnlich. Es gibt formelle Kleingruppen wie Abteilungskollegen oder informelle wie Kantinengemeinschaften, die sich regelmäßig zum Mittagessen treffen. Dabei bilden die Mitarbeiter in Unternehmen ab einer bestimmten Größe nicht wirklich als Ganzes eine Gruppe. Wenn es denn mal eine Betriebsversammlung gibt, läuft die Kommunikation nach dem Einbahnstraßenprinzip: Vorn steht einer oder eine und redet, der Rest hört zu und wartet darauf, dass die Engagierten Fragen stellen. Durch digitale Plattformen wie Yammer oder Slack besteht zumindest die theoretische Möglichkeit, dass die Mitglieder von Großgruppen miteinander kommunizieren. Ansonsten bleiben Medien wie Mitarbeitermagazine, mit denen man Informationen verteilt, die aber keine wirkliche Kommunikation ermöglichen.

Die am meisten verbreitete (und bei manchen verhassteste) Plattform, auf der eine Gruppe eine Identität ausbilden kann, ist die Konferenz, das Meeting oder die Besprechung: Gruppen treffen sich, um ein Arbeitsergebnis zu erzielen oder um sich routinemäßig zum Stand der Dinge auszutauschen. Im günstigsten Fall sind diese Treffen straff organisiert, folgen klaren Regeln und sind sehr ergebnisorientiert, im schlimmsten Fall bieten sie eine Bühne für interne Rangkämpfe und Egoprofilierungen, sind unproduktiv und reine Zeitverschwendung.

Wie bereits ausgeführt, besteht die wichtigste Aufgabe von Scoreboard-Management darin, ein »Nervensystem« für das Unternehmen zu schaffen. Es dient dem Austausch von aktuellen bis sehr aktuellen Informationen aus vielen Bereichen, damit das gesamte System sehr schnell auf veränderte Umweltbedingungen reagieren kann. Zum anderen setzt sich das Team kurzfristige Ziele und vergleicht, wie weit die Prognosen vom letzten Treffen eingetroffen sind.

Die Plattform, auf der dieser Informationsaustausch stattfindet, ist das Huddle. Der Begriff stammt aus dem Sport und beschreibt eine sehr kurze Zusammenkunft auf dem Feld, um den nächsten Spielzug zu besprechen. Warum sind Huddles effektive Führungsinstrumente? Weil sie auf den drei stärksten Erfolgsprinzipien funktionierender Teams basieren: Gruppendynamik, kollektive Intelligenz und klare Kommunikation.

Huddles sind regelmäßige, strukturierte Treffen, die jeden mit konsistenten Informationen über das Unternehmen versorgen. Im Huddle werden …

- Informationen über die wichtigsten finanziellen und nichtfinanziellen Kennzahlen (auch kurz KPIs – Key Performance Indicators) weitergegeben,
- nach einer gemeinsamen Rückschau die Ziele bis zum nächsten Huddle verkündet,
- Geschichten zu den Zahlen erzählt,
- einfache Neuigkeiten jenseits der KPIs verkündet (zum Beispiel werden neue Mitarbeiter vorgestellt) und
- unkomplizierte, spontane operative Entscheidungen getroffen.

Das große Huddle findet immer »live« statt; das heißt, es treffen Menschen aufeinander, die Informationen über Sprache teilen. Das mag im Zeitalter der Digitalisierung etwas altbacken und vermeintlich »ineffizient« daherkommen. Das Huddeln im Team schafft jedoch genau das, was in der digitalen Welt verloren geht: wirkliche Verbundenheit.

Unternehmen mit mehreren Standorten huddeln virtuell über Telekonferenzsysteme oder über Plattformen wie Skype, Google Hangouts oder Slack. Die Hotelkette Ritz Carlton hat tägliche Huddles mit 35 000 Teilnehmern online.[33] Viele nutzen dafür klassische Exceltabellen. Puristen übertragen per Video aus dem Huddleraum, in dem die Zahlen »per Hand« auf das Whiteboard gemalt werden. Wie gesagt: Exceltabellen haftet etwas Kühles und Emotionsloses an – wenn ein Mensch eine Zahl von Hand schreibt, haben wir dazu einen lebendigen Bezug. Außerdem ist es viel wirksamer, wenn die Zahlen jederzeit sichtbar sind.

Grundsätzlich gilt laut The Great Game of Business:

- Huddles sind eine feste Einrichtung und finden immer statt. Sie haben eine klare Struktur und Dramaturgie.
- Im Huddle wird in erster Linie über Zahlen und die Geschichten dahinter gesprochen. Persönliche und »politische« Themen brauchen einen anderen Platz.
- Huddles sollen so interessant wie möglich sein. Das sind sie nur, wenn die Zahlen zu den Anwesenden »sprechen«. Das heißt: Die Zahlen, die besprochen werden, müssen entweder im Huddle selbst oder zuvor im Finanztraining erklärt werden. Und es muss

klar sein, welche Bedeutung sie für den Erfolg des Unternehmens haben.
- Zum Huddle sollen so viele Mitarbeiter beitragen wie möglich.

Bei Amy's Ice Creams lautet eine der Kernregeln: *Niemals* ein Huddle verschieben oder ausfallen lassen. Bei Amy's gibt es tägliche, wöchentliche und vierteljährliche Huddles, wobei Letztere alle Mitarbeiter an allen Standorten einbeziehen – hier werden neue Produkte präsentiert und die Gesamtergebnisse vorgestellt und gefeiert.

Es gibt also generell kleine und große Huddles. Bei den täglichen Team-Huddles treffen sich alle Mitarbeiter einer Abteilung oder eines Arbeitsbereiches am Morgen für fünf bis 15 Minuten in ihrem Team. Themen sind aktuelle Engpässe, Aufgaben, Projektstatus oder andere Ereignisse. Wichtig sind tägliche Huddles für Unternehmen, die einen geringen Anteil an Routinearbeiten und/oder regelmäßig Neuerungen haben (etwa im Einzelhandel) und/oder in wechselnden Projekten engagiert sind.

Diese Regeln sind für die täglichen Huddles sinnvoll:

- Pünktlich anfangen – egal, ob alle da sind oder nicht.
- Maximal eine Minute Redezeit pro Person, insgesamt nicht länger (!) als 15 Minuten, besser fünf bis sieben Minuten.
- Konkrete Informationen. Nicht: »Ich treffe mich morgen mit einem potenziellen Kunden«, sondern: »Ich treffe mich morgen um 10 Uhr mit Gerald Müther, Geschäftsführer von Müther Kantprofile GmbH, um über einen Beratungsauftrag über ca. 40 000 Euro zu sprechen. Start ist im Oktober 2019.«
- Nicht sitzen, sondern stehen.
- Die Leitung übernimmt eine strukturierte und disziplinierte Person. Unterstützt wird sie durch einen Zeitwächter.
- Die Tagesordnung ist immer gleich: 1. Was passiert in den nächsten 24 Stunden? 2. Was sind die täglichen Ziele in Zahlen? 3. Wer steckt gerade fest und braucht Unterstützung?

Beim großen Huddle treffen sich alle Mitarbeiter (bzw. so viele wie möglich) wöchentlich, vierzehntägig oder monatlich für circa 30 bis 45 Minuten. Wichtig ist, dass jede Abteilung im großen Huddle repräsentiert ist. Bei Zingerman's gibt es tägliche Huddles in Kleinteams (daily Huddles = Duddles), wöchentliche Huddles für das gesamte Team (weekly Huddles = Wuddles) und monatliche Huddles im Management (monthly Huddels = Muddles). Wie oft man huddelt, hängt ganz vom Geschäftsmodell ab.

Themen im Huddle sind Fortschritte bei den laufenden Team-Challenges, beim größten Engpass, bei den wichtigsten Kennzahlen sowie Prognosen für die nächste Woche oder den nächsten Monat. Abweichungen von mehr als fünf Prozent nach oben oder unten werden erklärt.

Im großen Huddle werden außerdem Erkenntnisse und Informationen über Kunden, Mitbewerber und Kollegen (die Geschichten hinter den Zahlen) ausgetauscht. In Ausnahmefällen kann ein wichtiges Thema vorgestellt werden, für das die kollektive Intelligenz benötigt wird. Die Ideen werden jedoch nicht im Huddle generiert und aufgeschrieben, dazu gibt es dann vielmehr eine besondere Team-Challenge mit dem Ziel, Ideen zu sammeln.

Das große Huddle wird in größeren Unternehmen am Tag zuvor vorbereitet und am Folgetag in den Abteilungen nachbereitet. Das ist dann sinnvoll, wenn das Unternehmen so viele Mitarbeiter hat, dass nicht alle in den Huddle-Raum passen, oder wenn der laufende Betrieb unbedingt von einer Kernbelegschaft aufrechterhalten werden muss.

Die Zahlen werden »live« auf ein Whiteboard oder (wenn es nicht anders geht) in ein Excel-Sheet eingetragen, sodass jeder am Ende einen Ausdruck mitnehmen kann. Wenn irgendwie möglich, wird das Whiteboard genutzt. Wie gesagt: Permanent sichtbare Whiteboards sind wesentlich wirksamer als Tabellen, die unbeachtet auf einem Server liegen. Wenn ihr unbedingt Excel nutzen wollt, projiziert das Sheet per Beamer an die Wand und teilt es über eine Kollaborationsplattform.

Als Faustregel für die Agenda im Huddle gilt: 80 Prozent Prognose; 20 Prozent Blick in die Vergangenheit. Die Prognosen sind das Herzstück des Huddles und des Scoreboard-Managements! Die Vergangenheit wird angeschaut, um daraus zu lernen – ändern kann man sie bekanntlich nicht. Die Zukunft allerdings kann man sehr wohl gestalten – darum wird die Energie darauf konzentriert.

Am Tag nach dem großen Huddle treffen sich die Mitarbeiter, die nicht am großen Huddle teilnehmen konnten, in ihren Abteilungen oder Teams und besprechen die Ergebnisse des großen Huddles mit ihren Kollegen. Der Zeitbedarf liegt zwischen 15 und 30 Minuten; Teilnehmerzahlen können zwischen 10 und 40 liegen.

Wie viel Zeit verbringen die Mitarbeiter in Huddles und Planungsmeetings in Prozent der gesamten Arbeitszeit? In den USA, wo bereits Tausende Unternehmen nach diesen Prinzipien arbeiten, gelten diese Durchschnittswerte: Topführungskräfte verbringen zehn Prozent, das mittlere Management fünf bis sieben Prozent und die ausführenden Kollegen drei Prozent ihrer Zeit mit Huddles sowie der Vor- und Nachbereitung. Darin ist auch die Zeit inbegriffen, die mit strategischer Planung verbracht wird.

Wer ist dafür verantwortlich, die Kennzahlen zu reporten? Die Antwort wird dich jetzt überraschen: Es sind nicht die Führungskräfte oder Chefs. Sie können es zwar machen (und müssen es am Anfang häufig auch), aber langfristig sollen das Mitarbeiter übernehmen, und zwar bevorzugt aus den unteren Ebenen der Hierarchie. Wir wollen ja mit Scoreboard-Management das altbekannte Muster »Oben wird gedacht, unten wird das Gehirn abgeschaltet und gearbeitet« abschaffen. Darum wird auch gleich das tradierte Rollenverständnis abgeschafft.

Für jede Kennzahl gibt es einen sogenannten Line-Owner. Wenn jemand im Scoreboard-Management eine »Zeile besitzt«, bedeutet das, dass er oder sie dafür zuständig ist, die jeweilige Kennzahl in dieser Zeile für das aktuell anstehende Huddle zu ermitteln, für den nächsten Messpunkt zu prognostizieren, herauszufinden, ob es etwas Erzählenswertes zur Entwicklung dieser Kennzahl gibt, und diese Informationen und die Geschichte im Huddle zu erzählen. Wohlgemerkt: Der Line-Owner ist nicht dafür verantwortlich, dass die Kennzahl den angestrebten Wert erreicht. Wer also die Kennzahl »Umsatz« besitzt, ist nicht dafür verantwortlich, dass der Umsatz einen bestimmten Wert annimmt. Er ist nur dafür verantwortlich, die Information dazu zu ermitteln. Line-Owner übernehmen ihren Job freiwillig. Zuvor muss gewährleistet sein, dass die Informationsquellen bekannt und zugänglich sind. Jede Kennzahl braucht zwei Line-Owner, die sich gegenseitig im Huddle vertreten können.

Mit Blick auf die Lernkultur im Huddle sind die folgenden sechs Vereinbarungen sehr zu empfehlen[34]:

- Für die Dauer dieses Treffens befinden wir uns auf sicherem Boden.
- Alle Ideen und Standpunkte sind wertvoll.
- Jede/r hat es verdient, hier zu sein.
- Man muss nichts wissen, um hier sein zu dürfen.
- Jede/r geht mit mindestens einer guten Idee, einem guten Werkzeug oder einer wichtigen Einsicht aus diesem Huddle.
- Jeder trägt Verantwortung dafür, aus diesem Huddle etwas Nützliches mitzunehmen.

Spätestens bei der Einführung großer Huddles kann es gelegentlich vorkommen, dass man die Lust am neuen System verliert, dass sich ein Gefühl von Mühsal einschleicht und es alle eher als Pflicht empfinden. Viele heute sehr erfolgreiche Unternehmen, die Scoreboard-Management betreiben, haben jahrelang (!) Frustphasen durchlebt, bis der große Durchbruch kam. Der größte Fehler war dabei, dass gehuddelt wurde, ohne dass die Leute einen Bezug zu den Zahlen hatten! Also stellt sicher, dass alle wissen, was die Zahlen bedeuten, und umgeht damit diese große Frustquelle. Sollte es dennoch nicht so laufen wie gewünscht (das ist auch normal!), hilft Folgendes:

- Erinnert euch daran, warum ihr ein System von Teilhabe, Vertrauen, Transparenz und Selbstorganisation einführen wollt.
- Teilen genügend andere Menschen eure Vision und eure Ziele? Wenn nicht, sucht euch mehr Verbündete, indem ihr Mitarbeiter ansprecht, die vermutlich eure Werte und Ziele teilen. Wer in einem Team von motivierten Menschen spielt, kann sich auch mal einen kurzen Durchhänger leisten. Die Wahrscheinlichkeit, dass man lustlos wird, sinkt, wenn viele um uns herum motiviert sind.
- Wo liegt die Ursache meiner Demotivation? In aller Regel entsteht sie durch ein negatives Erlebnis, eine negative Rückmeldung oder

Checkliste für das (erste) große Huddle

- Beschafft ein Whiteboard und platziert es an einem gut zugänglichen Ort im Unternehmen. Der Raum sollte möglichst groß sein, damit so viele Teammitglieder mitmachen können wie möglich.
- Baut das Scoreboard wie eine große Exceltabelle auf: in der Vertikalen die KPIs, in der Horizontalen je drei Spalten: Plandaten aus der Jahres- oder Quartalsprognose, Prognose vom letzten Huddle, aktuelles Ergebnis. Wie viele Spalten ihr braucht, hängt davon ab, ob ihr wöchentlich oder monatlich huddelt. Die Linien kann man mit schmalen Klebestreifen ziehen (wenn man sie aufmalt, verwischen sie schnell).
- Erklärt allen, wozu das große Huddle gut ist und wie das Leben aller aussieht, wenn es zur Gewohnheit geworden ist (positive Vision!). Schaut noch einmal auf eure Motive, die euch dazu gebracht haben, Scoreboard-Management einzuführen.
- Definiert die Kennzahlen (KPIs), die ihr regelmäßig beobachten wollt. Nehmt am Anfang nicht zu viele; einige wenige tun es für den Einstieg.
- Erklärt allen, warum diese KPIs wichtig sind, wie sie zustande kommen, welche Auswirkungen das tägliche Verhalten auf diese KPIs hat, wie sie sich auf das Gesamtergebnis auswirken und woher die Informationen kommen, die ihr braucht, um sie zu ermitteln.
- Findet Verantwortliche für diese KPIs. Freiwillige vor! Sprecht schon vor dem ersten Huddle geeignete Kandidaten an.
- Ernennt einen Moderator und einen Zeitwächter (Freiwillige vor!). Wenn sich am Anfang niemand traut, machen das vorübergehend (!) die Chefs. Ansonsten kann jeder die Aufgabe übernehmen, vorzugsweise jemand aus den unteren Etagen der derzeit noch existierenden Hackordnung.
- Fangt pünktlich an, auch wenn einige zu spät sind. Und hört pünktlich auf.
- Die Line-Owner nennen die aktuellen Werte für die KPIs und geben eine Prognose für das nächste Huddle. Sie erklären, wie die Prognose zustande kommt.
- Dann ist Raum für Ankündigungen, Kommentare, Ideen. Lasst euch nicht demotivieren, wenn es keine oder wenige Beiträge gibt! Huddeln ist wie eine Fremdsprache erlernen – am Anfang ist man froh, wenn man etwas versteht. Der Wunsch zu sprechen kommt dann mit der Zeit.
- Gebt dem Huddle am Ende eine Note von 1 bis 10 und verbindet dies mit Verbesserungsideen: Was möchte ich selbst beitragen, damit es eine 10 wird?
- Dank an alle Teilnehmer, Anerkennung für die Line-Owner – und tschüs!

durch das Verhalten von einigen wenigen. Kläre das in Einzelgesprächen. Finde heraus, was diese Mitarbeiter brauchen, um ihre Vorbehalte fallen zu lassen, oder wie die Huddles ablaufen müssen, damit sie interessanter werden.

- Insbesondere die Chefs können das Huddle interessant machen, indem dort wichtige Informationen mitgeteilt werden.
- Spielt ein Teamspiel, in dem Ideen zur Verbesserung des Huddles gesammelt werden.

Verwandte Konzepte: Balanced Scorecard und OKR

Wenn du dich schon mit Steuerungsinstrumenten beschäftigt hast, bevor du dieses Buch in die Hand genommen hast, wird dir schnell aufgefallen sein, dass es einige Schnittmengen zu zwei anderen wichtigen Konzepten gibt – der Balanced Scorecard und OKR (Objectives and Key Results). Beide Konzepte unterstützt SBM in idealer Weise.

Hier in Kürze die wichtigsten Gemeinsamkeiten und Unterschiede: Die Balanced Scorecard (BSC) wurde in den 80er-Jahren an der Harvard Business School von dem Wirtschaftswissenschaftler Robert S. Kaplan und dem Berater David P. Norton entwickelt.[35] Sie gilt als erster Versuch, immaterielle Erfolgsfaktoren systematisch zu erfassen und zu messen.[36] Bis dahin hatte man sich in der Unternehmenssteuerung fast ausschließlich mit Finanzkennzahlen beschäftigt. Diese sind jedoch immer das Ergebnis vorgelagerter Prozesse: Der Gewinn (und damit die Kapitalrendite) ist letztlich die finale Kenngröße, die uns erzählt, wie es in der Vergangenheit um Strategie, Innovation, Kundenzufriedenheit und Unternehmenskultur stand. Solche immateriellen Faktoren bestimmen über die materiellen Ergebnisse. Dahinter steht also eine mehr oder weniger banale Erkenntnis: Je besser es um die immateriellen Erfolgsfaktoren steht, desto größer ist die Wahrscheinlichkeit, dass es ein gutes materiell-finanzielles Ergebnis gibt. Wollen wir also die Kapitalrendite verbessern, ist die Steuerung der immateriellen Faktoren (ausgedrückt in entsprechenden Kennzahlen) notwendig.

Vier Bereiche werden in einer BSC abgebildet: Neben der Finanzperspektive betrachtet man die Kundenperspektive, die Prozessperspektive sowie die Lern- und Entwicklungsperspektive. Fein säuberlich wird jeweils zwischen Ursache und Wirkung, also zwischen Leistungstreibern und Ergebniskennzahlen, unterschieden – ganz so wie im SBM.

Die klare Gemeinsamkeit von BSC und SBM liegt in der umfassenden Steuerung der erfolgsrelevanten Faktoren über klare Ziele und entsprechende Kennzahlen. Insofern ist SBM ein ideales Instrument, wenn man mit einer BSC arbeitet und die dort festgelegten Ziele im gesamten Unternehmen kommunizieren und – noch wichtiger – mit der Unterstützung des gesamten Teams auch erreichen möchte.

Ursprünglich ist die BSC ein Steuerungsinstrument für das Topmanagement. Und damit sind wir auch gleich bei den Unterschieden: Die BSC ist klar ein Kind ihrer Zeit, in der es gang und gäbe war, Teams und Einzelpersonen über Zielvorgaben zu steuern und zu kontrollieren (wobei diese Zeiten in sehr vielen Konzernen immer noch nicht abgelaufen sind). Der Geist hinter SBM ist dagegen ein komplett anderer: Hier geht es nicht darum, Menschen in einem fremdbestimmten System dazu zu bringen, besser zu funktionieren, sondern darum, sie abteilungs- und hierarchieübergreifend in die Zielfindung und die Zielerreichung mit einzubeziehen. SBM funktioniert nur, wenn das ganze Team das Geschäftsmodell versteht und die Finanzsprache spricht. Davon ist bei der BSC keine Rede, da sie – siehe oben – für das Management bestimmt ist. Weiter ist die BSC ein sehr umfassendes Modell, das alle strategisch wichtigen Erfolgstreiber in ein Zielsystem zwingt. SBM ist dagegen völlig pragmatisch an den Engpässen und Erfolgsfaktoren des täglichen Business ausgerichtet. Es umfasst sowohl strategische als auch operative Kennzahlen. SBM ist durch die monatliche Abgleichung der Ziele auch wesentlich flexibler. Im Rahmen der BSC wird jährlich geplant. Leider ist es so, dass die Realität nicht immer unseren Plänen folgen will. Durch SBM kann die gesamte Organisation sehr viel schneller und flexibler auf veränderte Rahmenbedingungen reagieren.

Kommen wir nun zu den Gemeinsamkeiten und Unterschieden von OKR und SBM. Die Wurzeln von OKR (Objectives and Key Results) reichen noch weiter zurück als die der Balanced Scorecard. Die Methode erlebt jedoch gerade eine Wiederauferstehung in der »agilen Neuzeit«. OKR wird daher gern in einem Atemzug mit Design Thinking, Kanban, Holokratie und Lean Start-up genannt.[37] »Erfunden« wurde OKR allerdings bereits in den 60er-Jahren von Intel-Gründer Andy Grove. Er entwickelte das von Management-Guru Peter Drucker propagierte Management by Objectives (Führen über Zielvereinbarungen) weiter: Mit OKR schuf er ein Ziel- und Umsetzungssystem für das ganze Unternehmen, das in die langfristige Vision und Strategie eingebettet ist. Die ursprünglichen Wurzeln sind also sehr weit entfernt von Agilität und Holacracy. Die Tatsache, dass auch die Google-Gründer Larry Page und Sergey Brin die digitale Weltherrschaft mithilfe von OKR errungen haben, versetzt der Methode unter ihren Anhängern praktisch den höchsten Ritterschlag.

Mit OKR kann man die Strategie an alle Mitarbeiter über messbare und umsetzbare Ziele kommunizieren. Gleichzeitig soll OKR das Denken in Vernetzungen und in Auswirkungen anstelle des linearen »Ergebnisdenkens« fördern. Drei Grundbegriffe sind dabei wichtig:

- **Ziele** (Objectives): Wohin wollen wir? Das Ziel beschreibt, was die Organisation in der Zukunft erreichen will. Es legt die Richtung fest und motiviert im besten Fall, dorthin aufzubrechen. Man könnte auch von einem Reiseziel sprechen.
- **Schlüsselergebnisse** (Key Results): Woran erkennen wir, dass wir am Ziel sind? Eine Schlüsselgröße ist eine Kennzahl, die den Ausgangs- und den Zielwert zu einem definierten Zeitpunkt in der Zukunft angibt. Diese Zahl zeigt, wie nahe wir dem Ziel schon gekommen sind.
- **Initiativen** (Initiatives): Was müssen wir tun, um das Ziel zu erreichen? Initiativen zeigen an, was konkret getan werden muss, um die Schlüsselergebnisse zu erreichen.

Das Ziel zeigt also die Richtung an; die Schlüsselgröße zeigt, wie weit man auf dem Weg bereits gekommen ist; und die Initiative zeigt, was man tun soll, um dorthin zu kommen.

Ein Beispiel: Unser Ziel ist es, der attraktivste Arbeitgeber in der Region auf dem Bausektor zu sein. Die Schlüsselmessgröße sind zehn Initiativbewerbungen pro Monat. Unsere Initiativen sind die Bildung eines Projektteams für die Verbesserung der Unternehmenskultur, eine Bewerbung beim XING-New-Work-Award, die Neukonzeption unserer

Firmenpräsentation auf der Ausbildungsmesse und die Überarbeitung unserer Darstellung als Arbeitgeber auf der Website.

Man sieht unschwer, dass sich OKR und SBM auf den ersten Blick herausragend vertragen: Sie vereint die Messbarkeit von Zielen und das Bewusstmachen von Wirkungszusammenhängen. Team-Challenges sind ein idealer Umsetzungsbeschleuniger von Initiativen gleich welcher Art. SBM hat natürlich darüber hinaus noch die Alltagskomponente: Man beobachtet nicht nur den Fortschritt in Projekten, sondern auch die ganz normalen Vitalwerte, die den Zustand und das Befinden der Organisation wiedergeben. Und auch Finanz- und Businesstraining haben im OKR-Universum (noch) keinen Platz gefunden.

Was ist anders? Wie bei der BSC gilt: Es kommt darauf an, in welchem Geiste diese Methode angewendet wird. Stellvertretend hier ein ziemlich entlarvendes Zitat aus einem neueren OKR-Fachbuch: »OKR ist ein agiles Framework, welches dafür sorgt, dass Mitarbeiter einem strukturierten Zielvereinbarungsprozess folgen können. Dabei werden die Aufgaben der Mitarbeiter spezifiziert, die unternehmensinterne Kommunikation durch Transparenz und Sichtbarkeit verbessert und die Ziele und Erkenntniszahlen durch die ganze Organisation – stets am Leitbild orientiert – verknüpft.«[38]

Da ist es wieder: Ziele werden von oben durchgestochen; und Mitarbeiter müssen eigentlich nur noch den Sinn verstehen, um besser funktionieren (oder »folgen«) zu können. Der unnachahmliche Management-Exorzist Niels Pfläging drückt es gewohnt drastisch auf seinem Twitter-Account so aus: »OKRs sind nur ein weiteres Ermächtigungs-Placebo.« Ich füge hinzu: wenn OKR dazu missbraucht wird. Im guten Geiste angewendet, ist OKR eine sehr hilfreiche Methode für eine kraftvolle Umsetzung der Vision und der Strategie.

Transparenz – und ihre Grenzen

Beim Scoreboard-Management geht es um Transparenz: Bis dato halb blinde Mitarbeiter bekommen den vollen Durchblick und können aufgrund der klaren Sicht selbstständiger und besser Entscheidungen treffen. Manche Unternehmenslenker fühlen sich mit zu viel Transparenz allerdings unbehaglich: Soll wirklich jeder wissen, wie viel Gewinn das Unternehmen macht? Und wie viel an die Gesellschafter ausgeschüttet wird? Für alle, die es etwas genauer wissen wollen, ob Transparenz immer eine so gute Sache ist, wollen wir etwas näher in dieses Thema einsteigen (wen es nicht interessiert: im nächsten Kapitel geht es mit Praxisbeispielen zum Scoreboard-Management weiter).

Was ist Transparenz? Wenn etwas transparent ist, dann ist es durchschaubar, durchsichtig. In transparenten Verhältnissen bewegen wir uns sicher, können gute Entscheidungen treffen und sind stets gut orientiert. Nichts bleibt verborgen. Wir sehen klar und deutlich, warum wir welche Entscheidungen treffen müssen; und wir sehen ihre Auswirkungen und Wechselwirkungen.

Transparenz geht aber auch häufig einher mit moralischem Zwang: Wo Transparenz herrscht, hat alles, was gegen den allgemein akzeptierten Wertekanon verstößt, keine Chance. Dunkle Machenschaften, Geheimnisse, Lügen und Betrug fallen sofort auf deren Urheber zurück. Alle Übeltäter werden sofort entlarvt. Undurchsichtige Verhältnisse sind der beste Nährboden für all das, was am besten nicht ans Tageslicht kommt, angefangen bei eher harmlosen Erscheinungen wie höflichen Notlügen, Unproduktivität und Ablenkungen über Korruption und Betrug bis hin zu Schwerverbrechen. Besäßen wir den Tarnumhang von Harry Potter, so würden wir zumindest in unserer Fantasie schon mal in Versuchung geraten, heimlich in Davos bei den Gesprächen der Supermächtigen dabei zu sein oder nachts die Füchse aus der Pelzfarm zu befreien.

Die Transparenz von Märkten ist der wichtigste systemimmanente Treiber für Wettbewerb und Innovation und ein konstituierendes Merkmal der marktwirtschaftlichen Theorie. Hat der Käufer den kompletten Überblick über Preise und Nutzen aller auf dem Markt verfügbaren Angebote, so wird er immer das Beste wählen. Diese Markttransparenz ist das, was durchschnittliche Unternehmen insgeheim besonders fürchten. Denn je besser die potenziellen Kunden abschätzen können, was das Angebot im Vergleich mit allen Wettbewerbern wert ist, desto größer ist die Gefahr, dass sie sich für jemand anderen entscheiden. Um aus der Vergleichbarkeit herauszukommen, müssen wir etwas anderes, etwas Neues anbieten (über Produktinnovationen) oder das, was alle können, über Prozessinnovationen noch produktiver und günstiger herstellen. Markttransparenz ist also ein extrem wichtiger Innovationstreiber.

Im Marktmodell der vollkommenen Konkurrenz führt diese Transparenz bei den nicht innovativen Anbietern zu einem Verfall der Margen, bis irgendwann gar keine Gewinne mehr erzielt werden. Diese Wirkung der Markttransparenz kann man auf großen Plattformen wie Amazon beobachten: Dort werden alle Produkte und Anbieter von den Anwendern beurteilt. Unseriöse Anbieter mit schlechtem Kundenservice und schlechten Produkten werden erbarmungslos geoutet und von Amazon aus dem Spiel entfernt. Schön für die Kunden und die Unternehmen, die in diesem Bewertungsspiel die Nase vorn haben. Schlecht für diejenigen, die dort nicht mitmachen wollen oder können. Ähnlich läuft es bei Airbnb oder Uber.

Dennoch gibt es auch eine Kehrseite der Transparenz; Big Brother lässt grüßen. Aus gutem Grund verteidigen Bürgerrechtler das informationelle Selbstbestimmungsrecht mit Zähnen und Klauen. Denn der völlig transparente Bürger ist ein durch die Machthaber komplett kontrollierbarer Bürger. Jede Form von missliebiger Opposition kann im Keim erstickt werden. Ein mittelschwerer Grusel überfällt so manchen, der nach China schaut, wo man schon seit Jahren an der maschinenlesbaren Bevölkerung arbeitet. Big Data und nahezu endlose Rechnerkapazitäten machen es möglich. In Modellversuchen werden beispielsweise Autobahnen kontinuierlich videoüberwacht. Wer zu schnell fährt, bekommt in Echtzeit via Gesichtserkennung eine Anzeige auf sein Smartphone gespielt und kann sogleich online bezahlen.

Ab 2020 gilt in ganz China ein Sozialkreditsystem.[39] Dabei wird genauestens Buch darüber geführt, wie weit sich die Bürger normenkonform verhalten. Jeder Verstoß gegen die Rechtsordnung (zum Beispiel bei Rot über die Ampel zu gehen) wird aufgezeichnet. Wer im öffentlichen Dienst arbeitet, bekommt Punktabzüge bei Bürgerbeschwerden. Für ein gutes Rating erhält man im Gegenzug schnellere Beförderungen oder weniger Probleme bei der Bewilligung eines Kredites. Ein schlechtes Rating führt dagegen zum Entzug von staatlichen Leistungen und zu vielfältigen Benachteiligungen – zum Beispiel wird die Reisefreiheit eingeschränkt, weil man keine Flug- und Bahntickets mehr bekommt. An dieser Stelle treffen sich Transparenz und Macht: Die einen kontrollieren, die anderen werden gegängelt und entmündigt.

Chinesische Verhältnisse im Kleinen erzeugt schon jeder Smartphone-Besitzer. Dieser ist eine wertvolle Daten- und Geldquelle für Kraken wie Google, Amazon oder Facebook. Bisher nutzen sie dieses Wissen weitgehend, um uns noch mehr zu verkaufen, nicht nur Autos, Schuhe oder Urlaubsreisen, sondern neuerdings auch politische Ideologien. 8000 Scoringwerte – also Informationen zu politischer Haltung, Familienstand, Freizeitaktivitäten und so weiter – von US-Bürgern wurden 2017 von Data-Brokern gehandelt, in der EU waren es im gleichen Zeitraum laut Heise online »nur« 600.[40] Kaum verwunderlich, dass diejenigen, die nach Transparenz rufen, sich selbst radikal schützen: »So nimmt es nicht wunder, dass auch Mark Zuckerberg, CEO von Facebook, einerseits die vernetzte, transparente und offene Gesellschaft zum Ziel seiner Firma erklärt, um andererseits sein persönliches Refugium, die Villa auf Hawaii, hinter meterhohen Mauern zu verstecken. Die eigene Privatheit zu schützen – Zuckerberg klebt bekanntlich Laptop-Kamera und -Mikrofon ab –, während man sonst das Hohelied der Transparenzgesellschaft anstimmt, markiert indes keine kognitive Dissonanz, sondern unterstreicht die eigene Sichthoheit«, schreibt die *Neue Zürcher Zeitung*.[41]

Auch in Unternehmen ist Transparenz ein zweischneidiges Schwert; denn natürlich gibt es auch hier einiges zu verbergen. Aus gutem Grund ist es in vielen Unternehmen untersagt, über die Höhe des eigenen Gehalts zu sprechen. Häufig sind Gehaltsstrukturen eine krude Mischung aus individuellem Verhandlungsgeschick, Beliebtheit beim Chef, Betriebszugehörigkeit und gutem Selbstmarketing. Mit Leistung und Produktivität haben sie zuweilen wenig zu tun. Viele Chefs und Chefinnen fürchten zu Recht, dass eine Palastrevolution ausbricht, wenn transparent ist, wer welches Gehalt bekommt.

Für alle Chefinnen und Chefs, die sich mit der Geheimnistuerei rund um ihre Gehaltsstrukturen unwohl fühlen, sei ein Blick in den öffentlichen Dienst empfohlen – dort weiß jeder, wer wie viel verdient. Als ich Teil des geschäftsführenden Vorstands einer Non-Profit-Organisation war, haben wir es nach jahrelangen Konflikten dem Team überlassen, eine Regelung für »gerechte« und transparente Gehaltsstrukturen zu finden. Und ja, diese Prozesse sind langwierig und mühselig. Sind sie gerecht? Sie werden auf jeden Fall als gerechter empfunden als die Geheimniskrämerei. Sehr erfrischend finde ich die Lösung, die Detlef Lohmann, der sein Unternehmen Allsafe Jungfalk komplett auf Selbstorganisation und Transparenz (auch bei den Gehältern) umgestellt hat, mit seinem Team ausprobiert hat: Jeder Mitarbeiter verfügt über einen Betrag, den er an einen anderen Kollegen »verschenken« kann. So werden gefühlte Ungerechtigkeiten ausgeglichen, die auf individuelle Notlagen oder außerordentliche Beiträge zur Teamleistung zurückgehen.

Wie sehr vieles im Leben kann ein Zuviel von etwas genauso schädlich sein wie zu wenig davon. Ein besonderes schauriges Beispiel ist der US-Hedgefonds Bridgewater Associates. Sein Gründer Ray Dalio hat seine radikale Transparenzphilosophie in einem 123-seitigen Manifest mit dem schlichten Titel »Prinzipien« niedergelegt.[42] Dalios Argumente für Transparenz hören sich zunächst vernünftig an: Damit sich die besten Ideen durchsetzen können, verpflichten sich alle Mitarbeiter zu radikaler Aufrichtigkeit und radikaler Transparenz. Das schließt die Beurteilung des Verhaltens, der Persönlichkeit und der Leistung der Kollegen ein. Der Grund: Viele Leute halten ihre eigenen Ideen und Meinungen fast immer für gut und hinterfragen nichts. Haben diese dann eine starke Machtposition im Unternehmen, besteht die Gefahr, dass viele Fehlentscheidungen produziert werden.

Bei Bridgewater wird jeder Mitarbeiter regelmäßig von den Kollegen anhand von 75 Merkmalen bewertet. Über einen Algorithmus entsteht dann in einem gewissen Zeitraum ein klares Bild dieser Person inklusive ihrer Glaubwürdigkeit und Kompetenz. Öffentlich einsehbare Scorecards (»Spielkarten«) zeigen, inwieweit dem Urteil einer Person vertraut werden kann. Leute mit einem hohen Glaubwürdigkeitswert haben bei Entscheidungen unter Unsicherheit dann einen größeren Einfluss – ganz unabhängig von ihrem Alter, ihrem formellen Rang und der Firmenzugehörigkeit. Durch das permanente Feedback können sich die Menschen, so die Theorie, sehr viel besser entwickeln. Und die Gruppen können wesentlich bessere Entscheidungen unter Nutzung der kollektiven Intelligenz treffen – nach Dalios Meinung das Geheimrezept hinter dem Erfolg von Bridgewater.

Dass jedes Prinzip durch Überdosierung pervertiert werden kann, sieht man an den folgenden Kostproben aus dem Arbeitsalltag von Dalios Unternehmen[43]:

- Verstöße gegen die Transparenzprinzipien werden außerordentlich ernst genommen. Eine Führungskraft wurde beispielsweise mehrmals befragt, weil sie behauptet hatte, eine Mail »geschrieben« zu haben – in Wahrheit hatte sie diese diktiert.
- Neue Teammitglieder durchlaufen ein dreiwöchiges Bootcamp, in dem sie auf die Prinzipien eingeschworen werden. Basierend auf diesen Prinzipien gibt es eine Menge Hausaufgaben – wer durchfällt, wird vor dem ganzen Team gnadenlos bloßgestellt.
- Alle Meetings werden gefilmt und archiviert. Jeder hat Zugriff darauf und kann herausfinden, welche Fehler die Kollegen gemacht haben.
- In sogenannten öffentlichen Hinrichtungen lösen Mitarbeiter eine Aufgabe und werden dabei von den Kollegen beurteilt. Anschließend müssen sie Selbstkritik üben – ganz nach dem Vorbild kommunistischer Kaderschmieden.

Rund 20 Prozent der Neuankömmlinge verlassen das Unternehmen im ersten Jahr, bis zu 50 Prozent sind es nach 18 Monaten – obwohl sie vorher wissen, worauf sie sich einlassen. Ein Ex-Mitarbeiter zog gar vor die Menschenrechtskommission von Connecticut. Denn es blieb bei Bridgewater nicht bei grenzüberschreitenden Psycho-Assessments – auch Alkoholexzesse, entwürdigende Rituale und sexuelle Belästigung fanden einen fruchtbaren Nährboden.

Dalio ist sich der Kritik an seinem System bewusst: Es sei emotional schwierig auszuhalten und führe zu einer brutalen Arbeitsatmosphäre. Auf neurobiologischer Ebene gebe es einen Kampf zwischen unserem Angstsystem und unserer Vernunft. Sein System der radikalen Aufrichtigkeit und Transparenz sorge lediglich dafür, dass sich die Vernunft durchsetze.[44]

Ray Dalio hat sein Menschenbild – kein Wunder – aus dem völlig überholten Theoriegebäude der Ökonomie geborgt. Demnach ist der Mensch nur von Eigeninteresse gesteuert und bereit, für den eigenen Erfolg über die Schmerzgrenze zu gehen. Die Gesellschaft belohnt ihn dafür in dem Maße, wie er durch seine Leistungen ihren Bedürfnissen dient. Zumindest in Ray Dalios Hedgefonds scheint das für den Eigentümer gut funktioniert zu haben, immerhin schaffte er es 2016 unter die 50 reichsten Menschen weltweit auf der Forbes-Liste. Zudem ist Dalio in einer Branche tätig, die eine magnetische Anziehungskraft auf materiell getriebene Menschen ausübt. In jedem anderen kulturellen Umfeld wird dieses auf gnadenlosen Egoismus und Wettbewerb getrimmte System versagen, weil es fundamentalen menschlichen Schutz- und Sicherheitsbedürfnissen widerspricht.

Bridgewater hat seine Bewertungssysteme 2017 in drei Apps gepackt, sodass jedes andere Unternehmen weltweit dieses Modell der gnadenlosen Transparenz einführen kann. Vermutlich sind hierzulande in 99 Prozent der Unternehmen derartige Überwachungsmethoden aber völlig undenkbar, weil sich kaum jemand freiwillig im Dienste der persönlichen Optimierung und Bereicherung dem offenen Feedback der Mitwelt aussetzen wird, von rechtlichen Bestimmungen einmal ganz abgesehen. Dass Dalios Philosophie – wie in einem Artikel von *Vanity Fair*[45] vorhergesagt – im Silicon Valley einen Siegeszug antreten wird, darf bezweifelt werden. Einige Investoren und Inhaber von Aktienoptionen würden sich sicher über so ein System freuen – die Mehrheit der kreativen Normalos wird man damit verschrecken. Beim Streamingdienstleister Netflix wurden Dalios Transparenzprinzipien in abgemilderter Form eingeführt. Das Ergebnis: Bei Netflix herrsche eine Kultur der Angst, befand das *Wall Street Journal* nach Befragung von 70 ehemaligen Netflix-Mitarbeitern.[46] Nun kann man einwenden, dass diese Angst immerhin dazu geführt hat, dass Netflix einen weltweiten Siegeszug angetreten hat und nicht nur seinen Mitarbeitern, sondern auch der konventionellen TV- und Filmindustrie ordentlich das Fürchten beigebracht hat. Heiligt also der Zweck die Mittel? Das zu beurteilen, liebe Leser, überlasse ich ganz euch und eurem Wertesystem. Wenn ihr euch für die Angstvariante entscheidet, bitte sehr. Doch dann bitte nicht mit Scoreboard-Management.

Wie wir an diesen Beispielen gesehen haben, ist Transparenz immer ein zweischneidiges Schwert. Selbstverständlich hat jeder Mensch ein ureigenes Recht auf seine informationelle Selbstbestimmung. In Institutionen sieht das anders aus: Dort führt mangelnde Transparenz zu Entmündigung, Dienst-nach-Vorschrift-Mentalität, Misstrauenskultur, unglaublicher Ressourcenverschwendung und – die zahllosen Skandale lassen grüßen – zu Betrügereien aller Art. In diesem Sinne heißt Scoreboard-Management auch: »Wir haben nichts zu verbergen.« In diesem System spielt Transparenz eine zentrale und wichtige Rolle. Ohne diese wäre unsere gesamte Idee von neuer Unternehmensführung hinfällig. Aus gutem Grund werden jedoch nur aggregierte Werte und niemals individuelle Beiträge offengelegt. Es geht eben nicht darum, jemanden vorzuführen, sondern darum, Teamgeist und Wertschätzungskultur zu fördern. Nun genug der Theorie – im folgenden Kapitel erfährst du, wie Scoreboard-Management in der Praxis funktioniert.

KAPITEL 9

Scoreboard-Management in der Praxis

Durch Open-Book-Management und Transparenz bekommt man engagierte Mitspieler – und nicht nur gut informierte Fans, die sich über die Ergebnisse freuen, die andere erwirtschaften. Jeder Mitarbeiter wird in die Lage versetzt, an der Lösung für akute Engpässe im Unternehmen mitzuwirken. An drei Praxisbeispielen wird gezeigt, wie man diese Engpässe erkennt und wie man die Lösung schnell und unbürokratisch über Teamspiele organisiert.

Arbeit an einer Kennzahl: Autohaus Südbeck

Es ist Mittwochmittag, 12.15 Uhr, an einem heißen Julitag. In einer Werkstatthalle versammeln sich rund 30 Mitarbeiter aus allen Bereichen des Autohauses Südbeck in Cloppenburg: die meisten im Blaumann, andere im gepflegten Businesslook oder sportlich leger gekleidet. Trotz Urlaubszeit ist die Gruppe erstaunlich groß. Alle stehen im Halbkreis um ein großes fahrbares Whiteboard herum. Auf die Minute pünktlich eröffnet Geschäftsführer Andreas Raker das Huddle und begrüßt die Gruppe. Ohne lange Vorreden tritt der erste Line-Owner aus dem Verkauf vor und verkündet die Zahl der verkauften Neuwagen im abgelaufenen Monat. Das Ziel, das sich der Verkauf gesetzt hatte, ist nicht ganz erreicht worden. Kurz wird erklärt, worin die Ursache liegt: Der Hersteller hat noch nicht bei allen Modellen nachweisen können, dass die Abgasnorm WLTP erfüllt wird; daher liegt der Verkauf erst einmal auf Eis. Es folgt eine Einschätzung, was in den nächsten vier Wochen bis zum nächsten Treffen erreicht werden kann. Die entsprechenden Zahlen – das erreichte Ergebnis und die Prognose für den nächsten Monat – schreibt der Line-Owner auf das Whiteboard. Nach dem gleichen Muster werden die anderen kritischen operativen Kennzahlen verkündet: verkaufte Gebrauchtwagen, Standzeit der Gebrauchtwagen, Anzahl offener Aufträge und Produktivität in der Werkstatt. Jede dieser Kennzahlen hat einen Verantwortlichen, der stellvertretend für die Abteilung das Ergebnis sowie die Prognose für den nächsten Monat verkündet. Am deutlichsten hat sich die Standzeit der Gebrauchtwagen verbessert – dank einer gemeinschaftlichen Anstrengung über alle Abteilungsgrenzen hinweg. Nach wenigen Minuten weiß jeder im Raum, wie der Stand der Dinge in den einzelnen Abteilungen ist und warum sich die Zahlen in die eine oder andere Richtung verändert haben. Anders ausgedrückt: Jeder kennt die Geschichten hinter den Zahlen. Am Ende teilt Andreas Raker noch die eine oder andere Information aus der Geschäftsführung mit. Es gibt Applaus für die Line-Owner. Nach genau 15 Minuten verlassen alle die Halle.

Schauen wir uns hier exemplarisch die Kennzahl »Standzeit der Gebrauchtwagen« an, denn hier kann man besonders gut erkennen, wie Scoreboard-Management funktioniert. Es geht nämlich nicht »einfach nur« darum, dass das gesamte Mitarbeiterteam den Spielstand kennt und das große Ganze versteht – schon allein das ist in vielen Unternehmen ein großer Fortschritt. Es geht aber vor allem darum, a) sehr schnell zu erkennen, wenn etwas aus dem Ruder läuft, und b) aus der gesamten Gruppe heraus Menschen zu finden, die Freude daran haben, dieses Problem zu lösen, und zwar abteilungsübergreifend.

Normalerweise würde man so ein Problem allein in der zuständigen Fachabteilung lösen, hier also im Gebrauchtwagenverkauf. Durch Scoreboard-Management wird das Problem jetzt aber zum Problem aller. Genau darin liegt der Charme dieser Methode. Schauen wir also genauer auf das Problem »Standzeit der Gebrauchtwagen«.

Durch die sogenannte Dieselkrise und die Diskussion um Fahrverbote im Jahr 2018 wurden sehr viele Käufer verunsichert und entschieden sich in der Folge eher für einen Benziner. Entsprechend groß wurde in der gesamten Branche der Bestand an den früher heiß begehrten Dieselfahrzeugen. Jedes Fahrzeug, das im Autohaus steht, kostet dieses rund 15 Euro pro Tag: durch Finanzierungskosten und Wertverlust. Wenn man so eine Zahl im gesamten Team bekannt gibt, wird sehr vielen Mitarbeitern schlagartig klar, dass der hohe Stand an Gebrauchtwagen existenzgefährdend werden kann. Sehr schnell formierte sich daraufhin ein abteilungsübergreifendes Team, das es sich zur Aufgabe machte, diese Zahl von damals 144 Tagen zunächst auf unter 100, später auf eine langfristig akzeptable Dauer zu reduzieren.

Die erste Analyse machte bewusst, was eigentlich alle bereits wussten: Anders als man zunächst vermuten könnte, ist die Standzeit der Gebrauchtwagen nicht nur von den Gebrauchtwagenverkäufern zu beeinflussen, sondern von allen. Allein die sogenannte Standzeit 1 ist eine komplette Teamleistung: Das ist die Zeit von dem Moment an, wenn ein Kunde sein neues Fahrzeug abholt und das alte samt Papieren abgibt, bis zu dem Moment, in dem das gebrauchte Auto verkaufsfähig auf dem Hof steht. Um diese Zahl zu reduzieren, muss …

- der frühere Besitzer alle Papiere schnellstmöglich weitergeben,
- die Werkstatt diagnostizieren, was repariert werden muss,
- die Bestellung aller benötigten Teile erfolgen,
- die Reparatur durchgeführt werden,
- das Auto innen und außen auf Hochglanz poliert werden,
- ein Foto gemacht werden,

- ein Preis ermittelt werden,
- die Zusammenstellung aller Daten für potenzielle Interessenten stattfinden,
- das Auto mit allen Daten beschildert auf der Verkaufsfläche geparkt und in ein Internetportal eingestellt werden.

Allein diese Standzeit 1 lag bei durchschnittlich 38 Tagen. Das war auch nicht weiter verwunderlich. Da die Werkstatt in aller Regel gut ausgelastet war und die auf dem Hof stehenden Gebrauchtwagen sich nicht beklagten, wurden diese internen Aufträge gern nach hinten geschoben.

Erst durch die Einführung von Scoreboard-Management wurden diese Zusammenhänge allen bewusst. Dieses bewusste Erkennen ist die unabdingbare Voraussetzung dafür, dass sich etwas verändern kann. Allein das Wissen um eine Schieflage reicht aus, um Energie für eine Stabilisierung des Systems zu aktivieren. Dahinter steht das in uns allen tief verwurzelte Bedürfnis nach Erhalt der Lebensgrundlagen. Das allein reicht natürlich nicht aus; die Energie, die sich zunächst im Bewusstsein von Individuen bildet, muss gebündelt und auf ein Ziel gerichtet werden. Und dann ist es hilfreich, den Fortschritt regelmäßig zu messen, um Motivation daraus zu schöpfen oder um aus den Misserfolgen zu lernen.

Das Team, das sich (natürlich freiwillig) dafür entschieden hatte, die Standzeit 1 zu reduzieren, listete minutiös auf, an welchen Stationen der Prozess hakte. Es stellte sich beispielsweise heraus, dass der eine oder andere Kollege die Papiere gern einmal länger auf seinem Schreibtisch liegen ließ, bis er sie an die Werkstatt weitergab. In solchen Fällen passiert praktisch immer das Gleiche: Allein durch die Transparenz entsteht die nötige Motivation für Verhaltensänderungen. Es bedarf nicht des Drucks durch Vorgesetzte oder Kollegen. Die Verhaltensänderung entspringt dann entweder der vertieften Einsicht in die Schädlichkeit des eigenen Verhaltens (verbunden mit dem Wunsch, einen Beitrag zur Problemlösung zu liefern) oder der Angst, als Erfolgsverhinderer entlarvt zu werden.

Reicht die Veränderung der Rahmenbedingungen (hier: Schaffung von Transparenz) nicht aus, um Verhaltensänderungen herbeizuführen, braucht man eine Intervention auf der persönlichen Ebene, sprich: ein Gespräch. Zunächst gilt es herauszufinden, ob die Person versteht, welche Auswirkungen ihr Verhalten auf den Arbeitsalltag der Kollegen und das Ergebnis hat. Im Fall des vergesslichen Kollegen sind das ein finanzieller Verlust sowie zahlreiche frustrierte Kollegen, die ihren Job nicht machen können und ihre Zeit damit verschwenden, die Unterlagen anzumahnen. Dazu kommt die Enttäuschung, weil sich die kritische Zahl »Standzeit 1« nicht so verbessert hat, wie sie es könnte. Dann kann gefragt werden, welche Form von Unterstützung der Kollege braucht, um sein Verhalten zu ändern. Wenn auch ein Einzelgespräch und Hilfsangebote nicht fruchten, bleibt nur eine Konsequenz: Die Person braucht eine andere Aufgabe, in der diese Eigenschaft nicht ins Gewicht fällt, oder sie muss das System, sprich: das Unternehmen, wegen schädlichen Verhaltens verlassen.

»Der Kollege ist aber ein ausgezeichneter Fachmann und Leistungsträger!« – solche und ähnliche Einwände habe ich schon Dutzende Male gehört, wenn es darum ging, schädliches Verhalten Einzelner zu rechtfertigen. Meine Meinung dazu ist klar: Wenn man sich einmal ehrlich die negativen Konsequenzen vor Augen führt, gibt es nichts, was egoistisches Verhalten in einem Team rechtfertigt. Man muss sich nur die Folgekosten in den nachgelagerten Prozessen sowie die Zerstörung der Arbeitsmoral derjenigen, die nach Kräften an gemeinsamen Zielsetzungen arbeiten, vor Augen führen.

Doch zurück zum Autohaus Südbeck. Vielleicht fragen Sie sich, woher denn die Werkstatt plötzlich die Kapazitäten bekommen soll, um die in der Warteschlange stehenden Gebrauchtwagen zügig zu reparieren. Über diese Frage hat das Südbeck-Team natürlich auch nachgedacht. Daher gab es in einem zweiten Prozess ein anderes Team, das gemeinsam an der Aufgabe »Produktivität in der Werkstatt« arbeitete. Hierzu wurde ein Teamspiel namens »Nervenfresser« entworfen.

Was geht Menschen bei der Arbeit auf die Nerven? Wenn sie ihre Arbeit unterbrechen müssen, weil ihnen Informationen, Werkzeuge oder Material fehlt. Anders ausgedrückt: wenn Prozesse entweder fehlerhaft sind oder wenn man gute Prozesse nicht einhält. Das ist im Autohaus genauso wie in vielen anderen Berufen. Stellt man diese Nervenfresser ab, hat das gleich zwei wundersame Auswirkungen:

Erstens wird die Stimmung sofort besser, weil man sich nicht gegenseitig »anpampt«; und zweitens steigt die Produktivität, ohne dass man sich mehr anstrengen muss. Im Gegenteil, die Arbeit fällt dann sogar leichter. Das wiederum hat einen großen Einfluss auf die Profitabilität und die Bewegungsfreiheit des Unternehmens.

Bei Südbeck wurde in der Werkstatt konsequent geschaut, was Leute nervt und von der Arbeit abhält. Drei Themen standen ganz oben auf der Liste:

- Autos auf dem Parkplatz suchen
- Mängel bei Ordnung und Sauberkeit in der Werkstatt und bei der Verfügbarkeit von Werkzeug
- Wartezeit im Teiledienst

Zu allen drei Themen wurden noch einmal alle Prozesse durchleuchtet. Beispiel Parkplätze: Wenn ein Kunde sein Auto zur Reparatur abgibt, stellt der Servicemitarbeiter das Auto auf einen von sieben Parkplätzen, die rund um die Gebäude verstreut liegen. Der Mechaniker muss dann erst einmal einen Rundgang um den ganzen Betrieb machen, bis er das Auto findet. Damit dieses Thema »bespielbar« werden konnte, wurde zunächst eine Parkplatzordnung geschaffen. Dazu wurde eine neue Regel eingeführt: Nur diejenigen Aufträge werden in der Werkstatt angenommen, auf denen der Parkplatz angegeben ist.

Nach ähnlichem Muster wurden auch die Themen »Wartezeit« und »Ordnung« angegangen. Täglich wurde nun ausgewertet, wie viele Nervenfresser trotz der neuen Regeln übrig blieben. Zuvor wurde das gemacht, was man bei jedem Teamspiel macht: Das Team setzte sich selbst die Ziele, die es über die Laufzeit von drei Monaten erreichen wollte, und baute dazu ein wirklich hinreißendes Scoreboard. Auf diesem bewegt sich ein kleiner VW-Bus je nach Fortschritt von holprigem Gelände auf eine grüne Wiese. Dazu Serviceleiter Frank Klenke, der den ganzen Prozess maßgeblich vorangebracht hat: »Wir haben es durch das Spiel geschafft, rund 350 nicht wertschöpfende Stunden abzubauen, die durch Suchen und Warten entstehen. Und gleichzeitig ist natürlich die Stimmung im Team sehr viel besser geworden, seitdem alle Prozesse sitzen und eingehalten werden.«

Das Scoreboard für die »Nervenfresser«

Große Huddles in dezentralen Teams: Infinitas GmbH

Schauen wir ein zweites Beispiel an: die Infinitas GmbH in Hannover, einen IT-Dienstleister. Ein Großteil der Mitarbeiter programmiert CRM-Systeme bei Kunden, und das schon seit vielen Jahren. Dadurch gehören sie mehr oder weniger zwei Unternehmenskulturen an: der beim Kunden und der bei Infinitas. Da es mit vertretbarem Aufwand unmöglich ist, das gesamte Team zum Huddeln in einem Raum zu versammeln, wird über ein Videokonferenzsystem gehuddelt. Das geschieht zu einem festen Zeitpunkt einmal im Monat.

Das Infinitas-Huddle wird von Geschäftsführer Jens Wemheuer eröffnet. Er steht vor einem großen Whiteboard mit Plan- und Ist-Zahlen.

Das Ganze wird über Skype an alle interessierten Mitarbeiter übertragen. Die Infinitas-Mitarbeiter aus der Zentrale sitzen live im Huddleraum. Zusätzlich wird das Huddle per Video aufgezeichnet. Diese Aufzeichnung können sich alle, die zu diesem Termin verhindert sind, in Yammer anschauen.

Jens Wemheuer geht alle Zahlen zügig durch und gibt Hintergrundinformationen zu den Zahlen, die sich außerplanmäßig entwickelt haben – zum Beispiel sind die Kosten unplanmäßig gestiegen, weil durch einen Neukunden zusätzliche Reisekosten entstanden sind. Jede Zahl wird dort, wo es sinnvoll ist, mit Vorjahreswerten verglichen. Da auch hierzu immer die Geschichten erzählt werden, die zu dieser Veränderung führten, kann jeder die Entwicklung gut nachvollziehen. Nach gut 20 Minuten übernimmt Katrin Heidemann, die das Marketing verantwortet, die Huddle-Leitung. Das aktuelle Thema ist die Gewinnung von Neukunden. Viele Teamspiele haben sich im laufenden Jahr darauf konzentriert, den Website-Traffic zu erhöhen. Das geschah in erster Linie über Blogbeiträge zum Thema CRM über Hubspot. Dadurch stieg Infinitas deutlich im Google-Ranking zu »CRM«-Suchanfragen. Katrin Heidemann berichtet, dass durch diese und viele andere Maßnahmen die Anzahl der Besucher auf zuletzt 754 pro Monat angestiegen ist. Das Marketingteam ist zuversichtlich, bis Ende des Jahres das Ziel von 1000 pro Monat zu erreichen. Nun werden die Kollegen genannt, deren Blogbeiträge besonders häufig angeklickt werden und die zu einem sehr guten Anstieg organischer Suchanfragen geführt haben. Jens Wemheuer informiert über die konkreten Kundenanfragen, die sich aus dem Traffic ergeben haben. Katrin Heidemann berichtet dann über alle Änderungen auf der Landing-Page und über den Verlauf von Experimenten zu Buttons auf der Webpage. Es gibt die Aufforderung an alle Kollegen, die Blogbeiträge auf Netzwerken wie LinkedIn, Twitter, Facebook oder XING zu teilen.

Eine Diskussion zum Für und Wider von Facebook wird vertagt, da sie den Rahmen des Huddles sprengt. Das Huddle endet mit einem Hinweis auf die fakturierbaren Stunden und den Zusammenhang mit Urlaubstagen und Krankenstand. Insgesamt ist das Team »gesünder« als im Vorjahr, worüber sich alle freuen. Katrin Heidemann kündet an, eine Info zum Thema »Line-Ownerschaft« zu mailen, um mehr Kollegen zu ermutigen, die Verantwortung für das Reporten bestimmter

Scoreboard zum Teamspiel »Blogbeiträge zum Thema CRM« der Infinitas GmbH

Kennzahlen zu übernehmen. Damit ist das Huddle beendet und alle klinken sich wieder aus. Da keine aktuellen Engpässe bestehen, die auf eine Lösung warten, gibt es keine weiteren Absprachen zu Teamspielen. Seit dem Start sind 35 Minuten vergangen. Alle Mitarbeiter wissen um die generelle Lage und um die wichtigsten Aktivitäten im Engpass »Neukundengewinnung«, und sie wissen, was sie selbst beisteuern können, um das Unternehmen erfolgreicher zu machen.

Jedes Team huddelt anders: Markenagentur Kaapke

Jedes Unternehmen prägt seinen ganz eigenen Stil im Huddle aus. Schauen wir uns noch einmal die Markenagentur Kaapke an, die auf die Markenführung mittelständischer Unternehmen spezialisiert ist.

Auch hier beginnt das Huddle pünktlich. Ausnahmslos alle Mitarbeiter sind dabei, denn die Teilnahme war bei Kaapke damals noch mehr oder weniger verpflichtend. Nicht die Geschäftsführung, sondern einer der Projektleiter eröffnet die Runde. Es gibt zuerst allgemeine Neuigkeiten: Drei neue Azubis werden vorgestellt, ein Ausblick auf eine neue Team-Challenge zum Thema »Werte« gegeben, und es wird von der Strategieklausur der Geschäftsführer berichtet.

Es folgt eine Diskussion darüber, ob die Scores auf dem großen Board noch stimmen. Eigentlich will man das Scoreboard nach dem Vorbild von Zingerman's gestalten. Dort werden Kennzahlen zu den drei Säulen der Strategie erhoben: Servicequalität (inklusive Mitarbeiterzufriedenheit), Produktqualität und Finanzen. Ähnlich will man auch bei Kaapke verfahren. Dort sollen die Finanzen, die Kundenzufriedenheit, die Stimmung im Team und die Qualität der Kreation regelmäßig verfolgt werden. Schon zu lange konzentriert man sich auf Kennzahlen rund um die Themen wirtschaftlicher Erfolg und Finanzen. Ein paar Minuten wird über die Kennzahl »Krankenstand« diskutiert, dann wird das Thema vertagt. Nun tragen die Line-Owner ihre Kennzahlen vor und geben eine Prognose für den nächsten Monat ab. Es werden zahlreiche Fragen gestellt: Warum sind die Kosten 10 000 Euro unter Plan? Wer zahlt für den Fassadenanstrich? Das aktivierbare Angebotsvolumen liegt sehr hoch – das Team ist aber schon voll ausgelastet und die Urlaubszeit fängt an. Dann gibt es noch eine Grundsatzdiskussion zur Definition der kritischen Zahl – der finanziellen Reichweite. Nach 45 Minuten sind alle Fragen beantwortet.

Es handelt sich also um ein ganz anderes Huddle als bei Südbeck: Im Autohaus werden ausschließlich Leistungskennzahlen betrachtet, in der Agentur Ergebniskennzahlen. Im Autohaus werden die Zahlen kurz und knackig durchgegeben, in der Agentur werden viele kritische Fragen gestellt. Das eine Huddle dauert 15 Minuten, das andere dreimal so lang. Generell gilt: Viele Fragen sind immer ein gutes Zeichen für Interesse am Thema. Aber es gilt auch: Keine inhaltlichen Diskussionen im Huddle! Das führt schnell dazu, dass viele gelangweilt sind und viel Arbeitszeit verschwendet wird. Solche Diskussionen führt man besser später, um das Ergebnis beim nächsten Huddle bekannt zu geben. Letztlich muss jedes Unternehmen selbst herausfinden, welche Kennzahlen für die Entwicklung des gesamten Unternehmens passend sind. Am besten ist natürlich eine Mischung aus Ergebnistreibern und Finanzkennzahlen. So bleibt der Bezug zum eigenen Arbeitsgebiet er-

Die Botschaft ist klar

halten und gleichzeitig erkennt man die Verknüpfung mit den finanziellen Ergebnissen.

Enorm wichtig ist immer, dass Abweichungen gleich auf den Grund gegangen wird und gegebenenfalls ein Teamspiel initiiert wird. So geschehen auch bei Kaapke.

Als bei einem monatlichen Huddle klar wurde, dass die Auftragsreichweite drastisch zurückgehen würde, wurde spontan aus dem Team heraus ein Teamspiel konstruiert, das auf den schönen Namen »Get rich or die tryin'« getauft wurde. Früher wäre das Chefsache gewesen; die Unitleiter und die Geschäftsführer hätten auf Vertriebsmodus geschaltet. Nun ging das gesamte Team ans Werk. Gefunden wurden zwei »Hebel«: a) schon genehmigte Projekte von Kunden aktivieren und zeitlich vorverlegen und b) das Präsentieren von Initiativideen beim Kunden. Insbesondere Letzteres setzte eine Flut guter Ideen frei. Diese wiederum begeisterten die Kunden – und sorgten dafür, dass die Auftragsbücher schnell wieder voll waren. Dazu Timo Kaapke: »Jeder im Team konnte nachvollziehen, was los ist. Das aktivierte alle im Team. Plötzlich waren nicht mehr nur einige wenige besorgt und machten sich Gedanken, sondern alle. Niemand brauchte irgendjemanden zu motivieren, sondern die Transparenz und die daraus entstandene Nachvollziehbarkeit aktivierten die intrinsische Motivation aller. Leute haben Ideen entwickelt, daraus Konzepte erarbeitet und sie grandios aufbereitet – vom Azubi bis zum Geschäftsführer. Solche, die sowohl für unsere Kunden als auch für uns selbst Sinn machen. Das hat auf grandiose Weise das Grundprinzip von Scoreboard-Management bestätigt: Wenn man Menschen die Freiheit gibt, über ihr Arbeitsfeld hinauszuwachsen, machen sie das mit großer Freude und mitunter phänomenalen Ergebnissen.«[47]

»Es geht um beides: Menschen und Geld« – ein Interview mit Timo Kaapke

Das Scoreboard-Management in der Praxis aus Unternehmersicht verdeutlicht ein Interview mit Timo Kaapke, Gründer und Alleingesellschafter der Kaapke Holding GmbH in Drantum bei Oldenburg. Er gehört zu der seltenen Spezies von Menschen, die schon in jungen Jahren ein Unternehmen gründen und damit dann auch Erfolg haben. Zur Kaapke Holding gehören unter anderem die Kaapke Marketing GmbH, eine Markenagentur mit 30 Mitarbeitern, sowie die Markenberatung Kaapke Strategie GmbH mit vier Mitarbeitern. Daneben ist Timo Kaapke Mitgründer der GoGREAT-Community, in der sich Unternehmen organisieren, die nach den Prinzipien des Scoreboard-Managements arbeiten. 2019 war die Kaapke Marketing auf der Short List des Rookie of the Year Award von The Great Game of Business.

■ Timo, wo hast du Führung gelernt?

Wie so viele Gründer von meinen eigenen Chefs und als Kind eines Unternehmers natürlich von meinem Vater. Papa war Chef in seiner eigenen Firma, einer Druckerei; und das, was ich sah, gefiel mir ausgesprochen gut. Er konnte sich seine Arbeit selber einteilen, keiner sagte ihm, wann er was zu tun hatte. In seiner Firma gab es eine klare Struktur. Jeder wusste, was seine Aufgabe war. Es lief. Es wurde Geld verdient, das er wieder in die Firma investierte, aber auch in so manche

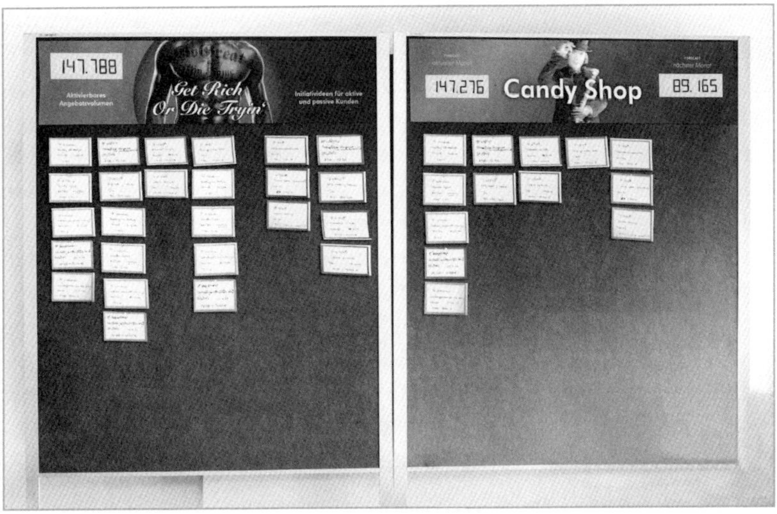

Wie ziehen wir mehr Aufträge an Land ?

Annehmlichkeiten. Er fuhr immer einen schönen Mittelklassewagen, als Familie fuhren wir zweimal im Jahr in den Urlaub. Im Sommer in den Süden, im Winter in die Berge zum Skifahren. Heile Welt. Klar, es gab auch Zeiten, in denen Papa gestresst wirkte, aber okay. Das ist bestimmt auch in anderen Jobs so, dachte ich. Geld spielte immer eine Rolle. Aber über Geld redet man ja nicht – zumindest bin ich in diesem Glauben aufgewachsen. Jedenfalls war mir klar, dass ich später auch mal Chef werden wollte.

▪ Also war die Gründung von Kaapke mehr oder weniger die logische Konsequenz?

Ganz klar! Im Grunde fiel der Startschuss mit 13. Mit meinem Apple Mac II/SE fuchste ich mich in das ein, was man damals Desktop-Publishing nannte. In Papas Druckerei konnte ich mir damit das Taschengeld aufbessern, und nebenbei konnte ich live miterleben, wie es so ist, diese Firma zu machen. Super! Nach dem Abi war ich noch mehr davon überzeugt, dass mein Weg in die Selbstständigkeit führen sollte. Also: Ausbildung in einer Agentur, Studium der Marketingkommunikation und dann: arbeiten in Düsseldorf bei einer großen Agentur. Meine Chefs verhielten sich ähnlich wie mein Vater. Wenn sich meine

Kollegen über sie ärgerten, beruhigte ich sie, nach dem Motto: Das sind die Chefs, die müssen das so machen. Keep cool!

Viel früher als gedacht konnte ich mit knapp 25 das, was ich fachlich draufhatte, in unserer Region umsetzen. Nach zwei Gesprächen mit potenziellen Kunden traute ich mich in die Selbstständigkeit. Das Ganze sah ich als eine Art Projekt an. Wenn es schiefgeht, dann mach ich halt wieder was anderes. Easy going!

Ein Traum wurde wahr: Aus den beiden Interessenten wurden Kunden. Ich war jetzt richtig selbstständig. Mit dieser Lockerheit und gleichzeitig dem hohen Anspruch, was Besonderes zu schaffen, ging ich an den Start. Alleine. Ohne Team. Ich machte alles selbst und ständig. Sechs-Tage-Woche, Minimum zwölf Stunden pro Tag. Das war abenteuerlich, machte Spaß und funktionierte. Die Kunden übertrugen mir immer mehr Projekte und schließlich die kommunikative Betreuung ihrer Marke. Nur irgendwann reichten auch sieben Tage pro Woche nicht mehr aus. Es wurde einfach zu viel. Also – next step: Mitarbeiter einstellen und ein richtiges Büro anmieten.

▪ Wann waren denn die unternehmerischen Flitterwochen vorbei?

Das verlief schleichend. Es fing mit den ersten Mitarbeitern an. In den Anfangsjahren kamen und gingen Dutzende Leute. Mal trennte ich mich von ihnen, mal sie sich von mir. Es passte entweder menschlich oder fachlich nicht. Oder beides. Das kannte ich von Papa auch schon. Es frustrierte mich ganz schön: die Auftragsbücher voll, und das einzige Problem war, dass ich keine Menschen fand, die mit der gleichen Leidenschaft und Fachlichkeit an die Sache gingen.

So bestand meine neue Hauptaufgabe in etwas, was ich nie gelernt hatte: Mitarbeiter finden und binden. Ich lernte, dass ich motivierte Leute finden musste, die fachlich zwar noch nicht »fertig« waren, die aber Bock auf meinen Laden und Feuer hatten und sich mit mir weiterentwickeln wollten. Der Kick bestand für uns alle aber vor allem darin, den Kunden in der Provinz etwas ganz Besonderes zu bieten. Es fühlte sich an wie Kleingallien.

Mit dem 17. Mitarbeiter wurde unser schönes Büro endgültig zu klein. Zu mieten gab es nichts Ordentliches. Also bauen! Ups, echt jetzt!? Für die Planung holte ich mir einen Profi an die Seite – mit einem immensen Nebeneffekt: Er stellte die Frage, wie wir unsere Zusammenarbeit gestalten wollen und wie das neue Haus das unterstützen sollte. Da bemerkte ich den Unterschied zwischen Zusammenarbeit und Arbeit. Bislang dachte ich immer an das Geschäftsmodell, wenn ich an die Firma dachte, also daran, wie und womit wir unser Geld verdienen. Dass es auch Organisationsmodelle gibt, die ganz konkret die Art und Weise der Zusammenarbeit regeln, war mir nicht wirklich bewusst.

Der Einzug am 18. März 2008 war dann wieder so ein Unternehmermoment. Alles roch neu, frisch gestrichen, und dann dieser Duft brandneuer Apples in der Luft. Cool. Und diese Weite, endlose Weite, 700 Quadratmeter. Super. Und: Puh, doch größer als gedacht. Ich fühlte mich angekommen. Das Level des Projektseins hat jetzt offensichtlich ein Ende. Ich spürte Stolz. Unternehmerischen Stolz und neue Energie. Und es wurde mir schlagartig bewusst: Ab jetzt sind wir eine richtige Firma.

■ Was heißt das denn – eine »richtige« Firma zu sein?

Es hat ganz schön gedauert, bis ich die Antwort auf genau diese Frage gefunden habe. Nach der tollen Einweihungsfeier führte die Tatsache, eine Firma zu sein, erst einmal zu dem Gefühl der Verunsicherung, zu Druck. Und das Schlimmste daran war: Ich wusste nicht, woher und warum dieses Gefühl auf einmal einsetzte. Meine Reaktion darauf war einfach: Ich musste Unternehmensführung lernen, eine Disziplin, auf die mich weder meine Ausbildung noch mein Studium vorbereitet hatten.

■ Damit kann man ja locker ein halbes Leben zubringen …

So ist es! Die Idee, den Laden zu professionalisieren, war der Startschuss zu einem wahren Seminarmarathon: Organisation, Führung, Personal, Recht, Lohnbänder und so weiter und so fort. Das Regal mit den Seminarordnern ist noch heute mein persönliches Mahnmal. Denn es kam, wie es kommen sollte. Ich kam vom Seminar, vollgepumpt mit frischem Know-how. Also, erst mal jeden in der Firma davon begeistern und dann läuft das schon. So gingen einige Jahre vorbei. Marc, der heute operativer Geschäftsführer ist, sagte mir mal: »Timo, ich weiß schon gar nicht mehr, was von dem, was du erzählst, eine Idee sein soll, und was davon wir jetzt auch umsetzen sollen.« Ich wusste das auch nicht mehr so recht. Information overload. Also, dann halt anders. Meine neue Devise: Keine Seminare mehr. Sondern: Hole dir Berater ins Haus, die dir das Ganze auch umsetzen. Und los ging es: Unternehmensberater unterschiedlichster Couleur wurden zu Stammgästen bei uns. Alle waren begeistert. Klar, bei den Tagessätzen kein Wunder. – Effekt: Schon besser als Seminare, aber die Moral der Geschichte: Umsetzen musst du letzten Endes doch selber. Ist der Berater aus dem Haus, hält das Ganze noch ein paar Tage und dann verfällst du wieder in alte Muster. Fachleute nennen das die Professionalisierungsfalle: Um die Probleme schnell wachsender kleiner Unternehmen in den Griff zu bekommen, schaut man, was die Großen machen – die müssen es ja wissen. Und da sind wir volle Kante reingerannt. Unbewusst!

Parallel dazu häuften sich die »Chef-hast-du-mal-kurz-Zeit«-Momente: für Laptops, neue Werbemittel, das Essen für die nächste Weihnachtsfeier, Büromaterial, die Blumen für den Empfang, neue Möbel, den Handwerker, für eine Reparatur am Haus und so weiter und so fort. Dabei ging es nie um die Sache selber: welche Laptops, welche Menüfolge, welche Werbemittel – das war klar und bedurfte in den allerseltensten Fällen meiner Entscheidung. Es ging stets um die Frage, ob die Bestellung zu den angebotenen Kosten beauftragt werden konnte. Ich wurde zum entscheidenden Nadelöhr und verstrickte mich immer mehr in operativem Klein-Klein. Viel später wurde mir bewusst, dass ich wie viele andere Unternehmer in eine perfide Falle geraten war. Vom Facharbeiter – also vom selbstständigen Markenexperten – musste ich durch das Wachstum der Firma zum Manager werden. Über den Kampf mit dieser Rolle hatte ich meine wichtigste Rolle übersehen: als Unternehmer dafür zu sorgen, dass das System »Firma« durch die richtigen Rahmenbedingungen ohne mich weitgehend von allein läuft.

▪ Wie sah denn konkret die Professionalisierungsfalle aus?

Wir dachten, den Engpass Chef durch Hierarchie und mehr Verantwortung für Führungskräfte zu beseitigen. Wir bildeten Kundengruppen, die wir Units nannten. Jede Unit hat natürlich einen Unitleiter, eigene Kunden und ein festes Team. Das lief anfangs auch ganz gut so. Es schuf wieder mehr Orientierung. Jede Unit hatte Ziele in den Bereichen Kundenbegeisterung und Finanzen, die zu dieser Zeit aber nur ich als GF und die Unitleiter kannten. Diese organisierten die Arbeit dann um diese Ziele herum und fertig. Das lief, bis die Unitleiter die nächsten Entscheidungsnadelöhre wurden. Wir wurden langsamer, drehten Ehrenrunden und das Klima wurde rauer. Also, was nun? Was das letzte Mal geklappt hatte, würde sicher wieder funktionieren: Wir machten aus drei Nadelöhren sechs und beförderten drei talentierte und motivierte Mitarbeiter zu Teamleitern, die jeweils eine Fachabteilung führten. Das Ganze ging rund ein Jahr gut, dann war das Chaos perfekt. Und zwar nicht, weil es die Leute nicht brachten, sondern weil diese Struktur und die daraus entstandenen Wege für unser Geschäftsmodell und unsere Kunden nicht funktionierten.

Die Freude der Anfangsjahre war weg, wir lachten weniger, alles wirkte angestrengt, fast schon krampfig. Ich spürte, dass mir meine Firma irgendwie nicht mehr so viel gab wie zuvor. Es wurde Maloche. Die Freude und die positive Energie schwanden. Das Start-up-Feeling, dieses »Come on, lass uns was Cooles schaffen« ging verloren. Dabei war doch genau dieses Gefühl der beste Lohn für die Arbeit, die Verantwortung und das Risiko. Ich wollte zurück in die Zukunft! Wachstum ist ja super, aber ich würde gerne wieder so arbeiten wie früher: schnell, mit Spirit und Freude, nur halt mit mehr Leuten und mehr Kunden. Träumerei? Vielleicht. Aber: Wie? Das war der Moment, in dem mir klar wurde, dass ich mit meinem Organisationslatein voll am Ende war. Eigentlich war ich das schon davor. Also zündeten wir die nächste Stufe: wieder Berater ins Haus holen, diesmal Experten rund um das Thema »New Work«. Organisationsentwickler, Leanberater, Coaches, Berater aus unserer Branche, Berater aus anderen Branchen. Wenn wir fragten, wie wir das konkret hinbekommen mit New Work, kamen immer ähnliche Antworten: Es gibt keine Rezepte, es kommt drauf an und jeder muss da seinen eigenen Weg finden. Wirklich besser wurde es nicht. Wir – oder besser ich – drehten uns im Kreis.

■ Wann kam dann der Durchbruch?

Mir wurde klar, dass ich selbst wissen musste, was ich wollte, außer einem diffusen »wieder Spaß haben wie früher«. Das Dumme war: Ich wusste nicht so recht, was ich genau wollte und wie ich das hinbekommen sollte. Ein hoher Anspruch, gepaart mit Ohnmachtsgefühl, ist ein kritischer Zustand. Und als starker Chef kannst du ja auch keinen fragen. Ich fühlte mich einsam. Was mich oft auch irritierte, war, dass ich mich immer wieder selbst dabei erwischte, dass sich Engelchen und

Teufelchen auf meinen Schultern unterhielten zum Thema »der Mitarbeiter an sich«. Manchmal (wenn dir gar nichts mehr einfällt) fragst du dich dann auch schon mal: Vielleicht liegt das alles ja gar nicht an mir, sondern an den Mitarbeitern? Die emotionale Achterbahn verlief zwischen den Extremen von »Yeah, wir sind ein Team« bis hin zu »Die lassen mich hier sitzen«.

Als ich dann morgens mal volles Rohr den Michael-Jackson-Song »Man in The Mirror« aufgedreht hatte, kam die Erleuchtung: Ich muss bei mir, dem Mann im Spiegel, anfangen. Leicht gesagt, aber wie geht denn das? Ich musste raus. Einmal alles überdenken und nichts anderes tun. Voller Fokus. Keine Ablenkung. Ich flog für zehn Tage weg in meine erste Ichzeit, ein Ritual, das ich noch heute einmal im Jahr pflege. Ich wollte an einen Ort, den ich noch nicht kannte. Es wurde die Blumeninsel Madeira. Dass meine Ehefrau auch da mitgespielt hat, ist großartig, zumal unsere zweite Tochter zu der Zeit gerade mal drei Monate alt war.

Auf Madeira kam ich dann nach einigen Tagen in Kontakt mit der einen Frage, mit der sich für mich und mein Unternehmen alles änderte: Was will ich? Nicht: Welche Ziele hat das Unternehmen? Nicht: Wie schaffen wir dies und das? Nein, was will ich? Und wenn mir das klar ist, ist die nächste Frage: Was bedeutet das dann für mein Unternehmen? Man könnte denken, als Inhaber hast du dich dem Wohle deiner Firma unterzuordnen. Ja, in gewisser Weise ist das auch so. Aber es muss auch die Frage erlaubt sein, was die Firma dem Inhaber bringt. Und damit meine ich nicht nur finanzielle Dinge. Und, ja: Ich bin nicht die Firma und die Firma ist nicht ich, obwohl wir den gleichen (Nach-)Namen tragen.

Die Antwort war klar: Ich will nicht nur von irgendwas möglichst viel verkaufen. Ich will ein Unternehmen aufbauen, mit dem und für das Menschen gerne etwas zusammen unternehmen. Mit coolen Leuten für coole Kunden coole Sachen machen. Sachen, die alle Beteiligten weiterbringen, statt sie nur zu bedienen oder zu beliefern. – Und: Ich will die Lebensqualität von Menschen, die mit mir oder meiner Firma etwas unternehmen, verbessern. Und ich selbst bin da der Gründer, der Erbauer, der Aktivierer. Der Gründer, der dem Ganzen Gründe gibt und den Grund bereitet. Nicht mehr und nicht weniger. Ich will nicht was Großes schaffen. Es darf groß werden, muss es aber nicht unbedingt. Aber großartig soll es sein.

■ **So viel zum Ziel – wie hast du es dann konkret erreicht?**

Genau das war die entscheidende Frage. Schließlich hatte ich immer noch die gleichen Werkzeuge wie vor der Ichzeit zur Verfügung. Ich wusste zwar endlich wieder, wo es langgeht, aber ich habe wieder versucht, mit dem Hammer Schrauben zu versenken. Nach meiner Rückkehr ging das ganze Hin und Her im operativen Tagesgeschäft nahtlos weiter. Es kam viel zusammen, das sich negativ verstärkte: Ich hatte keine passenden Methoden parat; meine Lust, es immer und immer wieder neu zu versuchen, wurde geringer; ich hatte keinen Fokus auf die Weiterentwicklung des Unternehmens, weil mich das operative Tagesgeschäft mit all seinen kleinen und großen Herausforderungen einspannte und die ersten Mitarbeiter ganz schwindelig wurden. Das alles war ein guter Nährboden für Misstrauen, Ungeduld, Unzufriedenheit. Und zwar bei allen. So wurde das Betriebsklima immer destruktiver. Es war wie ein Teufelskreis. Und mir wurde (wieder) bewusst, dass es wohl nur einen geben kann, diesen zu durchbrechen: mich. Die Quittung bekam ich einige Monate später, und zwar heftiger denn je: körperlicher Totalausfall. Ich war nicht nur mit meinem Latein, sondern auch körperlich am Ende. Es kam der Moment, an dem ich nachschaute, was im Kleingedruckten der Berufsunfähigkeitsversicherung drinsteht. Jetzt stand nur noch eines auf meiner Agenda: wieder schmerzfrei werden. Und so fit und gesund, wie es irgend geht. Das Ganze hatte aber auch was Gutes: Aus Delegieren wurde echtes Abgeben. Ich konnte ja (operativ) nichts mehr machen, außer Reha. Anfangs hatte ich große Bedenken. Aber nach kurzer Zeit schwanden diese wieder, denn meine Leute haben das alles wunderbar gemacht. Ich war begeistert und auch ihnen schien das neue Maß an Eigenverantwortung zu gefallen. Den meisten jedenfalls. Der Chef ist ja nicht da, also können wir ihn auch nicht fragen.

Erst jetzt, wo ich operativ ausgeschaltet war und keine andere Wahl hatte, ging es weiter. Mir wurde klar: Ich war zwar der Gründer, mit dem alles angefangen hatte. Aber ich war wohl jahrelang auch der Verhinderer unseres eigenen Fortschritts. Nicht weil ich nicht gewusst hätte, wohin wir wollen und womit wir das schaffen. Nein, vielmehr weil ich im Wege stand. Und zwar, ohne es zu merken. Ich hatte für mich selber jahrelang nicht das, was es brauchte: Fokus. So habe ich in meiner wachsenden Firma meine Unternehmerrolle nie ausreichend eingenommen und ausgefüllt. Stattdessen war ich zu lange unterwegs wie ein Selbstständiger (der ich ja ursprünglich auch immer werden wollte), der hauptsächlich Fachkraft ist und sich ein wenig als Manager und Unternehmer verhält. Die Momente, in denen ich als Unternehmer agierte, waren rar. Wahrscheinlich war mir der Unterschied zwischen den Aufgaben von Fachkraft, Manager und Unternehmer gar nicht wirklich klar gewesen. Jedenfalls hatte ich nicht realisiert, was es tatsächlich bedeutet – allem voran für mich selbst und mein Verhalten. Sobald ich wieder Kontakt zum Tagesgeschäft hatte, verfiel ich wieder in die Fachkrafttätigkeit. Da fühlte ich mich ja auch sicher, das konnte ich. Und das sorgte zwar für begeisterte Kunden, aber brachte dem eigenen Unternehmen mit all den Notwendigkeiten eines wachsenden Unternehmens viel zu wenig. Und dabei war mir das immer klar, aber ich habe es einfach nicht kontinuierlich umgesetzt bekommen. – Echt verrückt!

Warum das so lief? Gute Frage! Wahrscheinlich war meine Freude an der Fachkrafttätigkeit so groß, dass es mir (zumindest kurzfristig) viel mehr gab als die Tätigkeiten als Unternehmer, deren Auswirkungen ja immer erst lange Zeit nach der eigentlichen Aktion spürbar werden. Zu viel Chef, zu viel Selbstständiger, zu wenig Unternehmer, zu wenig Vertrauen, zu wenig Zutrauen, zu wenig Betrauen, zu wenig Abgeben, zu wenig Loslassen. Und: In meiner Fachlichkeit fühlte ich mich sicher, das beherrschte ich super. Das andere war neuer als gedacht und sorgte für Unsicherheit und Kontrollverlust. Nicht schön.

▪ Wie wurde dir denn klar, was deine Aufgaben als Unternehmer sind?

Der Durchbruch kam, als ich über Freunde mit der Small Giants Community in Kontakt kam. Dort sind mittelständische Unternehmen organisiert, die beschlossen haben, »great instead of big« zu sein, also großartig statt groß – ein nicht nur für amerikanische Verhältnisse sehr ungewöhnlicher Ansatz. Dort wie bei uns dreht sich ja alles erst mal um Wachstum. »Großartig« bezieht sich dabei immer auf Unternehmenskultur. Über die gleiche Quelle geriet ich an Ari Weinzweig, der mit seiner Unternehmensgruppe »Zingerman's« eine ganz besondere, auf Selbstorganisation und Partizipation basierende Unternehmenskultur geschaffen hatte. Früher waren wir schon in diese Richtung unterwegs gewesen, aber irgendwo auf unserem Weg sind wir davon abgekommen. Bei Zingerman's läuft unter anderem alles »Open Book«, also mit maximaler Transparenz. Von da aus war es nicht mehr weit zu *The Great Game of Business*, dem Buch von Jack Stack und Bo Burlingham. Dieses Modell war auch bei Zingerman's die Blaupause für die Einbindung aller Mitarbeiter in die Finanzen und die Unternehmensentwicklung. Mir war klar: Das will ich auch. Ich bin selbst Sportler und hatte immer davon geträumt, bei der Arbeit so viel Spaß zu haben wie beim Teamsport.

Denn eigentlich ist Sport wie Unternehmensführung: Spiel, Spielregeln, Spielstand, Gewinne und Spaß haben, alle sind gut zufrieden (Verein, Trainer, Spieler, Fans) – eine Idealvorstellung eines guten Unternehmens, oder!? Und das traf auch das, was mir vorschwebte: mit coolen Leuten für coole Kunden coole Sachen machen! Und mir war jetzt klarer als zuvor, wer ich in diesem Spiel sein wollte: der Trainer. Trainer schießen keine Tore, sie sorgen aber dafür, dass die richtigen Leute unter den richtigen Rahmenbedingungen ihr Bestes geben können.

In den USA wurde mir auch klar, dass ich bisher zu viel an mir und meinen Leuten rumgedoktert hatte. Stattdessen musste ich das Spielfeld und den Rahmen gestalten und dafür sorgen, dass alle das Spiel und die Regeln verstehen.

Bis dahin hatte ich immer an einzelnen Themen rumgeschraubt: mal an fachlichen Themen, mal an der eigenen Strategie, mal am Personal, mal am Marketing, mal hieran, mal daran. Für jede Disziplin hatte ich mir Berater an Bord geholt. Sportlich gesprochen hatte ich mir mal einen Profi an Bord geholt, mit dem wir den Torwart trainierten, dann einen für den Sturm, dann einen Physio und dann kümmerten wir uns um den Busfahrer. Alles Einzellösungen. Was fehlte, war der rote Faden. Ein größeres Ziel und eine Verbindung für all die Einzelteile, die am Ende das großartige Ganze dieses Unternehmens ausmachen würden.

▪ Was bedeutete das für deine Rolle als Unternehmer?

Ich wollte ein Sparringspartner sein, durch den Mitarbeiter und (indirekt auch) Kunden gleichermaßen Impulse bekommen, die sie gemeinsam wachsen und zusammenwachsen lassen. Und ich war bereit, mein eigenes Chef-Weltbild auf den Kopf zu stellen.

Darum geht es: Vertrauen in die Entwicklung und die positiven Absichten der Mitarbeiter (obwohl sie ja »nur« Angestellte sind), seine eigenen Stärken und seine eigenen Ziele kennen und sich dem Ziel des großen Ganzen des Unternehmens auch als Unternehmer unterordnen, lernen, daran Freude zu finden, und lernen, daran selbst auch zu wachsen. Sich daran erfreuen, andere bei ihrem Wachstum zu beobachten (sowohl Mitarbeiter als auch Kunden), und es allen ermöglichen, von den gleichen Dingen zu sprechen, damit jeder auch die Chance hat, sich auf seinen Beitrag zum Gelingen des großen Ganzen zu fokussieren! Und das gilt allem voran für mich als Chef – ähm, Unternehmer meine ich natürlich. Es geht darum, dass ich als Unternehmer Spielraum schaffe, der es uns ermöglicht, jeden Tag zusammen zu wachsen – in voller Doppeldeutigkeit.

Ich flog jedenfalls zu Zingerman's, SRC und The Great Game of Business, habe dort deren Ausbildungsprogramm absolviert. Ich habe mir Firmen angesehen, die mit dieser Methode arbeiten, und Leuten dort Löcher in den Bauch gefragt – Chefs und Mitarbeitern gleichermaßen. Ich wollte alles wissen. Und ich wurde bestätigt in all meinen Gedanken. The company is the product. Es braucht ein Betriebssystem, das auf Potenzialentfaltung aus ist, ein System, das Finanzen nicht verteufelt, sondern als was ganz Normales und als »Part of the Game« annimmt. Es geht um beides: Menschen und Geld. Es geht ums Gewinnen. Aber: Das ist ein dickes Brett und – amerikanisch. Zu amerikanisch, sogar für mich! Mit gemischten Gefühlen bin ich dann wieder zurück nach Hause geflogen. Ja, das ist es. Aber eins zu eins wird das so nicht gehen bei uns. Vielleicht sogar in keiner deutschen Firma. Oder hatte ich nur noch nicht wirklich alles verstanden? Kurze Zeit später fand eine große Open-Book-Konferenz in St. Louis statt. Danach war mir endgültig klar: Das ist es. So will ich mein Unternehmen führen.

Die Frage war jetzt: Wie sage ich es meinen Leuten? Eins war ja klar: Ich mache es nicht so wie sonst immer. Also nicht mehr alleine vordenken im stillen Kämmerlein, und dann präsentiere ich es, um anschließend alle mitzunehmen in das ach so berühmte »gemeinsame Boot«. Das machen wir alle zusammen. Dann ist es unserer aller Ding, und wir nehmen uns gegenseitig mit, während wir machen. Aber wie sage ich es meinen Leuten? Wie starte ich diese Reise? Halten sie mich für bekloppt? Ist das die neue Sau, die der Alte durchs Dorf treiben will? Dieser Der-Chef-war-beim-Seminar-Effekt? Jetzt spielen wir, oder was? Als hätten wir nichts Besseres zu tun. Also, wie finde ich Verbündete?

- **Du hast dann im nächsten Schritt nicht nur Verbündete im Unternehmen gesucht, sondern auch in Unternehmen aus eurer Umgebung.**

Genau. Wir haben befreundete Unternehmer mit ihren Führungskräften aus der Region eingeladen und haben denen und allen Leuten aus meinem Unternehmen die Idee von Open Book und Gamification vorgestellt. Das Vorgehen haben wir »Scoreboard-Management« getauft – denn sowohl die Begriffe »Open Book« als auch »Spielen« sind im deutschen Wirtschaftsleben nicht wirklich positiv besetzt. Wir haben dann mit fünf Unternehmen parallel das Abenteuer »Partizipation« gestartet. Alle zwei Monate haben wir uns mit jeweils drei bis vier Vertretern aus jedem Unternehmen getroffen, haben über unsere Fortschritte und Schwierigkeiten berichtet und uns gegenseitig Druck gemacht, das, was wir gelernt hatten, in die Praxis umzusetzen.

Aus meiner Firma waren genau die Leute dabei, von denen ich wusste, dass sie ebenso wie ich nichts lieber wollten, als die Firma wiederherzustellen, unsern alten Spirit und unsere gute Performance – um dann gestärkt und fit für die Zukunft bei maximaler Freude an der Arbeit durchzustarten.

Alle mit uns gestarteten Unternehmen sind nach einem ähnlichen Muster vorgegangen. Wir haben es einfach gemacht, ohne großen Wirbel. So, wie jeder von uns mal Fußball spielen gelernt hat: Hier ist der Ball, los geht's. Es kommt beim Machen. Und wichtig ist auch: keinen Druck machen. Jeder darf und kann mitmachen, keiner muss. Also komplett freiwillige Teilnahme, sukzessives Aufspringen ermöglichen, kein Druck und trotzdem starten. Wir haben mit den Themen begonnen, die alle nerven. Und so kam es zu unserer Ankotzliste. Wir luden alle ein zu einem Meeting. Frei nach Woody Allen: Was du immer schon mal hier verbessern wolltest, dich aber noch nie getraut hast anzusprechen. Alle, wirklich alle kamen. Freiwillig – wow! Es stand nur eine Frage im Raum: Was hier bei uns kotzt dich an und soll sich verbessern?

Wir sammelten in dieser knappen Stunde fast 70 Punkte. Erstmals wurden mir die vielen kleinen internen Engpässe bewusst. Ganz schön viele. Jeder Punkt für sich kein Drama, aber die Fülle der Themen in Summe echt viel! Dann hieß es, Prioritäten zu finden.

Die Energie im Raum war toll. Es fühlte sich wieder ein wenig so an wie in den guten alten Zeiten als Start-up. So wurde schnell der Hauptnerver entlarvt, nämlich unsere (zahlreichen) Meetings. Fast allen ging das Thema auf den Senkel aufgrund der unterschiedlichsten Punkte: unpünktlicher Start, kein klares Thema, Handys stören, kein Protokoll, keine klaren To-dos, kein Mehrwert für unsere Kunden und vieles mehr. Dann erklärten wir, wie man eine Team-Challenge entwirft. Und dann kam die alles entscheidende Frage an alle: Wer hat Lust, unsere Meetings durch diese Methode zu verbessern? Freiwillige vor! Und siehe da: Binnen Sekunden meldeten sich Leute aus den unterschiedlichsten Bereichen unserer Firma und wollten die Sache angehen. So entstand unsere erste Team-Challenge zur Verbesserung eines internen Engpasses, der alle nervte und den alle in der Firma verbessern wollten: »meet & win«.[48]

Und das war für mich in vielerlei Hinsicht großartig: Nicht ich, sondern das Team löste das Problem. Alle hatten Spaß. Der Weg dahin war toll. Das Ergebnis war binnen weniger Tage ein großer Erfolg, vom dem alle was hatten. Ich hatte nichts aktiv damit zu tun, es lief komplett ohne mich (einzig meine Begeisterung darüber konnte ich nicht für mich behalten). Beflügelt von diesem sagenhaften Erfolg war uns allen klar: Wow, das funktioniert nicht nur schneller und besser als alles andere, es macht auch noch Freude und schweißt das Team (abteilungsübergreifend) auf eine neue Art zusammen.

Nach diesen Anfangserfolgen analysierten wir in der GoGREAT-Community unsere größten Engpässe und fanden dazu die entscheidenden Kennzahlen. Wir nahmen jetzt als gesamtes Team die größte Verwundbarkeit des Unternehmens ins Visier. So entstanden in den folgenden Monaten »Rudelbums« – da ging es um die optimale Durchschlagskraft von Teams –, das Spiel »Stundenhotel« – da ging es um die korrekte Buchung geleisteter Stunden auf Projekte – und »Health Angels« – da gab es Punkte für gesunde Lebensweise, um die Zahl der Krankentage zu senken.

Spaß machten wegen der Erfolgserlebnisse auch die Huddles. Das war Lernfortschritt pur: Was läuft gut? Was kann besser gehen? Auf einmal gab es eine Plattform, auf der wir alle, ganz unabhängig von Rang und Betriebszugehörigkeit, etwas zum Erfolg des Teams beitragen konnten.

Die Skeptiker sprangen sukzessive auf den Zug auf und machten einfach mit. Neben dem Betriebsklima verbesserten sich auch Prozesse und das Verständnis füreinander. Alles »nebenbei«. Wir engagierten keinen Berater, um das Betriebsklima oder um Prozesse zu verbessern. Das entstand automatisch, als wir anfingen, uns gemeinsame Ziele zu setzen und zu überlegen, wie wir die gemeinsam erreichen können. Und natürlich indem wir den Fortschritt regelmäßig und öffentlich verfolgten. Wir bekamen Spaß an Verbesserungen und am Fortschritt.

- **Über Teamwettbewerbe Ziele zu erreichen ist ja das eine; das andere ist es, Nichtbetriebswirte für Zahlen zu begeistern und dann den Fortschritt des gesamten Unternehmens zu verfolgen. Wie habt ihr denn diesen Schritt gemeistert?**

Das haben wir angefangen, indem wir die finanziellen Auswirkungen der Team-Challenges berechnet haben. Dass wir durch »meet & win« in sechs Wochen rein rechnerisch Arbeitszeit im Gegenwert von 10 000 Euro eingespart haben, hat uns allen die Augen geöffnet. Ich hatte aber unterschwellig immer noch die Befürchtung, dass die meisten kein Interesse an Zahlen haben würden und dem vielleicht auch nicht gewachsen waren. Dann hatte ich das ungute Gefühl, dass zu viel Finanzwissen die Leute von ihrer Aufgabe, möglichst viel Kreativität zu entwickeln, ablenken könnte. Natürlich bei Licht betrachtet alles Quatsch, aber das sind so die unterbewussten Glaubenssätze, mit denen ich mich herumschlug. Wie ich heute weiß, geht es vielen Unternehmerkollegen ähnlich.

Ich hatte dann wenig später einen magischen Moment – ich nenne ihn den Bene-Effekt: Morgens ziehe ich mir in unserer Firmenküche meine erste Tasse Kaffee. Benedikt, einer unserer talentiertesten Grafiker, kommt in die Küche. Small Talk. Dann er: Timo, du hast ja Ahnung von Geld und so. Ich habe jetzt ein Haus gekauft und koordiniere gerade die Handwerker für den Umbau. Für die Finanzierung bin ich zur Bank gegangen und habe mit denen verhandelt. Mein Zins ist eins Komma irgendwas Prozent. Ist das okay? Ich bin mir nicht sicher.

Bäm! Und plötzlich war nix mehr normal. Ich war platt, denn erstens ist das ein Topzinssatz für eine Privathausfinanzierung. Und zweitens wurde mir klar: Benedikt kauft ein Haus, koordiniert Handwerker und verhandelt mit der Bank über eine sechsstellige Kreditsumme – als Grafiker. Und da wurde mir schlagartig klar: Er ist Grafiker, ja, aber er ist so viel mehr. Wow! Er ging, ich blieb und musste mich erst mal hinsetzen. Mann, bin ich blöd! Was wäre, wenn er »so was« auch in der Firma machen würde? Wenn er das privat kann, warum macht er es dann nicht auch in der Firma? Und die Antwort war ebenso einfach wie deprimierend: Weil die Firma (allen voran ich) ihn nicht lässt.

Unsere Spielregeln verhindern es und sie behindern uns. Aber was wäre, wenn es zugelassen werden würde? Und was wäre, wenn das nicht nur Benedikt, sondern auch den anderen möglich wäre? Was würde das mit unserer Firma machen? Was mit Führung? Was für die Kunden? Was für mich? Was für den Spirit im Haus? Unternehmerisch denken und handeln können nicht nur hauptberufliche Unternehmer, das kann jeder. Es folgte eine schlaflose Nacht. Ich war bereit für den nächsten Schritt: die finanzielle Situation offenlegen und das Team in finanzielle Entscheidungen einbeziehen.

Wie wichtig das ist, hatte ich ja schon auf meinen diversen Ausflügen in die Open-Book-Szene in den USA erfahren. Aber zwischen Hören, Verstehen und Handeln ist ja immer ein Unterschied. Ein weiteres Aha-Erlebnis hatte ich beim Baseball in St. Louis. Dort ist Baseball eine ganz große Sache. Die St. Louis Cardinals sind ein Topverein. Am Abend vor der Konferenz spielten sie gegen die Chicago Cubs. Ebenfalls ein Spitzenteam. Und weil ich Baseball irgendwie cool fand, aber null Ahnung hatte, war klar: Heute Abend geht's ins Stadion. Baseball live erleben.

Ich wusste nur das Wesentlichste dieses Sports. Der Ball muss irgendwie einmal da rum, dann gibt es Punkte. So weit, so gut. Also, keine Panik, einfach alles auf dich wirken lassen, dann kommst du da schon rein. Nach wenigen Minuten sprangen um mich herum alle auf und freuten sich. Nur ich saß da und wunderte mich, warum die hier jetzt auf einmal so aus dem Häuschen waren. Keine Ahnung. Nun gut. Weiter ging's. Der Ball wurde super geworfen, top geschlagen, und ich war begeistert, jubelte, was das Zeug hielt. Als Einziger. Diese Blicke von den Leuten um mich herum werde ich nie vergessen: Was ist denn mit dem Kerl hier los? Mein Blick wanderte dann etwas weiter nach oben zu der großen Anzeigetafel des Stadions. Und da war meine Verwirrung perfekt. So viele Zeilen, Spalten, Zahlen und Informationen nur zu diesem einen Spiel. Und ich hatte keine Ahnung, was da stand. Ich konnte die Zahlen lesen, aber was sie bedeuteten, war mir nicht klar. Und auch, warum die Fans an bestimmten Stellen jubelten und an anderen nicht, erschloss sich mir nicht wirklich. Auf dem Höhepunkt meiner Verwirrung wurde mir eines schlagartig klar: Meinen Mitarbeitern geht es genauso, wenn ich einfach nur die Zahlen transparent mache; sie können sie lesen, aber nicht die Bedeutung erfassen.

Transparenz ist wichtig und gut. Allerdings nur, wenn alle diese transparenten Informationen auch lesen können. Auf dem Scoreboard im Stadion waren die für dieses Spiel relevanten und entscheidenden Informationen sichtbar für alle. Und alle außer mir konnten diese lesen.

■ Wie lief denn euer Finanztraining ab?

Das Thema stand ein halbes Jahr nach Gründung der GoGREAT-Community sowieso auf dem Plan. Wir definierten erst mal die Begriffe und Kennzahlen, die man braucht, um unser Geschäftsmodell zu verstehen. Einer unserer Betriebswirte machte das erste Finanztraining. Natürlich wieder auf freiwilliger Basis. Das Training fanden dann viele etwas zu sachlich. In der Folge passierte etwas Umwerfendes: Es meldeten sich freiwillig kleine Teams, die es sich zur Aufgabe machten, sich gegenseitig die Finanzbegriffe zu erklären – und zwar so, wie sie es für gut hielten.

■ Man könnte jetzt einwenden, dass Mediendesigner normalerweise kaum motiviert und qualifiziert sind, anderen ein Konzept wie Abschreibung oder Umsatzsteuer zu erklären …

Ja, das denkt man! Aber ganz ehrlich: Die Grundbegriffe der BWL sind völlig einfach und banal. Wir glauben nur immer, dass Finanzen nur was für Finanzfachleute wären. Bei Licht betrachtet ist alles ganz einfach. Wir müssen aber alle die gleiche Sprache sprechen, um uns wirklich auf Augenhöhe über die Führung des Unternehmens und wichtige Themen zu verständigen. Aus dieser Aufgabe wurde wieder eine Team-Challenge gemacht. Das Spiel wurde »Finanzlude« getauft. Bei Abschluss des Finanztrainings binnen sechs Wochen sollte es eine Grillparty geben.

Als unser erstes Inhousetraining an den Start ging, war ich total gespannt. Was dann kam, war hollywoodreif: Die Gruppen erklärten alle für unser Geschäftsmodell relevanten Finanzkennzahlen, und sie hatten ihrer Kreativität komplett freien Lauf gelassen – es gab Kurzfilme wie in der »Sendung mit der Maus«, eine Harry-Potter-Parodie, Songs und Bilder; ein Heißluftballon illustrierte beispielsweise die finanzielle Reichweite.

So weit wie jetzt waren wir noch nie. Ich war überglücklich, dass die ersten Schritte so geklappt hatten. Ich spürte neue Energie und den Anfang eines ganz besonderen Spirits. Finanzen konnte man also erklären, ohne Finanzfachmann zu sein. Ich fragte mich, ob man Unternehmer sein musste, um unternehmerisch handeln zu können.

■ Wie schwer war es dann, tatsächlich die Zahlen offenzulegen?

Als ich das Konzept Open Book kennenlernte, leuchtete es mir sofort ein, und ich wusste: Genau das musst du auch machen! Als es dann so weit war, schien es mir gar nicht mehr so selbstverständlich. Und schließlich war er da: Der Tag unseres ersten großen Huddles. Kleine Huddles hatten wir bis dahin schon Dutzende gemacht, nämlich bei den Team-Challenges. Aber das hier fühlte sich komplett anders an. Jetzt wird es gleich so viel Transparenz geben wie noch nie zuvor. Ich hatte Lampenfieber. Wenn wir das erfolgreich durchziehen wollten, dann hieß es jetzt: Hosen runter. Was mögen die alle nur denken, wenn die den wahren Spielstand, also die Höhe unseres Gewinns, kennen? Der war zu der Zeit nicht berauschend. Aber das liegt ja irgendwie auch immer im Auge des Betrachters, wie sich später rausstellte.

Wir fokussierten uns auf fünf finanzielle Kennzahlen. Wir hatten alles im Managementteam vorbereitet und waren uns sicher. Ich jedoch hatte Muffensausen. Der starke Chef hatte Manschetten. Okay?! Da muss ich jetzt durch. Denn wenn wir das große Spiel spielen wollen mit allen, dann ist ein gemeinsamer Fokus entscheidend wichtig. Wir dürfen nicht aneinander vorbeireden. Es muss allen klar sein, wie der Spielstand ist, sonst wird das nichts! Wie im Sport. Es gilt, sich auf die entscheidenden Treiber zu fokussieren. Auf nichts anders.

Das Managementteam und ich schoben das große Whiteboard in die Halle für das erste große Huddle. Die Lines kannten alle bereits durch das Finanztraining. Meine Aufregung verflog binnen Minuten. Die Reaktionen der Leute zu den erstmals offengelegten Zahlen waren gelassen und geerdet. Es gab offenbar keine großen Überraschungen. Jeder konnte die Zahlen einordnen und es gab tolle Verständnisfragen zu jeder Zahl. Wir erzählten die Geschichten hinter den Zahlen und alles schien klar. Was mich besonders freute, war übrigens eine kleine, spontane Ansprache von Judith aus dem Managementteam. Sie bedankte sich vor versammelter Mannschaft bei mir mit rührenden Worten. Dafür, dass ich das alles ermögliche hier. Sie wisse, was das für ein innerlicher Kampf für mich gewesen sei und vielleicht in Teilen auch heute noch sei. Das war für mich ein rarer Moment als Unternehmer. Ich war den Tränen nahe.

■ Was bewirkte denn diese Transparenz?

Es war magisch. Beim Scoreboard-Management schaut man im Huddle 20 Prozent in die Vergangenheit und 80 Prozent der Zeit in die Zukunft: Man schaut, ob man die Ziele vom Vormonat erreicht hat und woran es liegt, dass sie übertroffen oder verfehlt wurden. Und dann beschäftigt man sich mit der Zukunft. Wir trafen uns anfangs wöchentlich mit allen, die wollten. Und das waren: alle. Großartig! Später stellten wir auf monatliche Huddles um. Schnell wurde uns klar, dass insbesondere das Forecasting eine Wunderwaffe ist. Früher schauten wir uns nur die Vergangenheit an. Mal freuten wir uns. Mal ärgerten wir uns. Aber sie war nicht mehr zu ändern. Heute läuft das völlig anders. Durch das Forecasting prognostizieren wir wöchentlich die Spielstände aller Erfolgstreiber und der zentralen Erfolgszahl. Dieser Forecast ist wie ein Frühwarnsystem. Droht etwas aus dem Ruder zu laufen, dann sehen wir das Wochen vorher als früher. Es ist also noch nicht zu spät, um Einfluss zu nehmen, zu gestalten.

Der Hammer kam im September, ungefähr ein halbes Jahr nachdem wir angefangen hatten, die Zahlen zu teilen. Großes Huddle. Super Stimmung bis zu dem Moment, wo wir über den Forecast für den Rohertrag, der bis dahin ausgesprochen gut war, sprachen. Er drohte mangels Auslastung und Projektstartverschiebungen abzusacken. Dramatisch abzusacken. Allen war klar: Das ist unser aller Spielstand. Nicht der des Chefs. Also: Was tun? Tiefe Stille und Betroffenheit im Raum. Und dann kam ein weiterer magischer Moment. Aus der Menge der Mitarbeiter kam die erlösende Idee: »Ey, keine Panik. Lasst uns doch einfach eine Team-Challenge auf unseren Rohertrag spielen.«

Auf einen Schlag wurde die Betroffenheit zu positiver Energie. Vier Leute fanden sich, die eine Team-Challenge entwickelten, die ausnahmsweise mal keinen erotischen Titel hatte: »Get rich or die tryin'«. Es ging um Vertrieb: Was können wir tun, um mehr Aufträge an Land zu ziehen? Das war früher Aufgabe der Führungscrew. Jetzt wurde das mal ganz nebenbei zur Aufgabe aller! Wir machten einfach Vertrieb ohne Vertriebler. Ohne lange Diskussionen, Organisationsentwicklung oder sonstiges Theater, wie wir es früher betrieben hatten, waren wir genau da, wo wir hinwollten: Das Start-up-Feeling war wieder da.

Wichtigste Spielregel war unser Grundprinzip, nach dem wir immer gehandelt haben: Es darf keinem Kunden irgendwas angedreht werden, nur um Umsatz zu machen. Stattdessen: Kunden noch besser zuhören, deren Probleme erkennen, ansprechen, Ideen zur Lösung entwickeln, projektieren und durchziehen. Und: Das darf jeder. Das war für mich der nächste magische Moment: Alle machten sich Gedanken. Früher lag ich schlaflos im Bett und zerbrach mir den Kopf darüber, wie wir das schaffen können. Jetzt machten sich alle Gedanken.

Und wir retteten das Jahr. Es wurde zwar nicht das beste der Firmengeschichte, aber wir hatten es geschafft, ordentlich abzuschließen. Ich war begeistert darüber, dass wir als Team das so in den Griff bekommen hatten. Das Team hatte es besser gemacht, als wenn ich es allein versucht hätte. Heute brauche ich nicht mehr das zu machen, was ich »codiertes Führen« nenne, nämlich das Sprechen in Andeutungen und vagen Hinweisen auf das, was jetzt von allen geleistet werden müsste. Weil man nicht klar sagen will, wie die Dinge stehen, muss man um den heißen Brei herumreden. Heute können wir Klartext reden. Wir alle sehen das Problem auf uns zukommen und wissen, welche Auswirkungen es haben kann, wenn wir es nicht in den Griff bekommen. Die Dringlichkeit kommt von ganz allein, und es finden sich immer Leute, die da rangehen wollen und können. So auch jetzt. Mit »Get rich or die tryin'« haben wir es geschafft, kontinuierlich Vertrieb zu machen ohne Vertriebsabteilung. Jeder von uns ist interessiert daran, Probleme unserer Kunden zu entdecken und Lösungsideen zu entwickeln und letzten Endes auch zu projektieren. Selbstverständlich spielen wir das noch heute und entwickeln es stetig weiter.

■ Die große Vision hinter Scoreboard-Management sieht die Beteiligung am Gewinn und möglicherweise am Kapital vor – was habt ihr bei Kaapke in der Richtung vor?

Wir wollen eine schnelle, kompetente und attraktive Firma sein. Neben kompletter Zahlentransparenz und regelmäßigem Tracken der Zahlen beteiligen wir heute auch alle am Gewinn. Einige Mitarbeiter in Zukunft vielleicht sogar am Kapital, wenn sie wollen und entschlossen sind.

Wir treffen uns regelmäßig zum großen Huddle. Das ist das Highlight für uns alle. Hier gibt es den aktuellen Spielstand der Firma, und wir besprechen kurz und bündig die Geschichte hinter den Scores, finden die nächsten Ziele, und es werden neue Teamspiele initiiert, sofern es aktuelle Engpässe gibt. So ist jedes große Huddle auch immer ein kleines Training. Wirklich schön zu sehen, wie insbesondere neue

Auszubildende von Mal zu Mal immer mehr verstehen, wie unser Geschäft läuft und wie jeder Einfluss nehmen kann auf das Ergebnis.

Was mir besonders auffällt, sind die Gespräche in der Küche oder in der Raucherecke. Oft geht es dort mittlerweile um Themen, die mit Kundenprojekten oder mit der Verbesserung unserer Firma zu tun haben. Es gibt Leute, die wegen SBM gekündigt haben. Und es gibt Leute, die deswegen kommen. Es gibt offenbar Menschen, die wollen nur ihren Job machen und fertig. Und es gibt Menschen, die wollen die Firma mitgestalten, Teil von etwas Größerem sein und Entscheidungen treffen. Es gab auch Kollegen, die mit der neuen Transparenz nicht klarkamen. »Ich bin Angestellter, weil ich mich nicht um das alles kümmern und sorgen will. Ich bin hier, um meine Arbeit zu machen, nicht die des Chefs.« So verloren wir durchaus einige wirklich gute Fachleute. Das war sehr schade, aber die Erkenntnis, dass das nicht mehr passt, macht auch Platz für neue Kollegen. Und es gibt zahlreiche neue Kollegen, die genau deswegen kamen. Ja, so will ich auch arbeiten. Da bin ich dabei! Tolles Angebot.

- **Ihr habt im zweiten Jahr nach Offenlegen der Zahlen eines der besten Ergebnisse der Firmengeschichte hingelegt. Geht es nur noch ums Geld?**

Das Gefühl hat mich einmal auch beschlichen, und zwar auf der letzten Weihnachtsfeier. Dort genießen wir traditionell den krönenden Abschluss unseres Geschäftsjahres. Alles hübscht sich auf, exzellente Verpflegung, coole Musik und ausgelassene Stimmung. Der letzte Arbeitstag des Jahres. Danach die wohlverdiente Winterpause. Dieses Jahr ganz besonders, denn es war eines der erfolgreichsten in der Geschichte der Firma. Wirtschaftlich. Doch irgendwie freute ich mich trotzdem nicht so richtig. Keine Spur von Endorphin. Ich freute mich nicht wirklich über den Erfolg von heute. Vielmehr durchkreuzten mich Fragen: Wie war die Stimmung letztes Jahr? Wie ist sie heute nach all der vielen Arbeit? Wie zufrieden sind unsere Kunden mit uns und unseren Leistungen? Bleiben sie treu? Ziehen wir auch nächstes Jahr wieder tolle Neukunden an? Wie weit haben wir unsere eigenen Produkte und Prozesse weiterentwickelt? Wie starten wir in zwei Wochen ins neue Jahr? Wo stehen wir in einem Jahr auf der nächsten Weihnachtsfeier? Wie schaffen wir das alles? Ich hatte das Gefühl, dass ich der Einzige war, der sich diese Fragen stellte. Diese Fragen, die den wirtschaftlichen Erfolg von heute faktisch zwar nicht kleiner machten, aber ihn spürbar relativierten. Massiv. Denn Erfolg ist ja nicht nur was rein Wirtschaftliches. Zumindest nicht für mich. Wahrscheinlich auch für die anderen nicht. Aber die Crew stellte sich diese Fragen nicht. Nicht weil sie ihnen unwichtig erschienen. Nein. Sie kannten sie oder spürten sie mit Sicherheit auch. Aber wir tauschten uns dazu gar nicht angemessen aus. Und dann, mitten in einem lockeren Gespräch mit einem Mitarbeiter, wurde ich eines Besseren belehrt, und gleichzeitig fühlte ich mich verstanden und erleichtert. – Er sagte: »Alles cool, aber ich habe das Gefühl, hier geht es nur noch um Finanzen?!«

Ich war zugleich entsetzt und dankbar für das Feedback und dachte: Ja, tatsächlich. Wir haben wohl einen großen Fehler gemacht. Wir tracken nur Finanzkennzahlen. Zwar haben wir es geschafft, den Kundennutzen nach wie vor oben zu halten, aber irgendwie entstand wohl der Eindruck, es ginge jetzt hier nur noch um Finanzen. Klar war all das andere für uns auch immer noch wichtig, keine Frage. Aber weil wir es nicht fokussiert und kommuniziert haben, war es ja nicht verwunderlich, dass dieser Eindruck entstehen musste.

▪ Und wie steuert ihr jetzt dagegen?

Indem wir uns klar darauf konzentrieren werden, das zu messen und in den Fokus zu rücken, was vor den finanziellen Ergebnissen kommt: begeisterte Kunden und ein begeistertes Team. Ich bin mir sicher, dass wir auch dafür gemeinsam sehr gute Lösungen finden werden.

KAPITEL 10

Vom Mitarbeiter zum Mitunternehmer

Der eine oder andere Unternehmer hat mit der Gründung des Unternehmens Frankensteins Monster erschaffen: ein Geld verzehrendes Ungeheuer, über das er weitgehend die Kontrolle verloren hat.[49] Durch Scoreboard-Management wird die Verantwortung für den Erfolg des Unternehmens auf viele Schultern verteilt, und es wird sichergestellt, dass sich das Unternehmen auf einem gesunden Entwicklungspfad befindet. Darum ist es nur fair, wenn am Ende auch alle an diesem Erfolg beteiligt werden.

Wenn sehr viele – vielleicht sogar alle – Mitarbeiter ihr Wissen über das Geschäftsmodell, die Finanzen und das Zusammenspiel aller Bereiche in der Wertschöpfung ausgebaut haben, kann die nächste Aufgabe angegangen werden: die Beteiligung an Themen rund um Strategie, Innovation und Jahresplanung.

Gewinnbeteiligung

Wenn sich Mitarbeiter wie Unternehmer verhalten, liegt es nahe, sie auch wie Unternehmer am gemeinsam erarbeiteten Überschuss zu beteiligen. Scoreboard-Management bringt für alle eine Vielzahl von Verbesserungen auf der immateriellen Ebene: Sicherheit, Anerkennung, Wertschätzung, Teamgeist, Spaß an gemeinsamer Zielerreichung, ein höheres Maß an Selbstorganisation. Die finanzielle Beteiligung am gemeinsam erarbeiteten Erfolg ist das »Sahnehäubchen« in diesem System, nicht jedoch das wichtigste Ziel. Wenn man einen Teil des hart erarbeiteten Mehrgewinns an die Mitarbeiter auszahlt, ist das ein machtvolles Feedback für ihren Lernwillen und ihre Motivation. Die Gewinnbeteiligung am Jahresende ist die materielle Anerkennung dafür, dass alle das Unternehmen stärker und profitabler gemacht haben. Ein gut strukturierter Beteiligungsplan weckt zudem automatisch noch mehr Interesse, das Ziel tatsächlich zu erreichen. Je wichtiger intelligente, engagierte und kreative Mitarbeiter für die Wettbewerbsfähigkeit der Unternehmen werden, desto ratsamer ist es, ihnen auch eine materielle Anerkennung für ihren Einsatz zu geben, die auf dem gemeinsamen Erfolg basiert.

Kommen wir zunächst zu den Voraussetzungen. Unabdingbare Voraussetzungen für ein funktionierendes Bonussystem sind Businesstraining, transparente Finanzen und regelmäßige Huddles. Bonussysteme, die nicht an grundlegende Finanzinformationen geknüpft sind, verschenken ihr Potenzial und führen zu einer Anspruchshaltung: Am Ende des Jahres regnet von irgendwoher eine Prämie herab, wobei niemand weiß, wie sie zustande gekommen ist und was man tun muss, damit es im nächsten Jahr wieder so wird. Diese Anspruchshaltung kann nicht entstehen, wenn jedem klar ist, dass der Gewinn zu einem hohen Teil durch eigene Anstrengungen entsteht. Grundsätzlich muss das Team Einfluss auf die Kennzahl haben, an die der Bonus gekoppelt ist. Nur so sind Verantwortungsgefühl und Initiative möglich.

Die Gewinnbeteiligung basiert auf der Teamleistung und nicht auf individuellen Beiträgen. Wir wollen durch Scoreboard-Management das Gemeinschaftsgefühl aus dem System heraus stärken – und nicht über moralische Appelle oder künstliche Teambuilding-Events. Viele Unternehmen arbeiten mit individuellen Leistungsprämien, ganz besonders im Vertrieb. Man kann diese individuellen Leistungsanreize beibehalten oder die Gelegenheit nutzen, diese umzustellen. Einer Umfrage der Zeitschrift *Absatzwirtschaft* zufolge ist auch bei Vertrieblern ein Wertewandel zu beobachten. Mitarbeiter der Generation Y bevorzugen tendenziell Fixgehälter und schätzen eher Dinge wie Anerkennung, Entwicklungschancen, eine bessere Vereinbarkeit von Familie und Beruf, bessere Informationen und bessere Produkte. »Erfolgsabhängige Prämien sind nichts, womit Unternehmen junge Vertriebsmitarbeiter locken können. Das ist ein sehr deutliches Ergebnis unseres Vertriebsmonitors und damit ein Signal an Unternehmen, ihre bisherige Gehaltspolitik zu überdenken«.[50] Generell gilt: Man sollte das Vergütungssystem wählen, das zu den Werten des Unternehmens und zu denen des Vertriebsteams passt – und letztlich zum Menschenbild der Verantwortlichen.

In Deutschland schütten in erster Linie Konzerne Erfolgsbeteiligungen an alle Mitarbeiter aus; bei den DAX-Konzernen sind es stolze 80 Prozent.[51] Viele davon, so beispielsweise Porsche, zahlen Einheitsprämien, das heißt, jeder bekommt gleich viel. Über alle Unternehmen hinweg sind es nur um die zehn Prozent. Die Mitarbeiter kann man prinzipiell am Erfolg oder am Kapital des Unternehmens beteiligen (siehe die nachfolgende Übersicht). Erfahrungen aus den USA zeigen, dass in der Mehrzahl der Unternehmen, die Open-Book-Management betreiben und ihre Mitarbeiter am Erfolg beteiligen, das Thema »Kapitalbeteiligung« nicht die oberste Priorität hat. Wenn über Finanztraining, Scoreboard-Management und Erfolgsbeteiligung ein gemeinsames Verantwortungs- und Mitwirkungsgefühl im Sinne einer »geistigen Eigentümerschaft« entstanden ist, spielt die materielle Eigentümerschaft eher eine untergeordnete Rolle.

Doch zur Kapitalbeteiligung: Scoreboard-Management ist auch ein ideales Instrument, um im Zuge einer Nachfolgeregelung das Unternehmen in Mitarbeiterhand zu geben. Denn es zeigt sich im Verlauf der Einführung sehr schnell, wer die Zusammenhänge begreift und es am besten versteht, mit einem Team zusammen erfolgreich zu sein. Leider ist Deutschland mehr oder weniger ein Entwicklungsland, wenn es um die Beteiligung am Unternehmenskapital geht – fast alle Modelle sind mit hohen Kosten verbunden und eher unflexibel. Genossenschaftsmodelle sind derzeit die günstigste Form, um ein Unternehmen gemeinschaftlich zu führen. Wer sich näher mit diesem Thema beschäftigen möchte, findet Rat bei der Arbeitsgemeinschaft Partnerschaft in der Wirtschaft e.V. (www.agpev.de).

Welche Kennzahl liegt dem Bonus zugrunde? Allgemein verbreitet sind Erfolgsbeteiligungen auf der Basis von Gewinn, Produktivität oder Umsatz. In der Praxis überwiegt die Gewinnbeteiligung. Auch im Rahmen des Scoreboard-Management-Systems wird eine Gewinnbeteiligung ausgeschüttet, da der Gewinn die umfassendste Erfolgskennzahl bildet. Untergeordnete Treiber wie Umsatz oder Produktivität werden in den Team-Challenges beeinflusst. Wichtig ist, dass die Kennzahl klar definiert wird, das heißt, dass jeder das dem Bonusplan zugrunde liegende Gewinnkonzept kennen und verstehen sollte. Wie diese Kennzahl zustande kommt, sollte jeder Mitarbeiter dank dem Finanztraining wissen.

Und wie viel bekommt nun jeder? »Das Team wird angemessen am Erfolg beteiligt« ist ein gern genutzter Ausdruck, wenn es um die Höhe der Gewinnbeteiligung geht. Doch was ist »angemessen«? Das muss jeder Unternehmer (bzw. Eigentümer) selbst in seinem Wertesystem entscheiden. Generell gilt: Die Überlebens- und Wettbewerbsfähigkeit des Unternehmens haben oberste Priorität. Systeme gehen unter, wenn sie nicht genügend Reserven haben, um sich Umweltveränderungen anzupassen und um externe Schocks zu verarbeiten. Auch Unternehmen brauchen eine ausreichende Reserve an materiellen und immateriellen Ressourcen, um Krisen und Strukturwandel bewältigen zu können. Finanzkapital ist dabei ein universeller »Energiespeicher«, der in Notsituationen variabel eingesetzt werden kann. Der zweite Energiespeicher ist selbstverständlich der ungeheure Schatz an Ideen und Einsatzwillen der Mitarbeiter. Ideal ist es, wenn a) auf der materiellen (Kapital-)Ebene genügend Reserven vorhanden sind und b) auf der immateriellen Ebene ein hohes Maß an Motivation, Kreativität und Umsetzungskraft vorliegt.

Bevor Geld an Eigentümer, Unternehmer und Mitarbeiter ausgeschüttet wird, muss also erst das Unternehmen bekommen, was es braucht, um sich unter den gegebenen Marktbedingungen gut zu entwickeln und um eine Reserve aufzubauen.

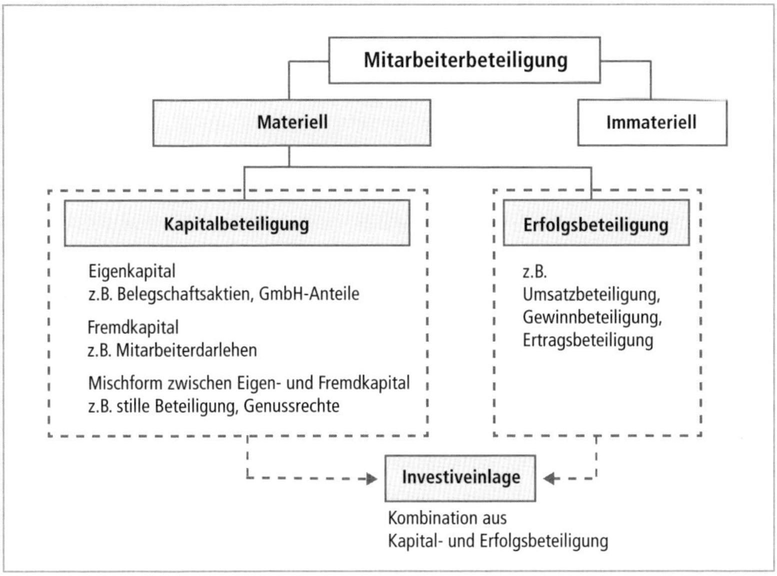

Formen der Mitarbeiterbeteiligung, Quelle: Sendel-Müller/Weckes (2010), S. 2

Bei der Konstruktion des Gewinnbeteiligungsmodells sind der Fantasie praktisch keine Grenze gesetzt. Hier einige Modelle aus der Praxis:

- Frank Stronach, der schillernde Gründer des Automobilzulieferers Magna, verteilte den Gewinn einer mündlichen Überlieferung zufolge gleichmäßig an fünf Parteien: 20 Prozent blieben im Unternehmen, 20 Prozent gingen an die Mitarbeiter, 20 Prozent an die haftenden Eigentümer, 20 Prozent wurden an die Lieferanten ausgeschüttet und 20 Prozent an die Kunden.
- Beliebt ist auch das Drittel-System: ein Drittel für das Unternehmen, ein Drittel für die haftenden Eigentümer und ein Drittel für die Mitarbeiter.
- Der US-Energiekonzern Hilcorp, der nach dem Great-Game-of-Business-System arbeitet, lobt Bonuspläne über fünf Jahre aus. Im Zuge des ersten Fünf-Jahres-Plans konnte jeder Mitarbeiter ein oder mehrere Autos im Gesamtwert von 50 000 Dollar kaufen. Die Übergaben der Autos wurden groß gefeiert und die Fotos dazu intern auf der Website geteilt. Im zweiten Fünf-Jahres-Plan bekam jeder Mitarbeiter (auch das Hausmeisterteam)

100 000 Dollar. Hier wurden die Gewinnziele nur knapp erreicht, da die Energiepreise zwischenzeitlich stärker als geplant in den Keller gingen. Solche lang laufenden Pläne haben den Nachteil, enorm zu demotivieren, wenn man sich fünf Jahre bemüht hat und am Ende leer ausgeht.

- Ein baden-württembergischer Hidden Champion definiert eine untere Rentabilitätsschwelle. Alles, was darüber hinaus geht, teilen sich Anteilseigner und Mitarbeiter 50:50.
- Das gleiche Modell kann man auch mit absoluten Zahlen durchführen, beispielsweise so: Bei weniger als drei Millionen Euro Gewinn gibt es keine Ausschüttung (alles bleibt im Unternehmen), bei drei bis sechs Millionen Euro werden zehn Prozent ausgeschüttet, bei mehr als sechs Millionen zwölf Prozent.
- Detlef Lohmann, der sein Unternehmen Allsafe Jungfalk komplett auf Selbstorganisation umgestellt hat, teilt die Gewinne des Unternehmens so: Der Unternehmer bestimmt eine untere Rentabilitätsschwelle (zum Beispiel ein EBT von fünf Prozent). Dieses Geld braucht das Unternehmen komplett für sich. Bei mehr als fünf Prozent EBT gehen zehn Prozent an die Mitarbeiter, ab 7,5 Prozent 20 Prozent, und ab 12,5 Prozent gibt es 25 Prozent Prämie. Dies entspricht in guten Jahren dem Mehrfachen eines Monatsgehalts.

Bei der Gewinnverteilung gibt es Modelle, in denen Betriebszugehörigkeit und Hierarchiestufe in die Beteiligung einfließen. Im Scoreboard-Management-System empfehlen wir, allen den gleichen Betrag auszuzahlen. Führungskräfte und Ältere bekommen ohnehin mehr Gehalt als alle anderen, weil wir automatisch davon ausgehen, dass ihr Gehalt ihren höheren Beitrag zum Betriebsergebnis widerspiegelt. Erfahrungsgemäß tragen Mitarbeiter aller Hierarchiestufen unabhängig von ihrer Vorbildung und Betriebszugehörigkeit mit verblüffend klugen Beiträgen zum Erfolg bei. Ein Einheitsbonus für alle verkündet eine klare Botschaft: Wenn wir die Extrameile gehen wollen, trauen wir jedermann einen starken Beitrag zu. Außerdem erzeugt ein einheitlicher Betrag einen systemimmanenten Druck, sich gleichermaßen für das Erreichen der Ziele einzusetzen. Das heißt, dass auch Kollegen untereinander dafür sorgen, dass man sich auf die gemeinsamen Ziele konzentriert.

Normalerweise profitieren alle fest angestellten Mitarbeiter (inklusive Azubis) vom Bonusprogramm. Wie man mit Leiharbeitern, Praktikanten und Aushilfen verfährt, muss jedes Unternehmen selbst entscheiden. Wer auch deren Ideen, Herzen und Hände nachhaltig für das Unternehmen begeistern will, sollte sie mit einbeziehen.

Bei den Auszahlungsterminen gibt es grundsätzlich zwei Konzepte: eine Einmalzahlung, nachdem das Geschäftsjahr buchhalterisch abgeschlossen und der Gewinn »amtlich« ist, oder monatliche bzw. vierteljährliche Zahlungen, sofern die Ziele erreicht wurden. Bei SRC in Springfield wird der Bonus in mehreren Etappen ausgezahlt: zehn Prozent des zu verteilenden geplanten Jahresgewinns im Januar, 20 Prozent im April, 30 Prozent im Juli, 40 Prozent im Oktober. Das natürlich nur, wenn die Ziele erreicht werden.

Generell ist es sinnvoll, das Thema »Gewinnbeteiligungsplan« zunächst als Pilotprojekt zu starten, also eine Art Probezeit anzusetzen. Dann ist das ganze Unternehmen darauf eingestellt, dass es sich noch nicht um eine perfekte Lösung handelt, sondern um einen Lernprozess, im Laufe dessen einiges noch einmal umgestellt werden kann.

»Normalerweise« ist der Gewinn eine Restgröße: Er entsteht aus der Differenz zwischen Erlösen und Kosten und fällt mal größer, mal kleiner aus. Einen interessanten Ansatz hat der Unternehmer Mike Michalowicz mit seinem Profit-First-Ansatz entwickelt. Er selbst hatte in seiner Karriere mehrere Unternehmen gegründet, schaffte es aber nie, diese nachhaltig profitabel zu machen. Nach seinen Beobachtungen steht er damit nicht allein: Sehr viele US-Unternehmer in KMUs sind nicht in der Lage, einen ordentlichen Gewinn zu erzielen. Sie hätten mit der Gründung ihrer Unternehmen so etwas wie Frankensteins Monster erschaffen: Geld verzehrende Ungeheuer, über die sie weitgehend die Kontrolle verloren haben. Michalowicz plädiert für klare Gewinnziele und eine Anpassung aller anderen Einflussgrößen (Strategie, Vertrieb, alle möglichen Kostenarten). Sein Ansatz passt insofern gut zu unserem System, als man gleich am Anfang des Jahres drei Szenarien für einen Bonusplan entwickeln kann (Minimalziel, Maximalziel, Mittelziel) und sehr schnell in der Lage ist, Gegenmaßnahmen zu ergreifen, wenn die Ziele nicht erreicht werden.

An dieser Stelle sei sicherheitshalber noch einmal erwähnt, dass es *nicht* das oberste Ziel eines Unternehmens ist, Gewinn zu erzielen, sondern überragenden Kundennutzen zu bieten. In meinem Lieblingsklub Borussia Dortmund konzentrieren sich die Spieler darauf, attraktiven und erfolgreichen Fußball zu spielen. Je besser sie das tun, desto mehr Fans gewinnen sie und desto größer sind die Chancen auf mehr Gewinn durch den Verein. Darum gilt auch hier: Konzentriert euch darauf, das Spiel um die Kunden zu gewinnen!

Und was ist bei Verlusten? Wie reagieren Mitarbeiter, wenn es nichts zu verteilen gibt bzw. sogar Verluste drohen? Noch einmal: Wenn regelmäßig (mindestens monatlich!) die finanziellen Ergebnisse besprochen werden und wenn jeder Mitarbeiter die Finanzsprache spricht, weiß das gesamte System schon sehr schnell, dass es dem Unternehmen schlechter geht. Ist es bereits gelungen, eine Vertrauenskultur zu etablieren, werden sehr schnell und ohne dass vom Management Druck gemacht werden muss, Ideen kommen, wie man gegensteuern kann. Wird es richtig ernst und drohen gar Entlassungen, kommen erfahrungsgemäß recht bald Vorschläge wie Stundenreduktionen oder Teilzeitvereinbarungen für diejenigen Mitarbeiter, die es sich finanziell erlauben können. Auch der Vertrieb wird automatisch mehr Unterstützung bekommen.

Als Allsafe Jungfalk durch die Abhängigkeit von der Logistikbranche im Jahr 2009 in die Krise rutschte, gab es eine Abstimmung über Gehaltsstundungen. Je nach Höhe der Vergütung sollten zehn, 15 oder 20 Prozent des Gehalts für mehrere Monate gestundet werden. Im Gegenzug sollte auf Entlassungen verzichtet werden. 90 Prozent der Mitarbeiter stimmten für diese Vereinbarungen. Den Neinsagern wurde die Möglichkeit eingeräumt, sich das volle Gehalt auszahlen zu lassen. Von dieser Möglichkeit machte niemand Gebrauch.

Bei Tasty Catering in Chicago, einem Great-Game-Vorzeigebetrieb, kam es ebenfalls zu einer Abstimmung in der Belegschaft, als im Jahr 2009 Entlassungen drohten. Dort gibt es einen Notfallfonds; und es wurde beschlossen, diesen anzuzapfen, damit niemand entlassen werden musste. Außerdem gingen viele Mitarbeiter freiwillig in Teilzeit. Einer der Eigentümer, Kevin Walter, schreibt in seinem Buch, dass diese Krise das Team wie eine Familie zusammengeschweißt habe und dass dieser Moment eine Sternstunde in der Unternehmensentwicklung war. Die Eigentümer Tom und Kevin Walter hatten sich nämlich ursprünglich für Entlassungen entschieden. Es kam dann zu einer sehr ernsten Diskussion mit dem Team, in dem letztlich die Identitätsfrage gestellt wurde: Sind wir eine Gemeinschaft, die wie eine Familie zusammenhält, oder doch »nur« ein System, in dem Zahlen wichtiger sind als individuelle Schicksale? Und wie weit sind wir alle bereit Abstriche zu machen, um alle Arbeitsplätze zu retten? Als klar war, dass das Unternehmen mehr oder weniger auch eine Schicksalsgemeinschaft ist, entstand ein großartiger Zusammenhalt im gesamten Team.

Vom Great-Game-of-Business-Begründer Jack Stack, der auf eine dreißigjährige Erfahrung mit Tausenden Praxisfällen in partizipativer Unternehmenskultur zurückblicken kann, stammt der bemerkenswerte Satz: »Ihr könnt euch darauf verlassen, dass eure Leute sehr viel intelligenter und sehr viel bescheidener sind, als ihr glaubt.« Letztlich spiegeln uns unsere Erfahrungen mit unseren Mitarbeitern nur unsere Haltung wider, die wir regelmäßig – besonders unter Stress – an den Tag legen. Angst und Gier erzeugen Angst und Gier, Vertrauen und Zusammenhalt erzeugen Vertrauen und Zusammenhalt.

Strategie und Innovation – alle bringen Ideen ein

Wenn ihr einige Monate gemeinsam alle wichtigen Kennzahlen verfolgt und prognostiziert habt, ist ein sehr großer Meilenstein des Scoreboard-Managements erreicht. Das solltet ihr euch gemeinsam erarbeitet haben, bevor ihr den nächsten großen Schritt macht:

- Die wichtigsten finanziellen und nichtfinanziellen Kennzahlen sind definiert.
- Die jeweilige kritische Erfolgszahl und deren Treiber stehen im Mittelpunkt der Aufmerksamkeit.
- Es besteht bei allen eine geschärfte Wahrnehmung, ob die kritische Erfolgszahl möglicherweise ersetzt werden muss, weil sich abzeichnet, dass man auf einen aktuelleren wichtigen Engpass zusteuert.
- Die Huddles gehören mittlerweile zum Betriebsalltag.

- Immer mehr Mitarbeiter leisten Beiträge in den Huddles.
- Das Finanzwissen hat sich durch ständige Wiederholungen weiter gefestigt.
- Nach wie vor werden Team-Challenges auf wichtige Treiber der kritischen Zahl oder auf Projekte und Verhaltensweisen gespielt.

Da inzwischen (fast) alle Mitarbeiter Wissen und Verständnis rund um das Geschäftsmodell, die Finanzen und das Zusammenspiel aller Bereiche in der Wertschöpfung entwickelt haben, ist es an der Zeit, den nächsten Schritt zu tun: die Beteiligung an den Themen Strategie, Innovation und Jahresplanung.

Das ist aus mehreren Gründen sinnvoll:

- So viele Mitarbeiter wie möglich tragen mit ihren Ideen zum inneren und äußeren Wachstum des Unternehmens bei. Die klassische Trennung zwischen »Management sagt, was und wie viel zu tun ist« und »Die da unten führen aus« brechen wir nach und nach auf.
- Menschen unterstützen, was sie selbst erschaffen. Das ist eine fundamentale psychologische Erkenntnis. Durch die gemeinsame Planung steigt das Engagement für die Umsetzung und den Erfolg des Unternehmens als Ganzes. Es gibt keine Zielvorgaben »von oben« mehr, sondern das Team beschließt selbst, wie viel es sich zutraut.
- Scoreboard-Management lebt davon, dass das gesamte Team »live« verfolgt, ob die Ziele erreicht werden oder nicht. Darum sind Pläne für Monatswerte (je nach Geschäftsmodell heruntergebrochen auf Wochenziele) unverzichtbar für das Funktionieren des Systems. Dazu ist es selbstverständlich erforderlich, dass alle Mitarbeiter die Ziele kennen; andernfalls ist es nicht möglich, sich zielgerichtet zu verhalten. Weiter brauchen sie regelmäßig Rückmeldungen zum Stand der Dinge in den Huddles. Kurz: Ein vernünftiger, von allen verstandener und unterstützter Jahresplan mit Monatszielen ist eine sehr wichtige Voraussetzung für den Erfolg. Noch einmal: »Planung« bedeutet nicht, dass die Unternehmensspitze ihre Ziele in Plandaten verpackt nach unten durchreicht. Im SBM-System geht es um ein gemeinsames

Verständnis dafür, wie sich das Unternehmen in den nächsten sechs bis zwölf Monaten entwickeln soll. Diejenigen, die den Plan ausführen, werden an seinem Zustandekommen beteiligt.

- In fast jedem Unternehmen gibt es auch Unzufriedenheit und Gejammer unter Mitarbeitern, die mit ihrer schlechten Stimmung andere anstecken und das Betriebsklima vermiesen. Selbst sehr wenige können mit dieser Haltung den Rest der Belegschaft »anstecken« und das ganze System schwächen. Wir wollen darum einen verlässlichen Rahmen und ein Klima schaffen, in dem alle Mitarbeiter regelmäßig ihre Kritik und Unzufriedenheit ins Positive wenden, indem sie Ideen und Verbesserungsmöglichkeiten einbringen. Und sie sollen die Erfahrung machen, dass sich etwas zum Positiven verändert, wenn sie das regelmäßig tun.

Wenn wir wirklich alle Menschen im Unternehmen dafür gewinnen wollen, sich für das Wohl des Ganzen einzusetzen, muss es zu spürbaren – und natürlich positiven – Veränderungen kommen. In einem hoch entwickelten System werden die Mitarbeiter regelmäßig in Strategie-, Visions- und Planungsprozesse eingebunden, und zwar unabhängig von ihrer Hierarchiestufe. Beim Great-Game-of-Business-Pionier SRC kam eine entscheidende Diversifikationsidee vom Hausmeister. Bei Zingerman's wurden alle zwölf Tochterunternehmen auf Initiative von Mitarbeitern gegründet. Bis es so weit ist, hat man unter Umständen einen weiten Weg vor sich. Diesen kann man entweder in kleinen Schritten gehen oder zügig in großen Etappen. Wie immer kommt es auf die Entschlossenheit in der Unternehmensspitze und das Vertrauensklima an. Ganz wichtig: Der Planungsprozess umfasst nicht nur das, was wir normalerweise planen, also Kosten, Umsatz, Gewinn in den jeweiligen Details, sondern insbesondere die für den Erfolg wichtigen KPIs und Meilensteine der Unternehmensentwicklung.

Hier zwei einfache Methoden, um alle Mitarbeiter unkompliziert in das »große Spiel« einzubinden.

1. Der Ideenpool

Beim Ideenpool bekommt jeder teilnehmende Mitarbeiter drei Fragen vorgelegt:

- Was sollte unser Unternehmen bzw. sollten wir deiner Meinung nach anfangen zu tun?
- Was sollte unser Unternehmen bzw. sollten wir deiner Meinung nach nicht mehr tun?
- Was sollte unser Unternehmen bzw. sollten wir deiner Meinung nach weiterhin tun?

Diese Fragen sind allgemein genug, um eine große Bandbreite an Antworten zu erhalten: von »Wir sollten uns eine Mikrowelle für den Pausenraum anschaffen« bis »Wir sollten uns mit Robotertechnologie beschäftigen«. Bitte erklärt dem Team, dass Antworten zu einer ganzen Bandbreite von Themen willkommen sind, etwa: Wie können wir einen noch höheren Kundennutzen bieten? Welche guten Gelegenheiten sehen wir auf dem Markt? Worauf könnten wir uns spezialisieren? Mit wem könnte man kooperieren? Welches Know-how sollten wir erwerben? Welche neuen Regeln und Vereinbarungen könnten uns das Leben erleichtern? Was sollten wir anschaffen?

Den Ideenpool kann man in allen möglichen Formaten »befüllen«, zum Beispiel im persönlichen Gespräch, per Fragebogen, in einem moderierten Meeting oder über ein Ideen-Scoreboard. Fragebogen sind die günstigste Form der Datenerhebung, gleichzeitig aber auch die am wenigsten ergiebige, denn ein Blatt Papier motiviert einfach nicht genug. Interviews haben schnell etwas von Verhör- oder Prüfungsatmosphäre. Darum bevorzugen wir im Rahmen des Scoreboard-Management moderierte Meetings oder das Ideen-Scoreboard, wenn man wirklich gute Ergebnisse erzielen möchte und das Verfahren nicht nur als »Feigenblatt« benutzen will.

Das moderierte Meeting: Ihr braucht eine Pinnwand, Moderationskarten oder große Post-its in drei unterschiedlichen Farben sowie für jeden Teilnehmer einen Moderationsstift (dicke Filzer). Die drei Fragen des Ideenpools (siehe oben) stehen auf einem Flipchart. Jeder Frage ist eine Kartenfarbe zugeordnet. Die Ideen zu den Fragen werden auf die

Karten geschrieben, die dann nach Farben und inhaltlichen Gemeinsamkeiten geordnet an die Pinnwand geheftet werden. Wenn ihr elektrostatisch selbsthaftende Post-its benutzt, braucht ihr nicht einmal eine Pinnwand, denn diese haften wirklich überall. Zuvor erklärt ihr, worum es in diesem Treffen geht: Die Ideen von allen Teammitgliedern werden zum einen gebraucht, um das Unternehmen voranzubringen und um den Kundennutzen zu erhöhen. Und sie werden zum anderen gebraucht, um das Arbeitsleben und das Miteinander zu verbessern.

Das Ideen-Scoreboard: Auch hier wird zuerst erklärt, wozu das Ideen-Scoreboard dient (s. o.). Als Requisiten brauchen wir ein großes Plakat oder eine Pinnwand. Dort gibt es drei Spalten: je eine für die besagten drei Fragen: Was sollte unser Unternehmen bzw. sollten wir deiner Meinung nach anfangen zu tun? Was sollte unser Unternehmen bzw. sollten wir deiner Meinung nach nicht mehr tun? Was sollte unser Unternehmen bzw. sollten wir deiner Meinung nach weiterhin tun?

Daneben werden auf einen Tisch Moderationskarten mit Nadeln oder große Post-its mit Stiften gelegt. Nun kann jeder, der möchte, eine Karte ausfüllen und auf das Scoreboard pinnen. Natürlich kann man auch aus dieser Aktion eine Team-Challenge konstruieren, wobei witzig-schwachsinnige Vorschläge aussortiert werden. Es ist wichtig, dass sich gleich am Anfang eine motivierte Gruppe findet, die erste Vorschläge an das Scoreboard pinnt, denn das senkt die Schwelle für den Rest des Teams, sich ebenfalls zu beteiligen. Das Ideen-Scoreboard wird nach zwei Wochen geschlossen. Urlaubende oder kranke Kollegen können ihre Ideen nachreichen.

Die Ideen werden dann nach Aufwand und Nutzen in einem Chart geordnet. Sie dienen auch als ergiebige Quellen für Team-Challenges. Das Ergebnis ist eine Prioritätenliste der sinnvollsten Vorschläge. Diese kann man per Meinungsbild ermitteln: Alle Mitarbeiter bekommen eine Anzahl von Punkten, die sie auf die genannten Themen verteilen können. Dabei gilt die Faustregel: Es gibt halb so viele Punkte pro Person, wie es Themen gibt. Die Punkte können beliebig verteilt werden (auch mehrere für ein Thema).

Sollten Ideen an finanziellen Restriktionen scheitern, ist das willkommen. Zu diesem Zeitpunkt haben ja bereits alle grundlegende Finanzkenntnisse erworben und die wichtigsten Finanzinformationen werden geteilt. Die Erfüllung von kostspieligen und von allen unterstützten Wünschen kann dann an die Verbesserung der Finanzlage geknüpft werden. Selbstverständlich braucht das Team regelmäßig Feedback, welche dieser Themen in der Jahresplanung berücksichtigt werden und wie der Projektstand ist. Der beste Ort dafür sind die großen Huddles.

Besonders interessant sind natürlich Antworten, die das Leben von Kunden und Mitarbeitern leichter machen und / oder die helfen, Kosten zu senken bzw. den Umsatz zu steigern.

Hier ist ein Beispiel, wie das IT-Unternehmen Infinitas aus Hannover konkrete Verbesserungsideen generiert hat. Dort hat man das ganze Verfahren in eine Team-Challenge mit dem schönen Namen »Doktorspielchen« verpackt. Zunächst wurden alle aufgefordert, »Diagnosen« zu stellen: Was läuft schief, wo gibt es Schmerzen, was kann besser laufen? In der zweiten Phase wurden die Verbesserungsvorschläge (»Therapien«) gesammelt. Diagnose und Therapie wurden auf Krankenscheine bzw. Rezepte notiert.

Die Fragen kann man übrigens auch sehr gut den eigenen Kunden stellen, zum Beispiel im Rahmen einer Team-Challenge für den Vertrieb.

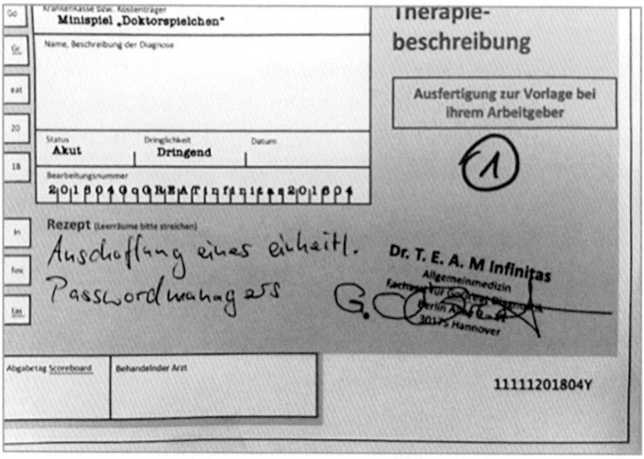

Scoreboard des Ideenspiels »Doktorspielchen«

2. Die Wunschliste

Das Verfahren der Wunschliste ist etwas zielgerichteter, weil es an die Strategie und die Mission anknüpft. Auch hier geht es darum, Verbesserungsideen der Mitarbeiter zu erfassen und in produktive Bahnen zu lenken. Die Planung wird aber nach wie vor vom Management gemacht und mit den Mitarbeitern abgestimmt. Ist die Organisation fortgeschritten, setzen sich die Abteilungen oder Zellen ihre Ziele selbst und stimmen sie untereinander und mit dem Management ab. Die Impulse aus der Wunschliste werden dabei berücksichtigt. So wird sichergestellt, dass die Vorstellungskraft und Energie der gesamten Belegschaft in den Prozess einfließen können. Wie immer ist es hilfreich, wenn die Geschäftsleitung mit gutem Beispiel vorangeht, da Unternehmenskultur auch durch das Beobachten von Vorgesetztenverhalten entsteht. Alles, was man von den Mitarbeitern verlangt, sollte man vorleben, und zwar jederzeit und unabhängig von der eigenen Tagesform. Nachfolgend ein Beispiel für die Wunschliste in der Zingerman's-Bäckerei Bakehouse, einem der Champions in Sachen Mitarbeiterbeteiligung. Die Liste bezieht sich auf die vier Säulen der Bakehouse-Strategie und -Mission: Great Food, Great Service, A Great Place to Shop and Eat, Great Finance.

Vorab noch der Hinweis, dass bei Zingerman's ausnahmslos alle Mitarbeiter, auch Aushilfen, mit der sogenannten Visioning-Methode vertraut gemacht werden. Es gehört dort zur Routine, über konkrete Zukunftsbilder zu kommunizieren (»Welche Lösung stelle ich mir vor?«), statt über Missstände zu jammern. Diese Frage nach einer Vision ist für sehr viele Mitarbeiter in Deutschland wahrscheinlich sehr ungewöhnlich. Wie immer gilt: von überforderten Verweigerern und Kritikern nicht beirren lassen, mit gutem Beispiel vorangehen und die Kooperativen ermutigen.

Hier also die Bakehouse-Wunschliste:

1. **Zielbild/Vision:** Schreibe zwei bis drei Zeilen, wie deine Abteilung im nächsten Jahr aussehen soll. Schreibe auch auf, was für dich persönlich das Wichtigste ist. *Beispiel:* BAKE![52] hat stets ausgebuchte Kurse und eine lange Warteliste motivierter Schüler. Mindestens sechs Bäckereimitarbeiter geben jede Woche Kurse.

2. **Zu unserem Ziel »Radikal bessere Speisen« (Radically better Food):** Schreibe zu diesem Thema drei mögliche Verbesserungen auf, die du in deiner Abteilung begrüßen würdest.
3. **Zu unserem Ziel »Radikal besserer Service« (Radically better Service):** Schreibe zu diesem Thema drei mögliche Verbesserungen auf, die du in deiner Abteilung begrüßen würdest.
4. **Zu unserem Ziel »Radikal bessere finanzielle Ergebnisse« – inklusive, aber nicht begrenzt auf Kosten für Wareneinsatz, Arbeitskosten und Umsatz:** Schreibe zu diesem Thema drei mögliche Verbesserungen auf, die du in deiner Abteilung begrüßen würdest.
5. **Zu unserem Ziel »Ein radikal besseres Bakehouse«:** Notiere deine drei wichtigsten Verbesserungen, die du in anderen Abteilungen oder im Bakehouse als Ganzes sehen möchtest.

Die sinnvollsten Vorschläge (die sowohl zur Mission als auch zur Vision passen), fließen dann in die Jahresplanung ein.

Bei der Wunschliste für euer Unternehmen startet ihr am besten mit zwei Fragen: Was sind die wichtigsten strategischen Eckpfeiler und Ziele, in denen ihr euer Unternehmen im nächsten Jahr verbessern wollt (Kundennutzen / Strategie / Finanzen / Kultur)? Welche »Wunschlisten-Fragen« könnt ihr zu diesen strategischen Prinzipien euren Mitarbeitern stellen?

* * *

Die Jahresplanung orientiert sich idealerweise an der in der Vision beschriebenen Strategie und den daraus abgeleiteten Meilensteinen. Ansonsten wird sie nach der Befragung der Mitarbeiter zusammen mit dem Management der jeweiligen Abteilungen erstellt und gemeinsam abgestimmt. Das Ergebnis wird dann im größeren Kreis (mit Freiwilligen) erörtert. Verbesserungsvorschläge (siehe Ideenpool oder Wunschliste) werden erfasst und gehört, wobei in letzter Instanz das Managementteam entscheidet und begründet (!), ob sie berücksichtigt werden oder nicht. Dann wird der gesamte Plan veröffentlicht. Das Gesamtergebnis wird auf Monatswerte heruntergebrochen; diese kommen dann auf das große Scoreboard. Zu einem guten Plan gehören nicht nur Zahlen, sondern auch wichtige Meilensteine, Projekte, Investitionen und andere Veränderungen, die man sich für das nächste

Jahr vornimmt. Es geht also nicht nur darum, die Latte für die Zukunft höher zu hängen (sofern das ein Ziel ist), sondern auch qualitative Verbesserungen zu beschließen.

Hier ein Praxisbeispiel zu partizipativer Planung bei Zingerman's. Der Prozess dauert vier Monate und beginnt Ende März mit einem Treffen aller Partner. Das Geschäftsjahr beginnt am 1. August. Die Zingerman's-Gruppe besteht neben der Muttergesellschaft aus zwölf Tochterunternehmen (Stand 2019), die alle durch Ausgründungen von Mitarbeitern entstanden sind. Über die Holding Dancing Sandwich Enterprises sind die Unternehmensgründer Ari Weinzweig und Paul Saginaw mit mindestens zehn Prozent, bei neuen Partnern mit bis zu 80 Prozent an diesen Töchtern beteiligt.[53] Die Höhe der Beteiligung hängt mit der Finanzkraft der neuen Partner zusammen: Je höher deren Eigenkapital, desto geringer der Finanzierungsbedarf durch Dancing Sandwich Enterprises. In allen Fällen wird angestrebt, dass sich die Beteiligung der Muttergesellschaft im Laufe der Jahre auf zehn Prozent verringert. Auf dem ersten Partnertreffen werden die großen Themen und Meilensteine besprochen. In der ersten Aprilwoche gibt es dann eine Kick-off-Party, zu der jeder Mitarbeiter eingeladen ist. Dort kann jeder vortragen, was im vergangenen Jahr besonders wichtig war und wo es hingehen soll. Unter anderem werden die wichtigsten Ergebnisse der Wunschlisten (siehe oben) veröffentlicht.

In der dritten Aprilwoche liefern die Partner die ersten Entwürfe ihrer Jahresziele. Dazu gibt es ein Planungskomitee in jedem Unternehmen. Eine Woche später arbeiten die Abteilungen ihre Entwürfe aus.

Mitte Mai gibt es eine Round-Table-Konferenz (»Tilt-o-Whirl«), die in etwa nach den Regeln des World-Cafés abläuft. An 13 Tischen stellen die Partnerunternehmen den wechselnden Teilnehmern in mehreren Runden ihre Jahrespläne vor. Letzte Anpassungen werden vorgenommen. Teilnehmer sind die Abteilungsleiter aller Unternehmen.

Ende Mai werden die Pläne in Aktionspläne und Kennzahlen übersetzt. Verantwortliche, Meilensteine und Budgets werden benannt. Die Schlüsselkennzahlen für das große Scoreboard werden definiert.

Anfang Juni werden die Finanzkennzahlen festgelegt und die Liquiditätsplanung erstellt. Die angestrebten Bonuszahlungen für das Team werden veröffentlicht. Ende Juni wird der Gesamtplan von den Partnern verabschiedet und einen Monat später im Rahmen einer großen Feier veröffentlicht. Bei Zingerman's nehmen erfahrungsgemäß 40 Prozent der Mitarbeiter an diesem Event teil. Jedes Partnerunternehmen präsentiert ein Video zum Jahresplan. Am Ende werden daraus zwei Gewinnervideos gewählt.

Ein Planungsprozess von vier Monaten ist natürlich extrem aufwendig. In weniger komplexen Strukturen kann dieser Zeitraum erheblich verkürzt werden. Bei Zingerman's werden zum einen alle Entscheidungen in der Partnerorganisation einstimmig getroffen. Dies ist bei 13 Unternehmen recht zeitintensiv. Zum anderen wird großer Wert darauf gelegt, dass viele Mitglieder der Organisation einbezogen werden.

So viel zur Jahresplanung von Zingerman's. Hier kommen die Fragen für euer Unternehmen:

- Was sind unsere finanziellen und strategischen Ziele für die nächste Planungsperiode?
- In welchen Monatsetappen wollen wir diese Ziele erreichen?
- Welche Verbesserungen planen wir für die nächste Planungsperiode, die das Leben des Teams besser machen oder den Kundennutzen steigern (Anschaffungen, Investitionen, Prozesse, Weiterbildungen, gemeinsame Aktivitäten)?
- Welche Meilensteine unserer Vision wollen wir erreichen (sofern wir eine haben)?
- Welche Ziele gelten für unsere wichtigsten KPIs und die kritische Zahl?
- Wie binden wir das Team in den Planungsprozess ein?
- Wie kommunizieren wir den fertigen Plan an alle?

Prinzipiell gibt es diese Vorgehensweisen, um das Team in den Planungsprozess einzubinden: 1. Ihr geht wie bisher vor, plant in den Bereichen und teilt das Ergebnis mit dem gesamten Team. Dieses kann dann eigene Ideen einbringen oder Verbesserungsvorschläge machen. Je weiter ihr mit dem Finanztraining fortgeschritten seid, desto mehr

Kollegen werden sich beteiligen. 2. Ihr bezieht interessierte Mitarbeiter in den Bereichen bzw. Abteilungen von Anfang an in die Planung mit ein. Das kann natürlich abteilungsübergreifend geschehen. Wie immer gilt der Grundsatz: Diejenigen, die mit einem Thema »in Resonanz« gehen und sich davon angezogen fühlen, können daran mitarbeiten.

KAPITEL 11

Führung und Scoreboard-Management

Du weißt nun, wie ein systemischer Rahmen für mehr Motivation, Arbeitsfreude und Produktivität aussehen kann: Durch Transparenz und Rückkopplung entfällt viel Aufwand für das, was wir allgemein mit »Management« beschreiben. Und nebenbei setzt diese Methode wieder die ursprüngliche Motivation frei, mit der wir uns unsere Aufgabe und unseren Beruf ausgewählt haben, nämlich um etwas zu erreichen und zu bewegen. Bleibt am Schluss die Frage: Wenn sich das Team nun in vielen Bereichen selbst steuert und eigenständig Entscheidungen treffen kann, was bleibt an Führungsarbeit der Führungskräfte?

Führung ist eines der großen Mysterien der Managementlehre. Wenn es eine Variable gibt, der wir den höchsten Einfluss auf den Unternehmenserfolg zuschreiben, dann den Menschen an der Spitze und deren Führungsqualitäten. In den 50er-Jahren hing man noch den sogenannten Great-Man-Theorien an: Man glaubte, Unternehmenserfolg hinge von angeborenen Persönlichkeitseigenschaften der Anführer ab. Bewiesen werden konnten diese Theorien jedoch nie. Wie schwer wir uns damit tun, uns von den »großen Männern« zu lösen, zeigt das aktuelle Lieblingskind der Arbeits- und Organisationspsychologie, die transaktionale oder transformatorische Führung. »Transformiert« werden hier die Einstellung und das Verhalten der Geführten, dank einer mit Charisma und vielen guten Eigenschaften gesegneten Führungsperson. Die 50er-Jahre lassen grüßen. Mit dem kleinen Unterschied, dass alle diese Eigenschaften erlernbar sind, wenn sie uns nicht in die Wiege gelegt wurden.

Erfolgsmodell mit Verfallsdatum

Die Teilung der Welt in Führende und Geführte, oben und unten, scheint etwas Gottgegebenes oder evolutionär Verankertes zu sein, ein Naturgesetz wie die Schwerkraft. Dazu passen Erkenntnisse aus der Sozialpsychologie: Auch in Gruppen, die formale Hierarchien abschaffen, bilden sich schnell informelle Führungs- und Machtstrukturen. Und wenn wir unsere materielle Welt betrachten, kommt man schnell zu dem Ergebnis, dass das bisher prima funktioniert hat. Der Wohlstand steigt – nicht überall und nicht für alle gleichermaßen, aber unterm Strich doch ganz erheblich. Erstmals sterben mehr Menschen an den Folgen von Übergewicht als an Hunger. Das damit verbundene Modell »Oben wird gedacht, unten wird ausgeführt« hat im Zuge der Industrialisierung zu gigantischen Produktivitätszuwächsen und in der Folge zu einem riesigen Preisverfall von Gütern geführt, die einst als Luxusobjekte das Licht der Welt erblickten.

Aus diversen Gründen, über die in Kapitel 2 zu lesen war, hat die durch dieses System erzeugte Dienst-nach-Vorschrift-Kultur weitgehend ausgedient. Wir ahnen, dass damit in Zukunft nur noch kleine Blumentöpfe zu gewinnen sein werden.

Wenn wir das Wort »Führung« hören oder lesen, assoziieren wir damit mehr oder weniger bewusst Begriffe wie »Hierarchie« und »Macht«; die geführte Welt teilt sich in mächtige Anführer und machtlose Geführte. Die Anführer wissen, wo es langgeht, und bestimmen, was die Geführten zu tun haben und wie sie es zu tun haben. Dass jenseits dieser Welt andere Organisationsformen existieren, erscheint uns unvorstellbar, denn wir haben unser ganzes Leben in Hierarchien verbracht. Als wir Kinder waren, bestimmten die Eltern über uns, in der Schule die Lehrer, und vom ersten bis zum letzten Job haben wir einen Chef, der über unser Arbeitsleben bestimmt. Der eine oder andere wird im Laufe seines Lebens selbst zum Unter- oder Oberchef, doch es bleibt immer: Hierarchie.

Soziobiologen werden hinzufügen, dass hierarchische Führung – und der Wettbewerb um diese Position – in unseren Genen verankert ist, da offenbar die gesamte Tierwelt, die in Gruppen lebt, nach diesem Prinzip organisiert ist: Leitwolf und Bienenkönigin lassen grüßen. Dem entspricht die bereits erwähnte Beobachtung, dass sich in allen Gruppen selbst nach Abschaffung von formellen Hierarchien ruckzuck informelle Hierarchien bilden.

Unsere Konditionierung auf hierarchische Führung macht es uns ziemlich schwer, aus diesem Rollenmuster auszubrechen. Ich nenne es das »Papi-und-Mami-Modell« der Führung. So wie viele Eltern glauben Führungskräfte, auf alles eine Antwort haben zu müssen und dafür verantwortlich zu sein, dass sich die Untergebenen (Kinder) richtig »entwickeln« und die Spielregeln des Systems einhalten. Die Bandbreite dieses Rollenverständnisses reicht von Militarismus über Paternalismus bis zum Fürsorgemodell. Die Militaristen sind immer noch standhaft im Kommando-und-Kontroll-Modus: Die obersten Führungskräfte sind allesamt »Offiziere«, vom Chief Executive Officer bis zum Chief Financial Officer. Die unteren Ränge kämpfen dagegen an der Kundenfront – im Englischen gibt es dafür das zauberhaft entlarvende Wort »front line staff«. Die Paternalisten oder Maternalistinnen interpretieren ihre Rolle eher väterlich bzw. mütterlich: Die Mitarbeiter sind allesamt Kinder, die im Unternehmen einen Reife- und Erziehungsprozess zu durchlaufen haben und mit Zuckerbrot (Lob) oder Peitsche (Abmahnungen) auf Spur gehalten werden müssen. Die Arbeits- und Organisationspsychologie hat für dieses Rollenverständnis die Theorie der situativen Führung erdacht. Je nachdem, wie das System gerade läuft, und je nach Reifegrad des Geführten reicht das Spektrum dabei von autoritärer Alleinentscheidung (wenn das Schiff untergeht) bis zu Laisser-faire und demokratischer Konsensentscheidung. Im Extremfall sorgt man sich im Fürsorgemodell um alle Mitarbeiter und versucht, jede Form von Unannehmlichkeiten von ihnen fernzuhalten – zum Beispiel sie nicht mit schlechten Nachrichten und schlechten Zahlen zu konfrontieren.

Wenn mich die Erfahrungen mit Unternehmen, die nach Open-Book-Prinzipien oder mit Scoreboard-Management arbeiten, etwas gelehrt haben, dann dies: Alles das ist mehr oder weniger ausgemachter Käse. In Krisensituationen treffen Mitarbeiter mindestens genauso kluge Entscheidungen wie das Topmanagement, wenn nicht klügere. Mitarbeiter, die im Unternehmen wie Kinder behandelt werden, übernehmen außerhalb der offiziellen Arbeitszeit Führungspositionen in Ehrenämtern und wuppen höchst anspruchsvolle Projekte. Unvergessen bleibt mir der Vorstand einer Volksbank, der persönlich mehr über die Stärken seiner Mitarbeiter lernen wollte und dabei entdeckte, dass der Bürobote (so was gab es noch, als man über Papier und nicht über Mails kommunizierte) in seiner »Freizeit« ein Mehrfamilienhaus bauen ließ, um es später zu vermieten. Unvergessen bleibt auch eine Debatte mit einer Führungskraft in einem Hotel, in dem eine vorbildliche humanitäre Unternehmenskultur gepflegt wird: Sie war höchst befremdet von der Idee, dass wir mit SBM ein System propagieren, in dem alle Mitarbeiter Finanztraining bekommen und sich regelmäßig über die wichtigsten Erfolgskennzahlen austauschen. Begründung: Würden sich die Mitarbeiter im Hinterkopf mit Profitabilität beschäftigen, so würden sie sich nicht wirklich auf die Bedürfnisse der Gäste konzentrieren können und ihnen möglicherweise aus Profitgier einen Drink zu viel aufschwatzen. Wie gut, dass es Führungskräfte gibt, die ihre Mitarbeiter vor der harten ökonomischen Realität abschirmen … Diese Führungskräfte haben tief in ihrem Herzen das gute alte Menschenbild internalisiert, das den Menschen eine tief verankerte Gier unterstellt.

Durch Tausende Jahre von Konditionierung haben sich alle Seiten schön in ihren Rollen eingefunden. Die Kinder können »die da oben« für alle Missstände verantwortlich machen und sich entweder beliebt machen, sich brav anpassen oder pubertär in den offenen oder versteckten Widerstand gehen. Die Eltern schwanken zwischen Resignation und autoritärem Durchgreifen. Einig sind sich alle, dass »das System« viel mehr zu leisten in der Lage ist, wenn die jeweils anderen ordentlich mitziehen würden.

Wenn du mithilfe von Scoreboard-Management (oder mit irgendeiner anderen Methode) deine Unternehmenskultur drehen willst, löse dich zunächst aus der Papi-, Mami- oder Kinderrolle. Ihr seid alle erwachsen. Deine Chefs sind nicht deine Ersatzeltern, und deine Mitarbeiter sind nicht deine Pflegekinder.

Führung oder Leitung?

Häufig werde ich gefragt, was denn eigentlich übrig bleibt für Führung, wenn sich alle Mitarbeiterteams durch SBM eigenständig im Sinne klar definierter und vereinbarter Ziele selbst organisieren und selbstständig entscheiden. Dass wir durch SBM auf jede Menge sogenannter Führungsarbeit verzichten können, ist klar, wenn wir uns anschauen, was sich hinter diesem Begriff verbirgt.

Was ist Führung? Reinhard Sprenger stellt diese Frage in seinem Buch *Radikal führen*[54] anders: Wie lautet das Problem, auf das »Führung« die Antwort ist?[55] »Führung« sei gemeinhin eine zusammenfassende Beschreibung für unterschiedliche Handlungen, die halt irgendwohin »führen«. Beobachte man Führungskräfte beim Führen, so sehe man Menschen, die reden, damit andere etwas tun. Führung könne man nicht sehen, sondern nur machen. So manche Führungskräfte würden Führung dabei nur als Nebenjob begreifen und im Grunde auch gar nicht führen, sondern sich überwiegend mit Fach- und Sachaufgaben beschäftigen. Auch verbrächten sie sehr wenig Zeit mit den »Geführten«, weil Kontakt mit Menschen nicht für jeden zu den Lieblingsbeschäftigungen zähle.

Umgangssprachlich reden wir immer dann von Führung, wenn jemand aufgrund seiner Stellung in der Hierarchie jemand anderem Befehle geben kann; dann scheint es sich um eine Führungskraft zu handeln. Genauer weiß es Wikipedia: Führung ist die zielbezogene, soziale Beeinflussung der Einstellung und des Verhaltens von Einzelpersonen sowie der Interaktion in und zwischen Gruppen mit dem Zweck, gemeinsam bestimmte Ziele zu erreichen.

Führung und Leitung brauchen wir also, um mit einer Gruppe von Menschen gemeinsam Ziele zu erreichen. Ist allen klar, wie diese Ziele erreicht werden können (weil es Routinetätigkeiten sind, die klaren Abläufen folgen), ist »Leitung« angesagt: dafür sorgen, dass alles nach Plan läuft und dass die Ergebnisse den Anforderungen entsprechen. Für Leitung braucht man Wissen darüber, wie es zu laufen hat. Die Rolle »Leitung« kann von jedem ausgeübt werden, der dieses Wissen hat. Und je besser die Zielklarheit, die Prozesse, die Transparenz und die Rückkopplung, desto eher kann Leitung auf ein Minimum reduziert werden.

Mein Lieblingsbeispiel dazu stammt aus der Verkehrsregelung. Wir stellen uns eine kleine Wegkreuzung vor. Das Verkehrsaufkommen ist so gering, dass es mit der einfachen Rechts-vor-links-Regel funktioniert. Mit größerem Verkehrsaufkommen bilden sich Staus, und Unfälle häufen sich. Das System muss »gemanagt« werden: in alten Zeiten durch einen Verkehrspolizisten, später durch Ampelsysteme. Die klügere, systemische Lösung ist der Kreisverkehr. Er kommt mit einer Regel aus: Wer im Kreis ist, hat Vorfahrt. Diese Lösung ist günstig und regelt ungleiches Verkehrsaufkommen automatisch. Es funktioniert aber nur, wenn alle Verkehrsteilnehmer wissen, wohin sie wollen. Nach einem ähnlichen Muster ist in der Vergangenheit durch intelligente Systeme sehr viel Leitungs- und Koordinationsarbeit entfallen. Die künstliche Intelligenz wird ein Übriges tun, um das Leiten und Koordinieren als Aufgabe von Menschen überflüssig zu machen. In den Worten von Warren Buffett, dem erfolgreichsten Investor der Welt: »Ein Unternehmen wie Coca-Cola könnte auch von einem Schinkensandwich geleitet werden.«[56]

Führung braucht man in den heute viel beschworenen komplexen Aufgabenstellungen, also dort, wo es keine klaren Ursache-Wirkungs-Zusammenhänge gibt, wo Ergebnisse nicht prognostizierbar sind und wo viele Experimente an die Stelle von vorhersehbaren Abläufen treten. Niemand braucht Führung, um den Weg von der Arbeit nach

Hause zu finden. Sobald wir uns ins Unbekannte begeben, sieht das anders aus. Wenn wir dort ein Ziel erreichen wollen – zum Beispiel einen Berggipfel erklimmen, an einem Tag in einer fremden Stadt möglichst viel erleben, zum Mars fliegen –, dann ist Führung (sei sie menschlich oder digital) sehr hilfreich und erspart uns jede Menge Zeit und unnötige Fehlschläge. Will eine Gruppe mit möglichst wenig Aufwand ein Ziel unter Unsicherheit erreichen, ist Führung unabdingbar. Diese muss aber nicht dauerhaft sein: So verstandene Führung ist eine Rolle, die je nach Aufgabe von jemand anderem ausgefüllt und vor allem vorübergehend sein kann. Das ist mit unserem klassischen Führungs- und Rollenverständnis nicht wirklich vereinbar. Führungsaufgaben sind fast immer verbunden mit mehr Gehalt und Insignien wie Einzelbüro und einem größeren Dienstwagen – wer mag sich schon gern von diesen verabschieden?

Je größer die Unsicherheit, desto lauter der Ruf nach Führung. Es ist kein Wunder, dass gerade für überforderte Menschen die Demokratie zunehmend unattraktiv wird. In vielen Ländern wächst die Sehnsucht nach autoritären Vaterfiguren vom Schlage eines Recep Erdogan, Victor Orban oder Donald Trump. Diese haben einfache, lineare Antworten auf komplexe Probleme, die von den Medien thematisiert werden und in den eigenen Erlebensraum einsickern. Da wären beispielsweise der Klimawandel (»chinesischer Schwindel«) oder die Migrationsströme (»Mauer oder Zaun«). Man kann sich leicht ausrechnen, welche Wahlchancen Politiker haben, die offen zugeben, dass sie zwar wissen, wie man mit komplexen Problemen umgeht, aber noch nicht wirklich wissen, welche Lösungen funktionieren werden. Die Stunde der Rattenfänger schlägt immer dann, wenn sich Angst breitmacht und die Sehnsucht nach allmächtiger Führung steigt.

In Notsituationen passiert häufig das, was man als »emergente Führung« bezeichnen könnte: Eine Person oder eine kleine Gruppe, die sich zutraut, das Problem zu lösen, tritt vor und übernimmt die Führung. Das gelingt allerdings nur dann, wenn der Rest der Gruppe dieser Führung vertraut. Wirkliche Führung bedarf der Akzeptanz der Geführten. Das ist einer der Gründe, warum so oft die beste Fachkraft – die Person, die den Job am besten beherrscht – zur Führungskraft ernannt wird; ihr Können verleiht ihr so etwas wie natürliche Autorität und Akzeptanz. Ob sie auch über die nötige Sozialkompetenz verfügt, wenn Aufgaben anstehen, die nichts mit Fachwissen zu tun haben, steht dann auf einem ganz anderen Blatt. Solche »Führungskräfte« werden dann informell entmachtet, obwohl sie formell Macht haben: Projekte verlieren sich im Nirgendwo, Aufgaben werden unter dem Vorwand »zu viel Tagesgeschäft« auf die lange Bank geschoben. Führung braucht die Anerkennung von anderen. Oder um es mit Reinhard Sprenger auszudrücken: Eine Führungskraft ohne Mitarbeiter gibt es nicht. Aber ein Mitarbeiter ist auch ohne Führungskraft ein Mitarbeiter.

Mit großer Bewunderung schauen wir auf erfolgreiche Führungspersönlichkeiten wie Steve Jobs (Apple), Jeff Bezos (Amazon) oder Elon Musk (Tesla, Space X), die komplette Geschäftsmodelle von Wettbewerbern zerstört und neue Märkte aufgebaut haben. Für alle, die sich fragen, was man sich von denen abschauen kann, um auch so einen Erfolg hinzulegen, lautet meine Antwort: eher nichts. Liest man deren Biografien, so kommt man schnell zu dem Schluss, dass es für solche disruptiven Erfolge einer großen Intelligenz, gepaart mit einer an den Wahnsinn grenzenden Kombination von Zielstrebigkeit, Konfliktbereitschaft und Frustrationstoleranz, bedarf. Aber 99,99 Prozent aller Unternehmen müssen in normalen Märkten funktionieren. Ihre Führungskräfte finden dort ihre wichtigste Aufgabe: das Überleben und Gedeihen des Systems zu sichern – mit kleinen oder großen Innovationen, die aus einer klugen Strategie, klaren Strukturen und einer menschenfreundlichen Kultur resultieren.

Das wichtigste Überlebensprinzip ist das des Survival of the Fittest, also das Überleben des am besten Angepassten. So wie jede lebendige Spezies müssen sich auch Unternehmen den Veränderungen der Umweltbedingungen anpassen, seien das veränderte Kundenwünsche, Technologien, Wertewandel, Gesetzgebung oder Ressourcenverfügbarkeit. Traditionell ist es die Aufgabe von Führung, den dafür notwendigen Informationsbeschaffungs- und Entscheidungsprozess zu organisieren. Dazu kommt das Haftungsargument: Wer im Ernstfall das finanzielle Risiko trägt, hat das letzte Wort bei existenziellen Entscheidungen.

Unternehmen haben heute wegen des großen Innovationsdrucks – und des damit verbundenen Dauerausflugs ins Unbekannte – einen höheren Bedarf an wirklicher Führung als jemals zuvor. Doch die zentralistisch-hierarchischen, schwerfälligen Macht- und Führungssysteme sind nicht gerade ein Nährboden für Kreativität, Experimentierfreude und Eigeninitiative. Führung muss neu, nämlich systemisch, definiert werden: Wie müssen die Rahmenbedingungen sein, unter denen die Menschen bestmöglich den Unternehmenszielen dienen können, und welche Führungsrollen sind dabei zu vergeben? Wer trifft die wirklich fiesen Entscheidungen, mit denen Gruppen häufig überfordert sind? Wie so etwas über Zellstrukturen organisiert wird, kann man bei Pfläging und Hermann nachlesen.

Auf Unternehmen übertragen heißt das: Zunächst muss sichergestellt sein, dass alle das gleiche Ziel verfolgen, eine gemeinsame Vorstellung davon haben und es auch gemeinsam erreichen *wollen*. Allein in diesem Punkt gibt es praktisch überall einen riesigen Nachholbedarf. Und dann müssen je nach Schwierigkeitsgrad der Aufgabe die richtigen Könner optimal zusammenarbeiten. Sie brauchen dafür Ressourcen, Informationen (insbesondere Rückkopplung) und Prozesse.

In Unternehmen gibt es zu viel unnütze und demotivierende hierarchische Führung, Leitung und Bevormundung, und es gibt zu wenig Zielklarheit, Orientierung, Transparenz, Anerkennung und Wertschätzung. Es liegt auf der Hand, dass zu viel und unpassende Führung nicht nur die Arbeitsfreude und damit die Produktivität senkt, sondern auch unnötige Kosten verursacht, weil sie nicht wirklich zur Wertschöpfung beiträgt.

Generell gilt: Je mehr Klarheit, Transparenz und Rückkopplung es in einem System gibt, desto weniger Interventionen (zum Beispiel in Form von Leitung und Führung) sind notwendig. Anders ausgedrückt: Je förderlicher die Rahmenbedingungen für Wertschöpfung in einem System sind, desto weniger Einmischung in Form von Leitung und Führung ist notwendig.

Noch einmal: Was bleibt für Führung? Zum einen für den passenden Rahmen zu sorgen, der für das gute Überleben des Systems notwendig ist. Zum anderen dafür zu sorgen, dass die Prinzipien der Zusammenarbeit immer wieder auf den Prüfstand gestellt werden. Und vor allem muss die Führung Entscheidungen treffen, mit denen ein Kollektiv überfordert ist oder mit denen es sich sehr schwertut. Das Trennen von Kunden und Geschäftsfeldern. Das Kündigen eines Kollegen. Eine schwerwiegende Investitionsentscheidung. Natürlich werden solche Entscheidungen nicht im einsamen Kämmerlein getroffen. In jeder dieser Fragen kann die Meinung des Teams oder von Einzelnen eingeholt werden. Die Verantwortung für die Entscheidung liegt dann letztlich bei der Führung.

»Einige meiner Leute brauchen und wollen ganz enge Führung, andere eher nicht«, erklärte mir einst ein Unternehmer. Als ich ihn fragte, ob jene nicht viel mehr ein höheres Bedürfnis nach persönlichem Kontakt, Anerkennung und Wertschätzung hätten als andere, stimmte er nach kurzem Nachdenken zu. Denn wozu brauchen Menschen im Arbeitsalltag Führung? Oder, um es mit Niels Pfläging auszudrücken: Niemand kommt am Abend nach Hause und erzählt seiner/seinem Liebsten: »Heute bin ich mal richtig geil geführt worden!« Menschen haben nur in Unsicherheit das Bedürfnis nach Orientierung und gegebenenfalls Führung. Was sie aber immer brauchen, ist Anerkennung und Wertschätzung und das Wissen darum, dass ihr Beitrag zum Ergebnis gesehen wird. Auch das koppeln wir gern an unsere Papi-und-Mami-Konditionierung: das Lob der Eltern (der Vorgesetzten, der Mächtigen) wiegt schwer – schwerer als das der Kollegen und Freunde. Wahrscheinlich ist das so, weil es uns existenzielle Sicherheit gibt. Zunächst ist aber wichtig, dass das Ergebnis lobt! Wenn wir in einem Team das Ergebnis unserer Anstrengungen sehen, brauchen wir keine Anerkennung »von oben«. Ein Fußballteam braucht kein Lob vom Trainer, wenn ein Tor fällt – das erledigt das Team unter sich. Das ist der Grund, warum Scoreboard-Management für so viel Motivation sorgt: Das gemeinsam erreichte Ergebnis wird sichtbar. Wir glauben häufig, dass wir Motivation brauchen, um gute Leistungen zu bringen. Das stimmt nur zum Teil. Motivation ist ganz häufig die Folge guter Leistung.

Auf einem ganz anderen Blatt steht unser Bedürfnis nach zwischenmenschlichem Kontakt; unserem Wunsch, als Individuum wahrgenommen zu werden. Dieses Bedürfnis tragen wir in jeder sozialen Situation mit uns, sei es am Arbeitsplatz oder im Privatleben. In dem Konzept der dienenden Führung wird dieses Bedürfnis praktisch »nebenher« erledigt: Je höher man nach diesem Konzept in der Hierarchie aufsteigt (anders ausgedrückt: je anspruchsvoller die Aufgaben sind, die man in seiner Rolle erfüllt), desto größer wird die Verpflichtung, den anderen Menschen in der Organisation zu dienen – damit auch diese anderen, seien es Kollegen oder Kunden, dienen können. Anderen zu dienen ist ohne Kommunikation und Wahrnehmung der Bedürfnisse des anderen nicht möglich. Ändere ich also die Führungsprinzipien von »Die Untergebenen haben den Führenden zu dienen« in »Die Führenden dienen den Geführten, damit diese wiederum besser dienen können«, ist sogleich für Kontakt, Wahrnehmung und Wertschätzung gesorgt.

Und nun?

Wie schaffen wir es, unsere starren hierarchischen Führungsstrukturen zugunsten flexibler Zellstrukturen zu wandeln? Dazu gibt es mittlerweile eine ganze Reihe hervorragender Bücher, sodass ich es hier bei einigen Stichpunkten belassen kann. Erstens müssen wir es wollen; und zweitens müssen wir glauben, dass es auch anders geht. Dazu ist es hilfreich, die jahrhundertelang tradierten Glaubenssätze zu Autorität und Führung zu hinterfragen.

Wollen wir wirklich unsere Arbeit mit mehr Autonomie organisieren? Nach meiner Erfahrung wollen einige Chefs und Chefinnen liebend gern den selbstständigen, unternehmerisch handelnden Mitarbeiter, tun sich aber sehr schwer damit, tradierte Machtstrukturen aufzugeben. Verlangt wird dies meist auch eher von den Führungskräften auf den mittleren Ebenen, während an der Spitze alles bleibt wie zuvor. Diese mittleren Führungskräfte werden die von oben angeordnete Flexibilisierung und »Agilität« möglicherweise eher skeptisch sehen.

Hilfreich ist es in solchen Situationen, sich ehrlich die Vor- und Nachteile der zentralistischen und dezentralen Machtstrukturen gemeinsam anzuschauen und sich zu fragen, wo die materiellen und immateriellen Kosten dieses Systems sind. Wie sieht im besten Fall künftig das Arbeitsleben aus, wenn die Zeit, die wir mit Kontrolle, Bevormundung und Bürokratie verschwenden, für wirklich sinnvolle, wertschöpfende Arbeit genutzt wird?

Das Hinterfragen und Revidieren der Überzeugungen, die wir mit Hierarchie und Führung verbinden, ist sehr spannend, weil es unserer sozialen und evolutionären Konditionierung weitgehend widerspricht. Zunächst mal: Keine Sorge, das Konstrukt »hierarchische Führung« wird nicht abgeschafft, es wird lediglich ausdifferenziert. Wir müssen uns also nicht von lieb gewonnenen Überzeugungen trennen, sondern sie lediglich erweitern.

Was ist nun förderlich, wenn wir unsere Führungsrollen überdenken und unsere Organisation von starren Hierarchien, Bürokratie und Entmündigung entrümpeln wollen? Hier ein paar Stichpunkte:

- Sich selbst die Überzeugungen und Glaubenssätze bewusst machen, die man über Menschen im Allgemeinen, über Führung, Macht, Kontrolle, Verantwortung, Versagen hat – und sie dann auf ihre Sinnhaftigkeit überprüfen.
- Eine klare, nachvollziehbare eigene Vorstellung davon gewinnen, warum sich das derzeitige Führungssystem verändern und welche Qualitäten das neue haben soll. Und diese Erkenntnisse mit wichtigen formellen und informellen Machthabern und allen, die es interessiert, austauschen und weiterentwickeln.
- Die Wertschöpfungskette und alle Aufgaben darauf hin untersuchen, ob und wie viel Führung oder Leitung sie benötigen – und dazu die passenden Rollen beschreiben.
- Mit den wichtigsten Verbündeten Systeme bauen, in denen Menschen den Zweck und die Ziele der Organisation bestmöglich erfüllen können. Dazu gehören: den Zweck und die Ziele auf ihre Attraktivität und Sinnhaftigkeit überprüfen und diese so klar kommunizieren, dass sie jeder nachvollziehen und unterstützen kann. Zu förderlichen systemischen Rahmenbedingungen zählen weiter: a) Prinzipien, die allen Beteiligten helfen, in Dilemmasituationen die richtigen Entscheidungen zu treffen, und die Ausdruck der wichtigsten Werte sind im menschlichen Miteinander und in Konflikten, b) Rückkopplungs- und Informationssysteme etablieren, die jedem Menschen in der Organisation zeigen, wie sich die Entscheidungen auf das Ergebnis auswirken und wie es um die Zielerreichung steht.
- Mit gutem Beispiel vorangehen und vertrauensvoll kommunizieren.

Und es gibt auch Aufgaben, von denen wir uns verabschieden können. Dazu gehören die folgenden:

- Mitarbeiter motivieren. Stattdessen dafür sorgen, dass Quellen der Demotivation abgebaut werden. Wenn sich Mitarbeiter nicht mit dem Zweck und den Zielen des Unternehmens identifizieren können und deswegen in der inneren Kündigung verharren, wären sie in einem anderen System sicherlich besser aufgehoben.
- Mitarbeiter mitnehmen (eine Unterkategorie von »motivieren«). Wir können Menschen Angebote zum Mitreisen unterbreiten. Wenn sie diese nicht annehmen, kann man sie nach besseren Zielen und Verkehrsmitteln befragen und gegebenenfalls die eigenen Ideen verändern.
- Sich für alles verantwortlich fühlen und für alles eine Lösung finden. In einer Organisation mit entsprechenden Rahmenbedingungen können dazu alle etwas beitragen.

Mutterboden entsteht nicht über Nacht und genauso wenig wird sich auch eine Unternehmenskultur (und damit das Führungsverständnis und die Rollen) von heute auf morgen ändern. Wenn Kultur (auch) das Gedächtnis einer Organisation ist, so ist es die wichtigste Rolle von Führungskräften, während des Transformationsprozesses dafür zu sorgen, dass neue, ermutigende Geschichten erzählt und geschrieben werden.

Anhang

Anmerkungen

1 Vgl. https://www.gruenderszene.de/karriere/gallup-engagement-index-2018?interstitial_click.

2 Der Begriff und diese Definition stammen aus dem Buch *The Great Game of Business* von Jack Stack – auf Stacks Konzept greife ich noch an anderen Stellen in diesem Buch zurück. Die genaue Methodik findet sich in Rich Armstrong, Steve Baker: *Get in the Game – How to create rapid financial results und lasting cultural change*, The Great Game of Business, Inc. 2019.

3 Zahlen verlieren auch ihre Steuerungskraft, wenn man sie als Erpressungs- und Misstrauensinstrument benutzt – etwa im Rahmen des berühmt-berüchtigten Modells »Führen über Zielvereinbarungen« (Management by Objectives).

4 Vgl. https://www.wiwo.de/unternehmen/auto/studie-ferrari-macht-69-000-euro-gewinn-pro-auto/22889008.html.

5 Mehr dazu beispielsweise bei Niels Pfläging, Silke Hermann: *Komplexithoden. Clevere Wege zur (Wieder)Belebung von Unternehmen und Arbeit in Komplexität*, Redline Verlag 2015.

6 Zu diesen und diesem »anderen« gehören auch unsere natürlichen Lebensgrundlagen.

7 ESOP = Employee Stock Option Program.

8 Ich stelle Zingerman's hier ausführlich vor, weil es für mich die Blaupause schlechthin ist, wie man kleine und mittlere Unternehmen führen kann. In meiner 30-jährigen Arbeit als Wirtschaftsjournalistin und Beraterin habe ich kein anderes Unternehmen kennengelernt, das in praktisch allen Disziplinen der Unternehmensführung derart vorbildlich ist. Dazu gehört auch, dass Zingerman's auf gewohnt exzellente Weise alle seine Methoden, Prinzipien und Abläufe öffentlich macht. Zu empfehlen sind unter anderem alle Bücher von Ari Weinzweig, aber auch Hospitationen und Workshops vor Ort in Ann Arbor über Zingtrain, die hauseigene Seminarorganisation. Ebenso

empfehlenswert sind natürlich auch die Seminare bei The Great Game of Business.

9 Stand 2018.

10 Mehr unter www.zcob.com.

11 Hier kann man die gleichen Prinzipien erkennen, die dem Erfolg von SRC und Zingerman's zugrunde liegen: Wenn alle Mitarbeiter alle Informationen haben und den Kontext verstehen, können sie eigenständig ihre Entscheidungen treffen. Zum Zitat siehe https://www.brandeins.de/magazine/brand-eins-wirtschaftsmagazin/2017/offenheit/jeder-redet-mit-jedem.

12 Die Spartenorganisation von Sloan funktionierte in einer überwiegend komplizierten Welt mit relativ bescheidenem Wettbewerb. Mulallys Managementmodell passt in die komplexe Welt mit hohem Innovationsdruck. Die Geschichte der Sanierung von Ford durch Alan Mulally findet sich in: Bryce G. Hoffman: *American Icon – Alan Mulally and the Fight to Save Ford Motor Company*, Random House 2012.

13 Das methodische Vorgehen basiert auf den Prinzipien von The Great Game of Business.

14 Vgl. Joachim Bauer: *Prinzip Menschlichkeit: Warum wir von Natur aus kooperieren*, Heyne 2008.

15 Quelle: Jack Stack: *The Great Game of Business*, S. 364.

16 Wenn du tiefer in das Thema »Engpassorientierung« einsteigen möchtest, empfehle ich dir die Beschäftigung mit der engpasskonzentrierten Strategie von Wolfgang Mewes (www.mewes-strategie.de).

17 Vgl. Jack Stack: *The Great Game of Business*, S. 131.

18 Ebenda, S. 310.

19 Wenn dich Führungsmodelle nicht interessieren, kannst du diese Seiten überspringen und gleich das Unterkapitel »Gewinn als Erfolgszahl?« lesen.

20 Vgl. https://www.greatgame.com/resources/case-studies/amys-ice-creams.

21 John P. Schuster et al.: *Open-Book Management – Die neue Dimension der Mitarbeiterführung*, Verlag Moderne Industrie 1997, S. 103.

22 Kreditkarten übernehmen in den USA die Funktion unseres Dispokredites. Es handelt sich also um reine Konsumschulden.

23 Vgl. https://www.zingtrain.com/content/why-open-book-management-excellent-way-run-business. Übersetzung von mir.

24 Vgl. z.B. http://dynamikrobust.com/wp-content/uploads/2016/03/Denkzettel-1-29-komplett.pdf. Eine häufig zitierte »Theorie« über

Veränderung der Unternehmenskultur lautet, dass man die Kultur nicht ändern kann. Man kann jedoch Verhaltensweisen ändern und neue Geschichten schreiben, die dann wieder Teil der Kultur werden.

25 Siehe dazu auch die Ausführungen zum Thema Menschenbild in Kapitel 1.

26 Eine gute Quelle für Informationen zum Thema Unternehmensfinanzen und Kennzahlen findet man zum Beispiel hier: www.controlling-portal.de.

27 Über spielerische Plattformen wie kahoot.com kann man auch eigene Finanztrainings entwerfen und allen Mitarbeitern zugänglich machen.

28 Das alles sind, wie gesagt, Tendenzen! Es gibt natürlich auch 80-Jährige, die bevorzugt das Unbekannte auf der Speisekarte wählen und auf der Suche nach neuen Reisezielen sind, doch die sind in der Minderheit. Umgekehrt ist der eine oder andere 20-Jährige sicherheitsbedürftiger als die 50-jährige Mutter.

29 Mitschrift aus dem Seminar »Open Book Management« am 14. Juni 2016 in Ann Arbor/MI.

30 Anstelle von Zielwerten kann man auch Prognosewerte nehmen; dann schätzt man, wie sich die KPIs in den nächsten Monaten voraussichtlich entwickeln werden.

31 Hier sei noch einmal darauf hingewiesen, dass sich die kritische Erfolgszahl ändern kann und wird. Ein Scoreboard ist kein totes System, das – einmal konstruiert – unverändert weitergeführt wird.

32 Fred Reichheld: *Die ultimative Frage 2.0,* Verlag Frankfurter Allgemeine Buch 2012.

33 Verne Harnish: *Scaling Up,* ScaleUp Institut 2016.

34 Quelle: Amy's EDU – das Trainingsinstitut von Amy's Ice Creams, einem Great-Game-of-Business-Champion. Mehr Infos unter http://amysicecreams.com und http://www.amysedu.com.

35 Robert S. Kaplan / David P. Norton: *Balanced Scorecard – Strategien erfolgreich umsetzen,* Schäffer-Poeschel Verlag 2018.

36 Bereits in den 60er-Jahren hat der Frankfurter Systemforscher Wolfgang Mewes dies im Rahmen seiner Spannungsbilanz unternommen. Das Konzept blieb international jedoch unbeachtet.

37 Vgl. zum Beispiel Patrick Lobacher et al.: *OKR – Das umfassende Kompendium,* erschienen 2017 im Selbstverlag.

38 Patrick Lobacher et al.: *OKR – Das umfassende Kompendium.*

39 Vgl. www.deutschlandfunkkultur.de/chinas-sozialkredit-system-auf-dem-weg-in-die-it-diktatur.979.de.html?dram:article_id=395126.
40 Vgl. https://www.heise.de/newsticker/meldung/34C3-Daten-kontra-Freiheit-3928458.html.
41 Vgl. https://www.nzz.ch/feuilleton/zuckerberg-der-monopolist-des-lichts-und-herr-des-sehens-ld.1331268.
42 Vgl. https://benperove.com/wp-content/uploads/2014/12/principles.pdf.
43 Vgl. https://www.finews.ch/news/finanzplatz/24296-ray-dalio-bridgewater-unternehmenskultur-transparenz und https://www.ted.com/talks/ray_dalio_how_to_build_a_company_where_the_best_ideas_win?utm_source=newsletter_weekly_2017-09-09&utm_campaign=newsletter_weekly&utm_medium=email&utm_content=talk_of_the_week_image#t-913366.
44 Die Autorin fragt sich hier, ob das Wort »Vernunft« durch »Gier« ersetzt werden sollte, um psychologisch Sinn zu ergeben.
45 Vgl. https://www.vanityfair.com/news/2017/09/ray-dalio-is-bringing-his-cult-to-silicon-valley.
46 Vgl. https://www.wsj.com/articles/at-netflix-radical-transparency-and-blunt-firings-unsettle-the-ranks-1540497174?mod=e2tw.
47 Quelle: persönliches Gespräch.
48 Den genauen Ablauf kannst du in Kapitel 5 nachlesen.
49 Das Urheberrecht an dieser wunderbaren Metapher besitzt Mike Michalowicz, Autor des Buches *Profit first*.
50 Vgl. http://www.absatzwirtschaft.de/unternehmen-muessen-bei-praemien-umdenken-16499/.
51 Vgl. https://hhc-duesseldorf.de/wp-content/uploads/presse/artikel/Artikel10.pdf.
52 Das ist die Abteilung, die Backkurse für Kunden veranstaltet.
53 Siehe http://www.zingermanscommunity.com.
54 Reinhard K. Sprenger: *Radikal führen*, Campus Verlag 2012.
55 Sprenger spricht hier nicht nur von der personengebundenen Führung, sondern auch von der führenden Funktion von Strukturen, Instrumenten und Institutionen, also von dem, was wir in diesem Buch als »Systemrahmen« bezeichnen.
56 Das Zitat stammt aus dem Audiobook *Warren Buffett – Das Leben ist wie ein Schneeball* von Alice Schroeder, FinanzBuch Verlag 2009.

Literaturtipps und Quellen

Hier eine Liste empfehlenswerter Bücher von Autoren, die sich mit dem Thema Unternehmensführung beschäftigen und deren Ideen gut an das Scoreboard-Management andocken oder von denen diese Methode inspiriert wurde. Dazu gibt es einen Hinweis, wann sich die Lektüre lohnt.

Grundlegende Werke

Jack Stack / Bo Burlingham: *The Great Game of Business. The Only Sensible Way to Run a Company*, 25. Auflage, Profile Books Ltd. 2018.
The Great Game of Business ist die Mutter aller modernen Open-Book-Systeme. Auch das Scoreboard-Management hat hier seine Wurzeln. Die GGOB-Gemeinde in den USA hat mehrere Tausend Mitgliedsunternehmen. Sehr viele davon treffen sich jedes Jahr im September zum »Gathering of Games«, der weltweit größten Open-Book-Konferenz. Siehe auch www.ggob.com.

Rich Armstrong / Steve Baker: *Get in the Game – How to create rapid financial results und lasting cultural change, The Great Game of Business,* Inc. 2019.
Rich Armstrong und Steve Baker sind die wohl renommiertesten und erfahrensten Berater rund um Open-Book-Management und Gamifizierung. Das Buch beschreibt im Detail die Methodik von The Great Game of Business.

Jack Stack: *A Stake in the Outcome*, Random House 2002.
Obwohl Jack Stacks zweites Buch nie an den Verkaufserfolg von *The Great Game of Business* anschließen konnte, ist es gesellschaftlich ge-

sehen das wichtigere der beiden. Stack schreibt hier über sein Herzensthema, der Beteiligung von Mitarbeitern am Unternehmen.

Eine aktuelle Version zum gleichen Thema:
Jack Stack / Darren Dahl: *Change the Game: Saving the American Dream by Closing the Gap Between the Haves and the Have-Nots*, Advantage Media Group 2020.

Ari Weinzweig: *A Lapsed Anarchist's Approach to Building a Great Business*, Zingerman's Press 2010.
Ari Weinzweig: *A Lapsed Anarchist's Approach to Being a Better Leader*, Zingerman's Press 2012.
Ari Weinzweig, *A Lapsed Anarchist's Approach to Managing Ourselves*, Zingerman's Press 2013.
Ari Weinzweig, *A Lapsed Anarchist's Approach to the Power of Beliefs in Business*, Zingerman's Press 2016.
Ari Weinzweig ist Mitgründer von Zingerman's, dem »coolsten kleinen Unternehmen der USA« (laut *Inc. Magazine*). Zingerman's ist eines der Gründungsmitglieder der Small-Giants-Bewegung – das sind Unternehmen, die großartig statt groß sein wollen. In seinen Büchern beschreibt Ari detailliert das Führungs- und Organisationssystem der mittlerweile auf zwölf Unternehmen angewachsenen Zingerman's Community of Businesses. Wer Fragen zu erfolgreicher, selbstorganisierter Unternehmensführung hat – hier finden sich die Antworten.

Kenneth R. Thompson: *It's My Company Too! How Entangled Companies Move Beyond Employee Engagement for Remarkable Results*, Greenleaf Book Group 2012.
Besonders empfehlenswert ist der Beitrag von Kevin Walter, der mit seinem Unternehmen Tasty Catering einer der Pioniere der Great-Game-of Business-Bewegung ist. Walter beschreibt eindrucksvoll, wie die gesamte Belegschaft die Wirtschaftskrise 2009 bewältigt hat.

Karen Berman / Joe Knight: *Financial Intelligence – A Manager's Guide to Knowing What the Numbers Really Mean*, Harvard Business Review Press 2013.
Für den US-Markt geschrieben, dennoch ein wunderbares Buch, durch das sich Nichtkaufleute und Zahlenskeptiker mit Finanzbegriffen anfreunden können.

Zum Thema Gewinn und Gewinnbeteiligung

Markus Sendel-Müller / Marion Weckes: *Gewinn- und Erfolgsbeteiligung,* Bund-Verlag 2013. Volltext auch unter: http://www.boeckler.de/pdf/mbf_bvd_gewinn_und_erfolgsbeteiligung.pdf.
Hier finden sich auch viele Details zu schriftlichen Betriebsvereinbarungen und zur Einbindung des Betriebsrates.

Mike Michalowicz: *Profit First. Ein einfaches System, jedwedes Unternehmen von einem kapitalfressenden Monster in eine Geldmaschine zu verwandeln,* Verlag Barbara Budrich 2012. Engl. Original: *Profit First. Transform Your Business from a Cash-Eating Monster to a Money-Making Machine.*

Niels Pfläging: *Organisation für Komplexität. Wie Arbeit wieder lebendig wird – und Höchstleistung entsteht,* Redline Verlag 2014.
Niels Pfläging / Silke Hermann: Komplexithoden. *Clevere Wege zur (Wieder)Belebung von Unternehmen und Arbeit in Komplexität,* Redline Verlag 2015.
Silke Hermann / Niels Pfläging: *OpenSpace Beta. A Handbook for Organizational Transformation in Just 90 Days,* BetaCodex Publishing 2018.
An dem »Management-Exorzisten« Niels Pfläging geht kein Weg vorbei, wenn man einen ordentlichen Motivationsschub braucht, um die überkommenen Führungs- und Organisationsmodelle zu verlassen. Dazu gibt es in den Büchern mit Silke Hermann jede Menge bewährte Methoden, um eine Kultur von Bürokratie, Kommando und Kontrolle in eine von Partizipation und Agilität zu verwandeln.

Gerhard Wohland / Matthias Wiemeyer: *Denkwerkzeuge der Höchstleister. Warum dynamikrobuste Unternehmen Marktdruck erzeugen,* UniBuch Verlag 2012.
Der »Klassiker« zum Thema Unternehmenskultur und Komplexität. Das richtige Buch für alle, die es ganz genau wissen wollen (und ein Faible für klare Definitionen haben). Wer Pfläging liebt, wird auch Wohland verschlingen.

Detlef Lohmann: *Und mittags geh ich heim. Die völlig andere Art, ein Unternehmen zum Erfolg zu führen,* Linde Verlag 2012.

Detlef Lohmann / Ulrich Lohmann: *… und heute leg ich los. Die völlig andere Art, im Job zu leben*, Linde Verlag 2016.
Detlef Lohmann hat als Unternehmer einen höchst beeindruckenden kulturellen Turnaround hingelegt: Einen klassisch-hierarchisch geführten Produktionsbetrieb verwandelte er binnen weniger Jahre in ein wirtschaftlich höchst erfolgreiches Unternehmen, das auf Vertrauenskultur und Selbstorganisation basiert. Aus der Praxis für die Praxis von einem der inspirierendsten Unternehmer Deutschlands.

Verne Harnish: *Scaling Up – Skalieren auch Sie! Weshalb es einige Unternehmen packen … und warum andere stranden*, Verlag ScaleUp Institut, München 2016
Für alle, die wirklich groß werden wollen, hat der ehemalige Great-Game-of-Business-Berater Harnish ein umfassendes Managementsystem aus diesem Ansatz entwickelt. Beim Thema »Execution« empfiehlt er ebenfalls die Prinzipien von The Great Game of Business als integralen Bestandteil der Unternehmenssteuerung.

Robert S. Kaplan / David P. Norton: *Balanced Scorecard. Strategien erfolgreich umsetzen*, Schäffer-Poeschel Verlag 1997.
Der Klassiker zur Balanced Scorecard.

Joachim Bauer: *Prinzip Menschlichkeit. Warum wir von Natur aus kooperieren*, Hoffmann und Campe Verlag 2005.
Pflichtlektüre für alle, die sich noch nicht wirklich vom negativen Menschenbild der Evolutionsbiologie trennen können.

Lohnende Reiseziele

The Great Game of Business

www.ggob.com
In Springfield / Missouri kann man von den Erfindern des gamifizierten Open-Book-Ansatzes lernen und Jack Stack persönlich kennenlernen – inklusive Workshops bei SRC, dem Pionier in Sachen Great Game of Business.

Zingtrain

www.zingtrain.com

Zingtrain ist die Seminarorganisation der Zingerman's Community of Businesses, einem der Vorbilder in Sachen partizipativer Unternehmensführung.

Amy's Ice Creams bzw. Amy's EDU

www.amysedu.com

Amy's Ice Creams ist einer der erfolgreichsten »Schüler« von GGOB und Zingtrain und lehrt mittlerweile an einer eigenen Akademie Open-Book-Management.

GoGREAT-Community

www.gogreat.community

In der GoGREAT-Community treffen sich Unternehmen in Deutschland, die mit Gamifizierung, Open-Book- und Scoreboard-Management arbeiten.

Register

Die Autorin

Dr. Kerstin Friedrich, Ökonomin und Psychologin B.Sc., ist seit 1991 Strategieberaterin. Mit 25 Jahren Erfahrung in der Entwicklung und Umsetzung von Strategien in KMUs gilt sie als führende Autorität für die EKS und ganzheitliche Spezialisierungsstrategien. Friedrich ist Autorin mehrerer Longseller, darunter u.a. *Das große 1x1 der Erfolgsstrategie* (zusammen mit Lothar J. Seiwert und Fredmund Malik, 25. Aufl., erschienen bei GABAL), Testsieger in der Kategorie »Strategie« von managementbuch.de.

www.friedrich-strategie.de